普通高等教育"十二五"系列教材（高职高专教育）

职业教育电力技术类专业教学用书

# 热力发电厂

## RELI FADIANCHANG

主　编　汪卫东

副主编　石　平　赵玉莲

编　写　江文贱　刘　聪　刘　媛

主　审　叶　涛

中国电力出版社

CHINA ELECTRIC POWER PRESS

## 内 容 提 要

本书主要以大型机组为例，紧密联系现场实际，以培养学生的职业能力为目的，系统地阐述了热力发电厂热经济性的评价方法、热力发电厂的蒸汽参数及其循环、给水回热加热器、给水除氧系统、发电厂的汽水辅助系统、热电厂的经济性及供热、发电厂原则性热力系统、发电厂全面性热力系统、发电厂的汽水管道、发电厂热力设备的经济运行等，同时，注重新知识、新技术在现场的应用。为了加深学生对所学知识的理解，各章附有复习思考题。

本书可作为高职高专院校热能动力工程专业和火电厂集控运行专业热力发电厂主干专业课的教材，也可作为高等院校成人教育及函授的相应专业教材，并可供有关专业工程技术人员参考。

## 图书在版编目（CIP）数据

热力发电厂/汪卫东主编．—北京：中国电力出版社，2012.7
（2022.1 重印）

普通高等教育"十二五"规划教材．高职高专教育
ISBN 978 - 7 - 5123 - 2833 - 4

Ⅰ.①热…　Ⅱ.①汪…　Ⅲ.①热电厂－高等职业教育－教材　Ⅳ.①TM621

中国版本图书馆 CIP 数据核字（2012）第 047673 号

中国电力出版社出版、发行

（北京市东城区北京站西街 19 号　100005　http：//www.cepp.sgcc.com.cn）

三河市航远印刷有限公司印刷

各地新华书店经售

*

2012 年 7 月第一版　2022 年 1 月北京第五次印刷

787 毫米×1092 毫米　16 开本　11.75 印张　280 千字　2 插页

定价 **35.00 元**

# 编 委 会

**主 任 委 员** 章国顺　付小平

**副主任委员** 杜中庆

**编 写 顾 问** 胡念苏

**委　　　员**（以姓氏笔画为序）

王赛闽　石　平　孙大耿　付爱彬　冯家强

江文贱　余素珍　李　庆　李如秀　杨　虹

杨小君　汪卫东　沈　鉥　陈家瑁　苗　军

柯选玉　胡青春　赵玉莲　饶金华　徐艳萍

徐智华　崔艳华　黄建荣　程延武　谢亚清

谢利玲　蔡锌如　樊友平　魏蕾芳

# 前　言

　　本书注重理论与实践相结合,以解决生产过程中的实际问题为基础,以培养职业技能为核心,在编写过程中既注意内容的科学性、系统性和实用性,又考虑到高职学生的基础现状,尽量避免复杂的概念与烦琐的数学推导和计算。

　　本书由江西电力职业技术学院汪卫东主编,石平、赵玉莲副主编,江文贱、刘聪、刘媛参编,汪卫东负责全书的统稿工作。其中,汪卫东编写绪论、第九章,石平编写第一、二章,刘媛编写第三章,赵玉莲编写第四、第五章,江文贱编写第六、七章,刘聪编写第八、十章。

　　本书由华中科技大学教授叶涛主审。审稿老师在审稿过程中提出了许多具有建设性的意见和建议,使编者受益匪浅。同时,本书在编写过程中,参考了有关兄弟院校、科研院所和企业的诸多文献和资料,在此一并表示由衷的感谢。

编　者

2012 年 5 月

# 目　　录

# 绪　　论

## 一、电力工业在国民经济中的地位

电力工业是国家的重要基础行业，它与国民经济的发展及国家的现代化进程有着密切的关系，直接影响着人民群众物质文化生活，是我国实现现代化、走向富裕的重要物质基础，也是实现工业自动化的重要保证之一。

实践表明，电力产业是一个供求刚性非常强的行业。由于电源建设周期长，电量产出难以调节，因此电力过剩和电力紧缺的局面交替出现。从我国电力史来看，过剩和紧缺从来都是紧密相连的。电力工业由于其特性决定了在工业中的地位必须是先行工业，其电力弹性系数（在一定的时期内，电力消费与国民生产总值年平均增长率之比）应大于 1。我国 1951～1980 年的三个十年中，平均电力弹性系数为 1.67，而 1981～1990 年期间只有 0.71，严重的缺电现象制约了工业和经济的发展。国家财政部门从实际出发，自 1999 年开始，电力生产的增长速度又开始大幅回升，表 0 - 1 表示电力工业作为先行行业在国民经济中的重要作用。

表 0 - 1　　　　　　　　1999～2010 年电力增长速度与 GDP 增长速度对比　　　　　　　　　%

| 项目 | 1999 | 2000 | 2001 | 2002 | 2003 | 2004 | 2005 | 2006 | 2007 | 2008 | 2009 | 2010 |
|---|---|---|---|---|---|---|---|---|---|---|---|---|
| 电力增长速度 | 6.5 | 11 | 7.7 | 15.1 | 15.4 | 12.8 | 13.3 | 14 | 14.4 | 11.9 | 10.8 | 10.6 |
| GDP 增长速度 | 7.1 | 8 | 7.3 | 8 | 9.1 | 9.5 | 10.4 | 11.1 | 11.9 | 10.1 | 9.1 | 10.3 |

当然，工业现代化发展到一定程度之后，电力弹性系数会有所降低，但是应该大于 1。电力企业走向国际市场，利用国际电力供求关系缓解国内电力供应的刚性冲撞，对我国的能源战略具有极其重要的意义。

## 二、我国电力工业的发展简况

旧中国电力工业规模小，技术水平落后。1949 年全国解放时，全国发电设备装机容量只有 1848.6MW，居世界第 21 位，年发电量 4310GW·h，居世界第 25 位。发电设备完全靠国外进口，并且都是中小容量的低参数机组。电厂分布也不合理，90％以上集中在东北三省。运行水平低下，多数火力发电厂的发电标准煤耗率在 1kg/(kW·h) 以上。

改革开放以后，电力工业作为国民经济的第一基础产业，国家逐步形成了能源开发以电力为中心的发展战略，并通过实施"集资办电"政策和引进外资，有效解决了电力建设资金短缺的矛盾，使我国电力工业迅速发展。截至 2009 年末，我国总装机容量、发电量及用电量已分别增加到 87 407 万 kW、35 965 亿 kW·h 和 36 430 亿 kW·h。近年来，由于节能减排的压力和国家能源结构多元化的政策导向，水电、核电以及以风能为主的可再生能源发电投资规模持续快速增长，装机容量大幅度提高。但煤炭作为一次能源，在我国的能源消费结构中一直占有主导地位，并且随着煤炭气化、液化以及清洁技术的发展和成熟，能源优质化和污染排放的问题得到缓解。在我国电力生产结构中，火力发电的主体地位在当前及今后相当长一段时期内仍然难以动摇。从发电量来看，2009 年全国 6000kW 及以上电厂火电发电量为 29 867 亿 kW·h，占全部发电量的 83%，水电、风电、核电等占比还相对较小。与此同时，火电结构进一步优化，先后淘汰了一批小机组，大容量、高效率的机组占总装机容量的比例不断提高，单机容量 300、600MW 和 1000MW 的机组已成为电网的主力机组；电网改造速度加快，通过对城乡电网进行大规模建设和改造，基本上形成 500kV 和 330kV 的骨干网架，±500、±800kV 的直流输电和 1000kV 的交流输电已经开始应用，大电网基本覆盖了全部城市和大部分农村。

水能是可再生的清洁能源，我国水力资源丰富，可开发的水能资源是 4.48 亿 kW，年发电量为 2.47 万亿 kW·h，按水电开发度达到 60% 计算，每年可节约 30 亿 t 标准煤。以葛洲坝水电厂（装机 21 台，总容量为 2715kW）为代表的大、中型水力发电厂总装机容量到 2010 年达到了 1.9 亿 kW，计划到 2020 年达到 3 亿 kW。其水电建设技术正大步迈向世界先进行列，低于亚洲平均水电占总电力 34% 的水平。绝大多数水力发电站都是与综合性水利设施连接在一起的，既能发电又能调节水利资源，与航运、养殖、灌溉、防洪和旅游组成水资源综合利用体系。

在核能发电方面，1984 年中国自行设计和建造的第一座实用型核电站（秦山核电站，30+2×60+2×72.8，三期工程合计约 300 万 kW），秦山核电站的建成结束了中国内地无核电的历史。随后，大亚湾、岭澳、田湾等百万千瓦机组相继投运。随着核电的发展，国产化率从大亚湾核电站的不足 1% 到福清核电站的 75%，自主创新能力的不断提高，使我国的核电事业由"适度发展"转变为"积极推进"。

风能作为一种清洁的可再生能源，越来越受到世界各国的重视。全球风能资源蕴藏量巨大，总量约为 $2.74×10^9$ MW，其中可利用的风能为 $2×10^7$ MW。中国风能储量很大、分布面广，开发利用潜力巨大。"十五"期间，中国的并网风电得到迅速发展。2006 年，中国风电累计装机容量已经达到 2600MW，成为继欧洲、美国和印度之后发展风力发电的主要市场之一。2007 年以来，中国风电产业规模延续暴发式增长态势。2008 年，中国新增风电装机容量达到 7190MW，新增装机容量增长率达到 108%，累计装机容量跃过 13 000MW 大关。内蒙古、新疆、辽宁、山东、广东等地风能资源丰富，风电产业发展较快。2009 年，中国在新能源领域的快速发展使得风力发电量达到了 25.8GW·h，超过了德国的 25.77GW·h，仅次于美国 35GW·h，后者占据世界风力发电总量的 36%。尽管中国在新能源领域有了大规模的增长，但风力发电量只占据中国电力消耗总量的 1%。

太阳能是人类取之不尽用之不竭的可再生能源，具有充分的清洁性、绝对的安全性、相对的广泛性、确实的长寿命和免维护性、资源的充足性及潜在的经济性等优点，在长期的能源战略中具有重要的地位。中国光伏发电使用量很少，2007 年年底发电装机只有 10 万 kW。根据中国资源综合利用协会可再生能源专业委员会等机构共同发布的《中国光伏发展报告》预计，如能得到稳定的政策支持，到 2030 年，中国太阳能光伏发电装机容量将达到 1 亿 kW，年发电量将达到 1300 亿 kW·h，相当于少建 30 多个大型火电厂，不仅节约大量煤炭、石油等不可再生资源，而且对节能减排、保护环境将起到重要作用。

目前，电源结构以火电为主，水电、核电、风电、太阳能发电所占比重较少，电煤资源与运输之间的矛盾越来越突出，煤炭、电源、电网市场存在着体制性的矛盾，尽管发改委不断加大宏观调控的力度，但到目前来看，效果并不理想。客观上，电力企业的垄断一直存在。"电力体制改革方案"也指出，垄断经营的体制性缺陷日益明显，改革的目标在于打破垄断、引入竞争，提高效率，降低成本。从 2002 年至今，虽然国家电力公司进行了大规模的重组，也实施了形式上的网电分离、政企分开，但在引入竞争方面并未有很大改观。政府对固定资产投资的宏观调控刚性手段增加了电力市场不确定性，加上煤炭、电力不能同步完全实现市场化所带来的风险，使外资在经历过一段短暂的投资热潮之后，纷纷退出中国电力市场，而电力投资规模让民营企业望而却步。与此同时，当前电力行业发展中存在的"高投入、高消耗、高排放、难循环、低效率"问题还比较突出，我国电力装机容量和发电量已连续 9 年居世界第二位，与国外先进水平相比，国有电力企业在运营成本、工程造价、供电煤耗率等方面还存在明显差距，整个行业效率与世界先进水平还有较大差距。我国是一个煤炭资源相对丰富的国家，加上火电成本相对较低，在未来一定时间内，火电仍然占据主导地位。但由于火电对自然环境的污染以及出于优化能源结构的考虑，水电开发工作将成为未来一段时期内我国电力工作的重心，比例在目前的基础上还会有大的增加。核电因为关系到安全以及技术性要求高，在我国一直没有实现较大规模发展。在经历了日本福岛、美国三里岛和前苏联切里诺贝利事件之后，核电进入了发展低谷期。随着技术的日臻完善以及自然能源的匮乏，核电正进入新一轮的发展。按照国家规划，到 2020 年，核电在我国电力结构中的比重将从目前的 1% 左右提高到 5%，达到 4000 万 kW 的装机总容量。

到 2020 年，电力装机约达到 10 亿 kW，预计 6 亿多千瓦为煤电。按 1kW 煤电每年耗 3t 原煤计算，一年约需要 18 亿 t 煤。这 18 亿 t 煤炭产生烟尘、二氧化硫、氮氧化物、二氧化碳以及废水、灰渣和其他有害物质如果处理不当，会对全球、区域、局部的大气、水体和生态环境质量造成重大影响。随着电力环境保护的领域、内容、阶段、范围不断扩大和加深，电力环境保护的领域由火电为主，逐步扩大到水电、输变电、甚至是新能源发电领域；内容也由污染物排放治理逐步发展到生态保护、水土保持、电磁污染防治、噪声强化控制等各个方面；阶段由前期与生产运行阶段延伸到宏观规划、项目论证、工程设计、施工建设、生产运行、退役处理的整个电力工业生命周期的全过程；范围由污染防治扩展到节能、节水、综合利用等清洁生产工艺方面，同时也深入到对二次污染的影响和治理，如火电厂脱硫废水等的治理；与此同时，水电建设对生态环境影响也不容忽视。因此，如何把握新时代背景下电力环保的新特点，面对新挑战，寻找并抓住新的机遇，是摆在电力企业面前的重要任务。在全世界日益重视环境保护的今天，电力工业的发展在注重经济效益的同时，也越来越重视社会效益。如：为了节约水资源，改变了传统的水力除灰，用气体输送代替；用冷却塔和闭式循环代替开式循环；为了节约土地占有，大力开发粉煤灰的综合利用。火力发电厂工业废水水量大，污水种类较多，水质差别较大，针对当前水资源严重短缺的状况，工业废水处理系统一般实行清污分流，对水质状况较好、污染程度较轻的废水，经过处理后作为工业水补水，实现回收利用，对水质状况较差、污染程度较重的废水，经过处理后，用作冲灰冲渣水，最大限度实现水资源的重复利用。随着电力工业的快速发展，电力环境保护也取得了重要进展。烟尘和废水基本实现达标排放，其总排放量逐年下降；通过采取关停纯凝式小火电机组、降低燃煤含硫量等措施，二氧化硫排放上升的趋势在 1998 年以后已经趋缓；新建机组的氮氧化物排放通过燃烧措施得到有效控制；粉煤灰的综合利用和废水回收率均达 50% 以上；水电环境保护和水土保持工作不断加强；输变电环境保护工作已逐步走向正轨。电力的环境保护工作为电力的可持续发展作出了重要贡献。

随着社会城市化的发展，城市的垃圾大量增加，垃圾发电为垃圾的处理提供了一个有效的途径。垃圾发电是把各种垃圾收集后，进行分类处理。

### 三、热力发电厂的类型

根据热力发电厂的能源利用、能量供应的类型、热力原动机的种类、电厂总容量、蒸汽初参数、承担负荷和服务规模等情况，热力发电厂可分为不同的类型，见表0-2。

表 0-2　　　　　　　　热 力 发 电 厂 的 分 类

| 分类方法 | 发 电 厂 类 型 | | | | |
|---|---|---|---|---|---|
| 能源利用 | 化石燃料发电厂 | 原子能发电厂 | 地热发电厂 | 太阳能发电厂 | 垃圾发电厂 |
| 能量供应 | 供应电能的凝汽式发电厂 | 供应电能、热能的热电厂 | | | |
| 原动机种类 | 汽轮机发电厂 | 燃气轮机发电厂 | 燃气—蒸汽轮机发电厂 | | |
| 电厂总容量(MW) | 小容量 100MW 以下 | 中容量 100～250MW | 大容量 250～1000MW | 特大容量 1000MW 以上 | |
| 汽轮机进汽参数 | $p_0=1.28\sim8.8MPa$ $t_0=340\sim535℃$ | $p_0=12.7\sim13.2MPa$ $t_0=535\sim540℃$ | $p_0=16.7\sim17.8MPa$ $t_0=535\sim540℃$ | $p_0=24.2\,MPa$ $t_0=538\sim566℃$ | $p_0=24.2\sim31MPa$ $t_0=566\sim600℃$ |
| 机炉配合 | 非单元机组发电厂 | 单元机组发电厂 | | | |
| 承担负荷 | 带基本负荷 | 带中间负荷 | 调峰 | | |
| 服务规模 | 区域性发电厂 | 企业自备发电厂 | 列车电站 | 孤立发电厂 | |

### 四、对热力发电厂的基本要求

对发电厂的基本要求是：发电厂生产应力求安全可靠，努力提高经济效益，便于施工、维修和扩建，提高劳动生产率和自动化程度，切实搞好电厂的环境保护。

# 第一章　凝汽式发电厂的热经济性

电厂的经济效益评价，有热经济性、技术经济性和综合经济效益等不同的提法，这些提法在分析电厂经济性时起着不同的作用，分析的出发点和范围也不同。

发电厂的热经济性主要用来说明火力发电厂燃料利用程度，以及热力过程中各部分的能量利用情况。燃料费用占发电成本份额通常都在70％左右，直接影响到火电厂的发电成本、利润和燃料节约量。热经济性指标主要有汽轮发电机组热效率、电厂热效率、标准煤耗率等。火电厂的经济效益包含非常广泛的内容，一般用综合经济效益来说明，包括热经济性、安全可靠性、投资、建设工期、物资消耗、人员配置等。由于热经济性代表了火力发电厂能量利用、热功转换技术的先进性和运行的经济性，故它是火电厂一切经济性的基础，也是本章讨论的内容之一。

对电厂热经济性的评价，可通过能量转换过程中能量的利用程度或损失大小来衡量。评价能量的利用程度，有两种观点：一种是能量数量的利用，另一种是能量质量的利用。这两种观点导致了评价方法的不一样，分别为以热力学第一定律为基础的热量法（效率法）和以热力学第一定律和第二定律为基础的做功能力分析法（熵分析法和㶲分析法）。

## 第一节　热量法及其应用

热量法通常采用的传统评价方法，它是从现象看问题，以电厂消耗燃料产生热量被利用的程度来进行热经济性评价，只是单纯以能量的数量来衡量，没有考虑能量的品质问题。但是由于它直观、易于理解，计算方便、简捷，目前被世界各国广泛应用于定量计算。

评价热力发电厂实际循环，主要是分析和研究实际循环中各种热力设备或热力过程中的热量损失，这些热量损失在设备或热力过程中的分布情况及其对热经济性的影响，其实质是通过热量的利用程度（如热效率）或损失大小（如热量损失、热量损失率）来评价电厂和热力设备的热经济性。

在热量转换及传递过程中，热平衡式为

$$输入热量 = 有效利用热量 + 损失热量$$

热效率（$\eta$）定义为某一热力循环中装置或设备有效利用的热量占所输入热量的百分数。其大小定量地表征了该设备或热力过程的热能转换效果，反映了设备的技术完善程度，其计算式为

$$\eta = \frac{有效利用热量}{输入热量} \times 100\%$$

在发电厂的生产过程中，每一个能量的传递环节和转换过程都不可避免地存在着能量的损失，图1-1所示为朗肯循环的热力系统和 $T$-$s$ 图。下面以此为基础分析能量转换过程中的各种损失和效率。

### 一、火电厂基本热力循环（朗肯循环）热效率

火电厂采用的基本热力循环为朗肯循环，热功转换都是在此循环基础上进行的。朗肯循

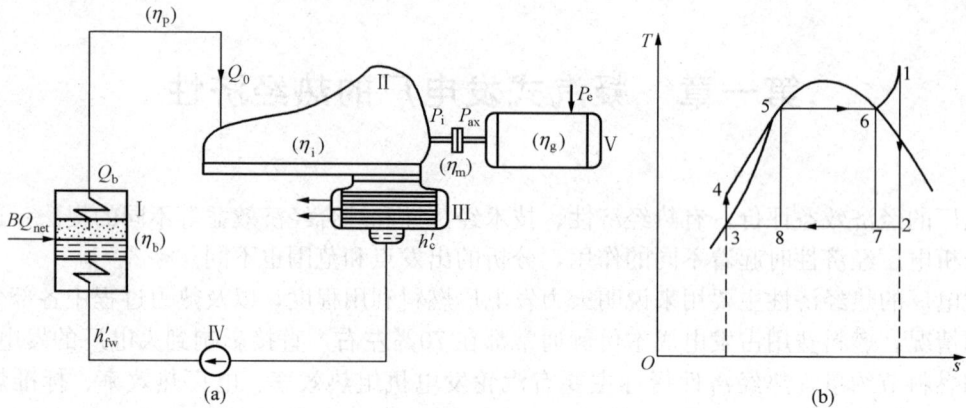

图 1-1　朗肯循环
(a) 朗肯循环热力系统示意图；(b) 朗肯循环的 $T$-$s$ 图
Ⅰ—锅炉；Ⅱ—汽轮机；Ⅲ—凝汽器；Ⅳ—凝结水泵；Ⅴ—发电机

环也是最简单的蒸汽动力循环。由热力学知识可知，同温限理想循环以卡诺循环的热效率最高。卡诺循环是由两个定温过程及两个绝热过程组成的，见图 1-1 (b) 中 5-6-7-8-5。在电厂实际的蒸汽动力装置中不便采用卡诺循环，其主要原因是：首先，在压缩机中，绝热过程 8-5 难以实现，因状态 8 是湿饱和蒸汽，压缩过程中压缩机工作不稳定，同时，状态 8 的比体积比水的比体积大得多，需用比水泵大得多的压缩机，耗能很大；其次，循环局限于饱和区，上限温度受制于临界温度（374℃），故即使实现卡诺循环，其热效率也不高；再次，蒸汽膨胀终了湿度过大，不利于热机安全。

朗肯循环组成如图 1-1 所示，燃料在炉膛中燃烧释放热量；经给水在锅炉受热面中定压吸热，成为饱和蒸汽；饱和蒸汽在过热器中定压吸热成为过热蒸汽，即过程 4-5-6-1。过热蒸汽在汽轮机内绝热膨胀做功，即过程 1-2。从汽轮机排出的做过功的乏汽在凝汽器内定压凝结，向冷却水放热，即过程 2-3，它既是定压过程，也是定温过程。凝汽器内压力为 4～5kPa，其相应的饱和温度为 28.95～32.88℃，仅稍高于环境温度。3-4 为凝结水经给水泵的绝热压缩过程，压力升高后的水再次进入锅炉进行循环。

朗肯循环的热效率 $\eta_t$ 由前面热效率的定义可知，应为理想循环做功量与循环的吸热量之比，即

$$\eta_t = \frac{w_t}{q_1} = \frac{q_1 - q_2}{q_1} = 1 - \frac{\overline{T}_{av2}}{\overline{T}_{av1}} \tag{1-1}$$

式中　$w_t$——理想循环做功量，kJ/kg；

　　　$q_1$——理想循环吸热量，kJ/kg；

　　　$q_2$——理想循环放热量，kJ/kg；

$\overline{T}_{av1}$、$\overline{T}_{av2}$——理想循环的平均吸热、放热温度，K。

$w_t$ 一般采用式 (1-2) 进行计算：

$$w_t = (h_0 - h_{ca}) - (h'_{fw} - h'_c) \tag{1-2}$$

式中　$h_0$——新蒸汽进入汽轮机的初焓值，kJ/kg；

　　　$h_{ca}$——蒸汽在汽轮机中等熵膨胀后的排汽焓值，kJ/kg；

$h'_{fw}$——锅炉给水焓值，kJ/kg；

$h'_c$——凝结水焓值，kJ/kg；

$h_0 - h_{ca}$——1kg 蒸汽在汽轮机中进行等熵膨胀所做的功，kJ/kg；

$h'_{fw} - h'_c$——1kg 凝结水通过给水泵时所消耗的功，kJ/kg。

因 $q_1 = h_0 - h'_{fw}$，故

$$\eta_t = \frac{(h_0 - h_{ca}) - (h'_{fw} - h'_c)}{h_0 - h'_{fw}} \tag{1-3}$$

由于水的压缩性很小，当蒸汽初压力不高时（一般情况下，$p_0 < 10$MPa 时），给水泵的耗功和给水在给水泵中的焓升可以忽略不计。此时，式（1-3）可以简化为

$$\eta_t = \frac{h_0 - h_{ca}}{h_0 - h'_{fw}} \tag{1-4}$$

但当初压力很高时，给水泵耗功约占汽轮机做功的 2%。粗略的计算中，仍可将给水泵耗功忽略不计，但在较精确的计算时，即使初压力不高，也不应忽略给水泵耗功。

可见，理想循环的热效率反映了理想循环冷源损失的大小，冷源损失越大，循环效率也就越低。要想提高循环热效率，就要降低冷源损失。目前的技术条件下，朗肯循环的热效率为 40%～45%。

**二、凝汽式发电厂的其他各项热损失和效率**

热力发电厂实际生产过程的不可逆性，使得能量转换和传递过程中存在着各种损失，可用过程和设备的热效率来表述其损失的大小。这些效率依次为锅炉效率、管道效率、汽轮机的绝对内效率、汽轮机的机械效率、发电机效率。

*1. 锅炉设备的热损失与锅炉效率 $\eta_b$*

发电厂的燃料在炉膛内燃烧，使燃料的化学能转变为烟气的热量，烟气流过锅炉各受热面，又将热量传递给受热面管内的水和蒸汽。锅炉效率等于锅炉设备输出的被有效利用的热量（锅炉的热负荷）与输入燃料的热量（燃料在锅炉中完全燃烧时的放热量）之比。锅炉效率反映了锅炉设备能量传递过程中的各项热损失的大小。

对不计连续排污热损失的非再热锅炉，锅炉效率的计算式为

$$\eta_b = \frac{Q_b}{Q_{cp}} = \frac{Q_b}{BQ_{net,p}} = \frac{D_b(h_b - h'_{fw})}{BQ_{net,p}} \tag{1-5}$$

式中 $Q_b$——锅炉的热负荷，kJ/h；

$Q_{cp}$——发电厂热耗量，kJ/h；

$B$——锅炉单位时间内的燃料消耗量，kg/h；

$D_b$——锅炉蒸发量，kg/h；

$Q_{net,p}$——燃料的低位发热量，kJ/kg；

$h_b$——锅炉过热器出口蒸汽焓值，kJ/kg。

锅炉效率越高，说明在锅炉的能量转换环节中的热损失越小。锅炉设备中的热损失主要包括排烟热损失、散热损失、化学未完全燃烧热损失、机械未完全燃烧热损失、排污热损失、灰渣物理热损失等，其中排烟热损失最大，占锅炉总损失的 40%～50%。

影响锅炉效率的主要因素有锅炉的参数、容量、结构特性、燃料种类及性质、燃烧方式以及炉内的空气动力工况等。可通过热平衡试验来测定各项损失的大小，现代大型电厂锅炉的效率一般为 90%～94%。

2. 管道热损失与管道效率 $\eta_p$

管道效率反映的是工质在流过主蒸汽管道、再热蒸汽管道时的散热损失及工质排放和泄漏造成的热损失。此外，蒸汽在主蒸汽管道中流动还有节流损失，而节流损失通常放在汽轮机的相对内效率中考虑。

管道效率等于汽轮机组热耗量与锅炉热负荷的比值，即

$$\eta_p = \frac{Q_0}{Q_b}$$

$$Q_0 = D_0(h_0 - h'_{fw})$$

$$Q_b = D_b(h_b - h'_{fw})$$

$$\eta_p = \frac{D_0(h_0 - h'_{fw})}{D_b(h_b - h'_{fw})}$$

式中　$Q_0$——汽轮机组热耗量，kJ/h；

　　　$D_0$——汽轮机组的汽耗量，kg/h。

管道效率主要反映了主蒸汽管道保温的完善程度，保温完善程度越高，则其散热损失越小，管道效率也就越高；同时也反映了工质在主蒸汽管道上的泄漏和排放的大小，泄漏和排放损失越大，管道的损失就越大。一般情况下，现代发电厂的管道效率为 98%～99%。

3. 汽轮机设备中的冷源损失与汽轮机的绝对内效率 $\eta_i$

蒸汽在汽轮机中实际膨胀做功的过程为不可逆的过程，因此除了理想冷源损失外，还存在着进汽节流、排汽及内部的各项损失，包括喷管损失、动叶损失、余速损失、湿汽损失、漏汽损失、鼓风摩擦损失等。这些损失造成蒸汽的做功量减少，使汽轮机的实际排汽焓 $h_c$ 大于理想排汽焓 $h_{ca}$，导致增加一部分冷源损失 $(h_c - h_{ca})$，即附加冷源热损失。该损失的大小通过汽轮机的相对内效率反映。

汽轮机的相对内效率 $\eta_{ri}$ 是指蒸汽在汽轮机中的实际焓降与理想焓降的比值，即

$$\eta_{ri} = \frac{P_i}{P_{ia}} = \frac{h_0 - h_c}{h_0 - h_{ca}}$$

式中　$P_i$——汽轮机的实际内功率，kW；

　　　$P_{ia}$——汽轮机的理想内功率，kW。

汽轮机的相对内效率是衡量汽轮机中能量转换过程完善程度的指标。现代大型汽轮机的相对内效率为 90%～92%。

汽轮机的绝对内效率 $\eta_i$（又称实际循环热效率）是指汽轮机的实际内功率与汽轮机组的热耗量的比值，即

$$\eta_i = \frac{3600 P_i}{Q_0} = \frac{D_0(h_0 - h_c)}{D_0(h_0 - h'_{fw})} = \frac{h_0 - h_c}{h_0 - h'_{fw}} = \eta_t \eta_{ri}$$

式中　3600——电热当量，1kW·h 的电能相当于 3600kJ 的热量。

$\eta_i$ 反映了机组实际冷源热损失的大小，现代大型汽轮机组的绝对内效率达到 45%～47%。

4. 汽轮机的机械损失和机械效率 $\eta_m$

汽轮机的机械效率反映了汽轮机机械损失的大小，主要包括支持轴承、推力轴承与轴和推力盘之间的机械摩擦耗功，以及拖动主油泵和调速器系统的耗功。它使汽轮机输出的有效功率（轴端功率）总小于汽轮机内功率。

机械效率是指汽轮机输出给发电机轴端的功率与汽轮机内功率之比，其表达式为

$$\eta_{\mathrm{m}} = \frac{P_{\mathrm{ax}}}{P_{\mathrm{i}}}$$

式中　$P_{\mathrm{ax}}$——汽轮机的轴端功率，kW。

汽轮机的机械效率一般为 96.5%～99%。

5. 发电机的能量损失及发电机效率 $\eta_{\mathrm{g}}$

发电机的效率主要反映了发电机的损失，主要包括机械方面的轴承摩擦损失，通风耗功和发电机线圈和铁芯的铜损、铁损等。

发电机效率是指发电机输出的电功率与汽轮机输入的轴功率的比值，即

$$\eta_{\mathrm{g}} = \frac{P_{\mathrm{e}}}{P_{\mathrm{ax}}}$$

式中　$P_{\mathrm{e}}$——发电机输出的电功率，kW。

现代大型发电机的效率，氢冷时为 98%～99%，空冷时为 97%～98%，双水内冷时为 96%～98.7%。

**三、发电厂的总效率及热平衡**

发电厂的总效率表示发电厂在整个能量转化过程中能量损失的大小，是指发电厂输出的电能与消耗能量的比值，即

$$\eta_{\mathrm{cp}} = \frac{3600 P_{\mathrm{e}}}{B Q_{\mathrm{net}, p}}$$

在确定了发电厂各设备或过程的效率后，很容易求得整个电厂实际循环的总效率。对凝汽式发电厂而言，整个热功转换过程的热量有效利用程度则可用发电厂实际循环的总效率 $\eta_{\mathrm{cp}}$ 表示，其计算表达式为各热力设备或过程效率的积，即

$$\eta_{\mathrm{cp}} = \eta_{\mathrm{b}} \eta_{\mathrm{p}} \eta_{\mathrm{t}} \eta_{\mathrm{ri}} \eta_{\mathrm{m}} \eta_{\mathrm{g}} \tag{1-6}$$

式（1-6）表明，凝汽式发电厂的总效率取决于各设备的分效率，其中任一设备热经济性的改善，都可能使电厂热效率有所提高。因此，为了提高发电厂的热经济性，必须提高每一个设备对能量的利用率。

若以锅炉生产 1kg 蒸汽需要消耗燃料的热量为基准进行计算，可得电厂能量平衡方程为

$$q'_{\mathrm{cp}} = 3600 W_{\mathrm{e}} + q_{\mathrm{lb}} + q_{\mathrm{lp}} + q_{\mathrm{lc}} + q_{\mathrm{lm}} + q_{\mathrm{lg}} = \frac{h_{\mathrm{b}} - h'_{\mathrm{fw}}}{\eta_{\mathrm{b}}}$$

式中　$q'_{\mathrm{cp}}$——锅炉每生产 1kg 蒸汽需要消耗的热量，kJ/kg；

　　　$q_{\mathrm{lb}}$——锅炉热损失，kJ/kg；

　　　$q_{\mathrm{lp}}$——管道热损失，kJ/kg；

　　　$q_{\mathrm{lc}}$——冷源损失，kJ/kg；

　　　$q_{\mathrm{lm}}$——汽轮机的机械损失，kJ/kg；

　　　$q_{\mathrm{lg}}$——发电机的能量损失，kJ/kg；

　　　$W_{\mathrm{e}}$——1kg 蒸汽的发电量，kW·h/kg。

表 1-1 列出了不同参数的凝汽式发电厂的各项损失。

以燃料供给的热量为基准，计算出电能及各项能量损失所占的百分数以后，便可绘制出发电厂的热流图。图 1-2 为一个超高压参数纯凝汽式电厂的热流图，其蒸汽初参数为 13MPa、535℃，终参数为 5kPa。图中直观地显示出发电厂能量利用与损失的具体分布情

况，其中汽轮机的冷源损失是所有损失中最大的。

表 1 - 1　　　　　　　　　　　　　　火力发电厂的各项损失　　　　　　　　　　　　　　　　%

| 项　　目 | 电　厂　初　参　数 | | | |
| --- | --- | --- | --- | --- |
| | 中参数 | 高参数 | 超高参数 | 超临界参数 |
| 锅炉热损失 | 11 | 10 | 9 | 8 |
| 管道热损失 | 1 | 1 | 0.5 | 0.5 |
| 汽轮机冷源热损失 | 61.5 | 57.5 | 52.5 | 50.5 |
| 汽轮机机械损失 | 1 | 0.5 | 0.5 | 0.5 |
| 发电机损失 | 1 | 0.5 | 0.5 | 0.5 |
| 总热损失 | 75.5 | 69.5 | 63 | 60 |
| 全厂效率 | 24.5 | 30.5 | 37 | ≥40 |

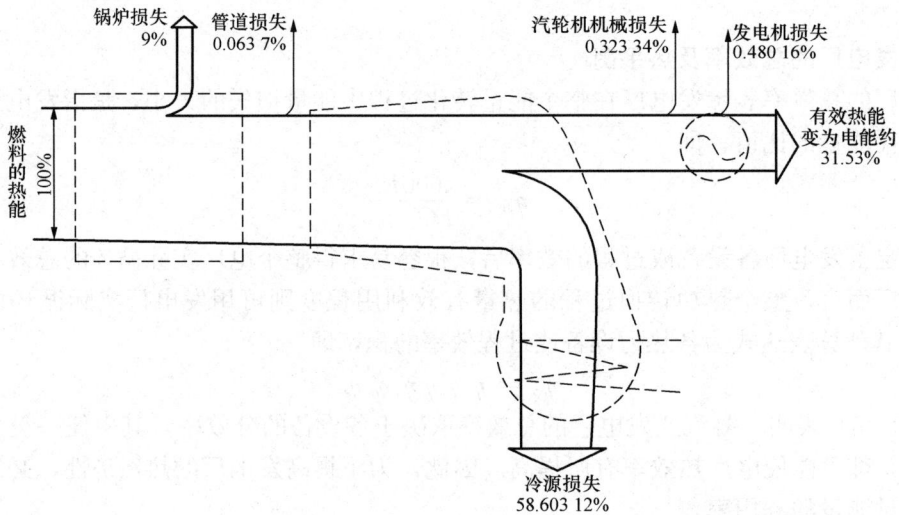

图 1 - 2　超高压参数纯凝汽式发电厂热流图

　　热量法从数量上揭示了能量利用的效果，它建立在自然界中能量守恒与转换定律基础上；从热力学范畴看，它是以热力学第一定律为基础的，其实质是能量在数量上的平衡，并未揭示出能量在品质上的差异。

## 第二节　做功能力分析法及其应用

　　由热力学第一定律和热力学第二定律可知，能量既具有量的守恒性又具有品质上的差异性，而这种差异性在能量传递、转换过程中体现为方向性、条件性及可能转换的程度上。例如，机械能或电能在理论上可以全部转换为热能，但是绝对不可能实现全部逆向转换的。又如，热能本身可自发地从高温物体传给低温物体，却不能自发地反方向进行。比如同一数量的热能，当其状态参数不同，品质也不相同，如同样是 1000kJ 的热量，在 100℃ 下转换为机械能的能力大约只相当于 800℃ 下的 1/3 左右，更明显的是处于环境条件下的大气介质，在数量上含有无限的热能，但它转换为其他形式能量的能力等于零，因此大气介质所含热能的品质为零。由此看出，要想准确地分析和评价能量利用的效果，单采用热量法是不够的，必须采用其他方法，从量和品质两方面进行考核，这就产生了做功能力分析法，它是以做功能力损失的大小或对做功能力的有效利用程度作为评价动力设备热经济性的指标，具体分为熵分析法和㶲分析法。

**一、熵分析法**

孤立系统的熵增原理，即在孤立系统中，熵增总是大于或等于零（$\Delta s \geqslant 0$）。实际热力过程都是不可逆过程，都会使系统的熵增大，引起能量贬值和功的耗散（即做功能力损失）。因此。可以通过计算熵增来确定做功能力损失的大小，并以此作为评价电厂热力设备热经济性的指标。可见，熵增是用来作为衡量孤立系统内由于不可逆性导致做功能力减小的一种量度。这种用熵增原理来分析和评价实际电厂热经济性的方法称熵分析法。凡是熵增的过程，都会使热经济性下降。

若环境温度为 $T_{amb}$，则某一热力过程或设备中的熵增 $\Delta s_g$ 引起的做功能力损失 $\Delta w_1$ 为

$$\Delta w_1 = T_{amb} \Delta s_g \qquad (1-7)$$

一般情况下，环境温度变化很小，可以作为常数处理，因此做功能力损失与孤立系统的熵增成正比。

热力发电厂的全部能量转换过程是由一系列的不可逆过程组成的，计算出各设备或过程的做功能力损失之后，累加起来即可得到总损失 $\Delta w_{cp}$，即

$$\Delta w_{cp} = \sum_{i=1}^{n} \Delta w_{li} = T_{amb} \sum_{i=1}^{n} \Delta s_{gi}$$

下面用熵分析法分析热力发电厂中三种典型的不可逆过程。

1. 有温差换热过程的做功能力损失

如图 1-3 所示，两种工质进行换热。高温工质 A 经过 1-2 过程放热，其平均放热温度为 $\overline{T}_A$，其熵减少 $\Delta s_A$；低温工质 B 经过 3-4 过程吸热，平均吸热温度为 $\overline{T}_B$，吸热过程熵增为 $\Delta s_B$，平均换热温差 $\Delta \overline{T} = \overline{T}_A - \overline{T}_B$。不考虑散热损失，则放热量 $\Delta Q$ 等于吸热量，即

$$\Delta Q = \overline{T}_A \Delta s_A = \overline{T}_B \Delta s_B$$

换热过程的熵增 $\Delta s_g$ 为

$$\Delta s_g = \Delta s_B - \Delta s_A = \Delta Q \frac{\Delta \overline{T}}{\overline{T}_A \overline{T}_B} \qquad (1-8)$$

由式（1-8）可知，环境温度一定时，换热温差越大，做功能力损失也就越大；相同的换热量和平均换热温差，流体的平均换热温度越高，换热的做功能力损失就越小，即高温换热器比低温换热器有利。有温差的换热过程的做功能力损失如面积 $1'4'4''1''1'$ 所示，其计算式如下：

$$\Delta w_1 = T_{amb} (\Delta s_B - \Delta s_A)$$

2. 绝热节流过程

图 1-4 中的 $o$-$a$ 过程所示为蒸汽在汽轮机进汽调节机构中的节流过程。由热力学第一定律解析式 $dq = dh - vdp$ 可得，绝热节流前后工质的焓不变，即 $dh = 0$，对微元过程，有 $dq = Tds$，因此，绝热节流过程的熵增为

$$\Delta s_g = -\int_{s_{0''}}^{s_{a''}} \frac{v}{T} dp$$

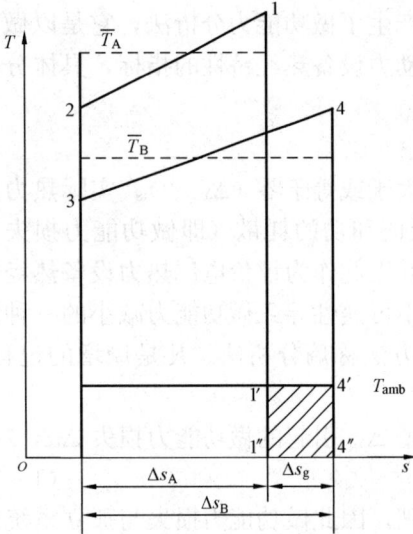

图 1-3　有温差换热过程的 $T$-$s$ 图

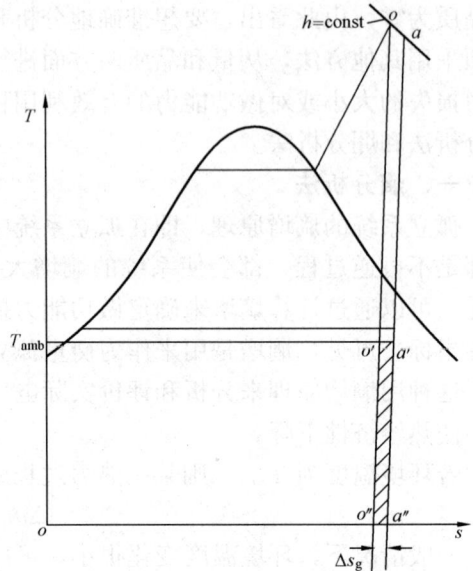

图 1-4　工质的绝热节流过程

绝热节流过程的做功能力损失为面积 $o'a'a''o''o'$，其计算式为

$$\Delta w_1 = T_{\text{amb}} \int_{s_{o'}}^{s_{a''}} \frac{v}{T} \mathrm{d}p \tag{1-9}$$

式中　$v$——工质的比体积，$\text{m}^3/\text{kg}$；

　　　　$T$——工质的温度，K；

　　　　$\mathrm{d}p$——工质的压力降，MPa。

工质节流过程总是伴随着压力的降低，所以式（1-9）中 $\mathrm{d}p$ 为负，熵增为正，压降越大，熵增和做功能力损失也就越大。减少工质节流过程做功能力损失的途径是尽量减少节流引起的压降。

式（1-9）还表明，节流引起的做功能力损失与工质的比体积成正比，与工质的温度成反比。

3. 有摩擦阻力的膨胀或压缩过程

如图 1-5 所示，蒸汽在汽轮机中可逆膨胀做功时，理想排汽的熵为 $s_{\text{ca}}$。由于汽轮机内部存在蒸汽与动、静叶的摩擦等种种不可逆因素，引起工质的摩擦与扰动，实际排汽熵为 $s_{\text{c}}$，膨胀做功过程不可逆性引起的熵增为

$$\Delta s_{\text{g}} = s_{\text{c}} - s_{\text{ca}}$$

相应的做功能力损失为面积 $c'c''c_a''c_a'c'$，其计算式为

$$\Delta w_1 = T_{\text{amb}}(s_{\text{c}} - s_{\text{ca}})$$

同理，在发电厂的热力系统中，水泵工作时，

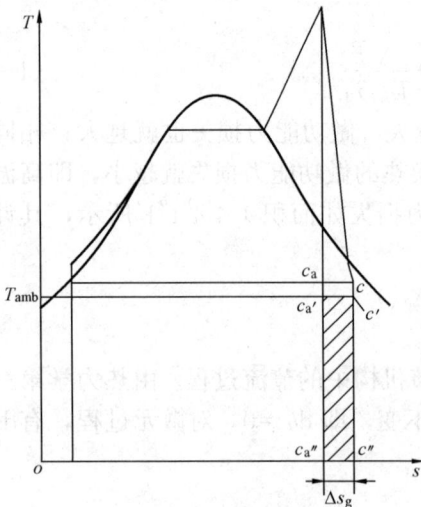

图 1-5　工质膨胀做功过程

水的绝热压缩（升压）过程，由于水泵内部各种不可逆因素，使水的熵增大，也要引起做功能力损失。

显然，减少工质膨胀或压缩过程做功能力损失的途径是减少其过程的扰动、摩擦以及工质的泄漏等不可逆程度。

**二、㶲分析法**

**（一）㶲的一般概念**

热量法不能反映能量在质量上的差别，而状态参数㶲可以满足这一要求。㶲和能量的概念在本质上是有区别的。㶲是一个特定的概念，它表示在给定的环境条件下，能量具有的最大做功能力。㶲在某种程度上可以理解为能够被利用的能量，㶲损可以理解为损失掉的可被利用的能量。㶲分析法是利用㶲效率（可用能利用率）和㶲损（做功能力损失）来评价电厂能量的质量利用情况。

1. 热量（热流）㶲

热量是过程量，如图 1-6 所示，1kg 工质在变温情况下沿 1-2 过程吸热，吸热量为 $q_{12}$。取一微元吸热过程的吸热量为 $\mathrm{d}q$，工质熵的变化为 $\mathrm{d}s$，则 $\mathrm{d}q = T\mathrm{d}s$，根据热力学第二定律，热流 $\mathrm{d}q$ 所能完成的最大功，即热流 $\mathrm{d}q$ 的㶲 $\mathrm{d}e_{\mathrm{q}}$，其计算式为

$$\mathrm{d}e_{\mathrm{q}} = \mathrm{d}q\left(1 - \frac{T_{\mathrm{amb}}}{T}\right)$$

热量 $q_{12}$ 的㶲为面积 $122'1'1$，其计算式为

$$e_{\mathrm{q}}^{12} = \int_1^2 \mathrm{d}q\left(1 - \frac{T_{\mathrm{amb}}}{T}\right) = \int_1^2 \mathrm{d}q - T_{\mathrm{amb}}\int_1^2 \frac{\mathrm{d}q}{T}$$
$$= q_{12} - T_{\mathrm{amb}}(s_2 - s_1) \qquad (1-10)$$

假定吸热过程的平均温度为 $\overline{T}_{12}$，则

$$e_{\mathrm{q}}^{12} = q_{12}\left(1 - \frac{T_{\mathrm{amb}}}{\overline{T}_{12}}\right) \qquad (1-11)$$

由式（1-11）可知，热流㶲的大小不但与热量的数量有关，而且与过程的温度有关，过程平均温度越高，热量㶲就越大，热量的品位也就越高。

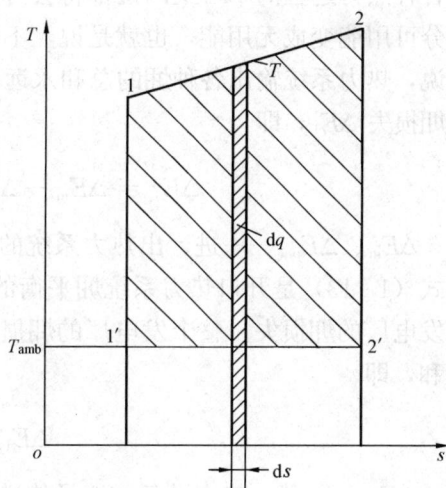

图 1-6　变温传递热量的㶲

2. 工质㶲

工质在稳定流动中由给定的状态可逆地变到与环境相平衡的状态所能完成的最大有用功称为工质㶲。

如图 1-7 所示，1kg 工质进入热力系统时的参数 $p_1$、$t_1$ 可逆地变到与环境相同的参数 $p_{\mathrm{amb}}$、$t_{\mathrm{amb}}$，在状态变化时，没有其他热源，只与环境交换热量，并对外做功。忽略工质动能和位能的变化，则由热力学第一定律可得

$$h_1 + q_{\mathrm{amb1}} = h_{\mathrm{amb}} + w_{\mathrm{amb1}}^{\max} \qquad (1-12)$$

根据热力学第二定律

$$q_{\mathrm{amb1}} = \int^{\mathrm{amb}} T_{\mathrm{amb}}\,\mathrm{d}s = T_{\mathrm{amb}}(s_{\mathrm{amb}} - s_1) \qquad (1-12a)$$

将式（1-12a）代入式（1-12）并整理，可得 1kg 工质在状态 $p_1$、$t_1$ 下的㶲为

$$e_1 = w_{\text{amb1}}^{\max} = (h_1 - h_{\text{amb}}) - T_{\text{amb}}(s_1 - s_{\text{amb}})$$

$$(1 - 12\text{b})$$

式中　　$h_1$——给定状态工质的焓，kJ/kg；

$s_1$——给定状态工质的熵，kJ/(kg·K)；

$h_{\text{amb}}$——环境状态工质的焓，kJ/kg；

$s_{\text{amb}}$——环境状态工质的熵，kJ/(kg·K)；

$w_{\text{amb1}}^{\max}$——热力系统对外做的最大功，kJ/kg。

3. 其他有关能量的㶲

理论上，机械能和电能都可以全部转变为功，所以

机械能的㶲＝机械能的热当量

电能的㶲＝电能的热当量

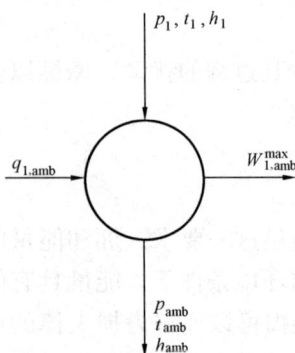

$p_1, t_1, h_1$

$q_{1.\text{amb}}$　　　$W_{1.\text{amb}}^{\max}$

$p_{\text{amb}}$
$t_{\text{amb}}$
$h_{\text{amb}}$

图 1-7　能量平衡示意图

固体燃料的化学㶲＝固体燃料的低位发热量

4. 㶲损失、㶲平衡和㶲效率

各种热力过程的不可逆因素都将会有熵增，熵增将带来做功能力的损失即㶲损失，它使一部分可用能变成无用能，也就是说，不可逆过程㶲是不守恒的。因此，对任何实际热力过程来说，热力系统输出各种㶲的总和永远小于进入热力系统㶲的总和，两者之差就是热力过程的㶲损失 $\Delta E_1$，即

$$\Delta E_1 = \Delta E_{\text{in}} - \Delta E_{\text{out}} = \sum_{i=1}^{n} E_{\text{in},i} - \sum_{j=1}^{m} E_{\text{out},j} \qquad (1 - 13)$$

式中　　$\Delta E_{\text{in}}$、$\Delta E_{\text{out}}$——进、出热力系统的任何形式的㶲。

式（1-13）是开口热力系统㶲平衡的通用方程。通过该方程可以求出某一热力设备或整个发电厂的㶲损失。整个发电厂的㶲损失 $\Delta E_{1,\text{cp}}$ 等于能量转换过程中各有关热力设备㶲损失总和，即

$$\Delta E_{1,\text{cp}} = \sum_{i=1}^{n} \Delta E_{1,i}$$

式中　　$\Delta E_{1,i}$——某一热力设备或能量传递过程中的㶲损失。

㶲损失可以用作评价热力设备和发电厂热经济性的指标，但它是个绝对数值，不便于与其他热力设备进行相互比较，所以引入相对指标——㶲效率。

常用的㶲效率的定义是有效利用的㶲与消耗的㶲之比，有时也称其为第二定律效率。例如，燃煤凝汽式发电厂煤耗为 $B$，总㶲损失为 $\Delta E_{1,\text{cp}}$，发电功率 $P_{\text{e}}$，则其㶲效率 $\eta_{\text{e,cp}}$ 为

$$\eta_{\text{e,cp}} = \frac{3600 P_{\text{e}}}{BQ_{\text{net},p}} = \frac{BQ_{\text{net},p} - \Delta E_{1,\text{cp}}}{BQ_{\text{net},p}}$$

需要说明的是，这里把煤的化学能近似地等于其低位发热量。

采用相似的方法可计算发电厂各热力设备的㶲效率。

（二）发电厂的㶲分析

以图 1-1（a）所示简单凝汽式发电厂为例，按能量转换顺序，分析各设备中的㶲损失及发电厂的㶲效率。

分析按工质流量 1kg 为基准，并忽略水在给水泵中的焓升，即给水的焓等于主凝结水的焓。根据给定的有关汽水参数及各热力设备的效率，可求出需要燃料提供的热量及热力系统

各有关的㶲。

1. 锅炉中的㶲损失

锅炉的㶲平衡式为

$$q'_{cp} + e_{fw} = e_b + \Delta e_{l,b}$$

锅炉的㶲损失 $\Delta e_{l,b}$ 为

$$\Delta e_{l,b} = q'_{cp} + e_{fw} - e_b$$

2. 主蒸汽管道的㶲损失

主蒸汽管道的㶲平衡式为

$$e_b = e_0 + \Delta e_{l,p}$$

蒸汽流经主蒸汽管道时的㶲损失 $\Delta e_{l,b}$ 为

$$\Delta e_{l,p} = e_b - e_0$$

3. 汽轮机内部㶲损失

汽轮机的㶲平衡式为

$$e_0 = w_i + e_c + \Delta e_{l,tu}$$

汽轮机内部的㶲损失为

$$\Delta e_{l,tu} = e_0 - w_i - e_c = e_0 - (h_0 - h_c) - e_c$$

式中　$w_i$——蒸汽在汽轮机中所做的内功。

4. 凝汽设备的㶲损失

凝汽设备的㶲平衡式为

$$e_c = e'_c + \Delta e_{l,c}$$

凝汽设备中的㶲损失为

$$\Delta e_{l,c} = e_c - e'_c$$

在该系统及特定条件下，$e'_c = e_{fw}$。

5. 汽轮机机械摩擦阻力引起的㶲损失

汽轮机轴端输出的有效功为 $w_e = w_i \eta_m = (h_0 - h_c)\eta_m$，故汽轮机机械摩阻引起的㶲损失 $\Delta e_{l,m}$ 为

$$\Delta e_{l,m} = w_i - w_e = (h_0 - h_c)(1 - \eta_m)$$

6. 发电机的㶲效率

发电机输出的电能为 $w_{el} = w_e \eta_g = (h_0 - h_c)\eta_m \eta_g$，故发电机中的㶲损失 $e_{l,g}$ 为

$$e_{l,g} = w_e - w_{el} = (h_0 - h_c)\eta_m(1 - \eta_g)$$

7. 发电厂的㶲效率

发电厂的总的㶲损失 $\Delta e_{l,cp}$ 为各项㶲损失的总和，即

$$\Delta e_{l,cp} = \Delta e_{l,b} + \Delta e_{l,p} + \Delta e_{l,tu} + \Delta e_{l,c} + \Delta e_{l,m} + \Delta e_{l,g}$$

发电厂的㶲效率为

$$\eta_{e,cp} = \frac{w_{el}}{q'_{cp}} = 1 - \frac{\Delta e_{l,cp}}{q'_{cp}}$$

发电厂的㶲平衡方程式为

$$e_q = q'_{cp} = w_{el} + \Delta e_{l,b} + \Delta e_{l,p} + \Delta e_{l,tu} + \Delta e_{l,c} + \Delta e_{l,m} + \Delta e_{l,g}$$

以燃料㶲 $e_q$ 为 100%，算出电能及各项㶲损失所占份额后，便可绘制发电厂的㶲流图。

图 1-8 为蒸汽初参数为 13MPa、535℃，终参数为 5kPa 的简单凝汽式发电厂的㶲流图。

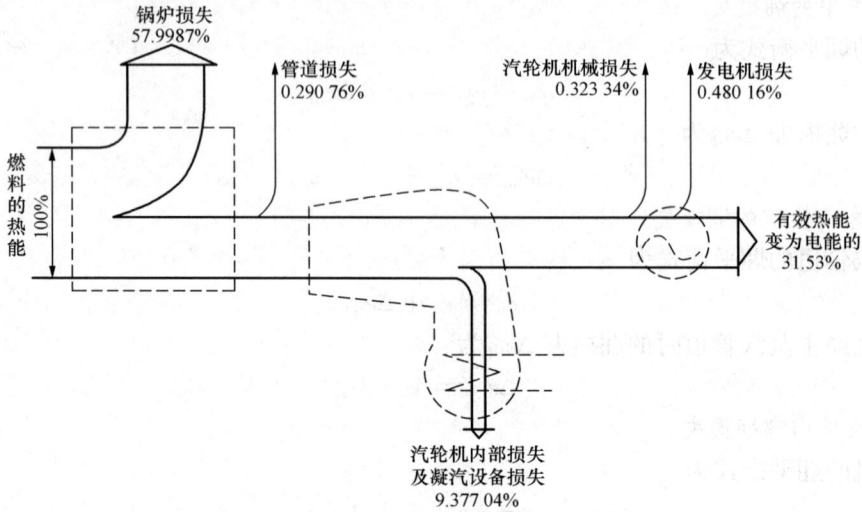

图 1-8 超高压简单凝汽式发电厂的㶲流图

### 三、做功能力分析法与热量（效率）分析法的比较

下面以超高压参数简单凝汽式发电厂为例，把两类分析法的计算结果进行分析比较。简单凝汽式发电厂的热力系统如图 1-1（a）所示。其中锅炉出口的过热蒸汽参数为 13.4MPa、540℃，锅炉的热效率为 91％；汽轮机进口参数为 13MPa、535℃，排汽压力为 5kPa，汽轮机的相对内效率为 82％，机械效率为 99％；发电机效率为 98.5％；环境参数为 0.1MPa、20℃；工质流量为 1kg；采用固体燃料，其㶲值等于它的低位发热量；计算中忽略水在给水泵内的焓升。

用效率分析法和做功能力分析法分别计算，计算结果如表 1-2 所示，相应的热流图如图 1-2 所示，㶲流图如图 1-8 所示。

表 1-2　　　　　　　　　发电厂的热平衡与㶲平衡计算表　　　　　　　　　%

| 项　目 | | 分　析　法 | | 项　目 | | 分　析　法 | |
|---|---|---|---|---|---|---|---|
| | | 效率分析法 | 㶲分析法 | | | 效率分析法 | 㶲分析法 |
| 锅炉损失 | | 9 | 58 | 汽轮机的机械损失 | | 0.323 | 0.323 |
| 管道损失 | | 0.064 | 0.29 | 发电机的能量损失 | | 0.48 | 0.48 |
| 冷源损失 | 汽轮机内部 | 58.603 | 6.928 | 发电厂效率 | | 31.53 | 31.53 |
| | 凝汽器内部 | | 2.449 | | | | |

从计算结果可以看出，由于固体燃料的㶲等于其低位发热量，而电能的㶲等于其热当量，所以发电厂的总热效率与总㶲效率相等，均为 31.53％。但两类不同分析法对发电厂效率低的原因分析有很大的差别。特别是对主要原因的解释，两者结论正好相反。效率法认为：主要原因是冷源损失太大，其次是锅炉的热损失。而做功能力法则认为：主要原因是锅炉的㶲损失太大，其次是汽轮机内部的㶲损失。

从表面上看，两类分析法的解释互相矛盾。其实，效率分析法只是从外部现象进行解释，而做功能力分析法则是从内部根源进行分析。外部损失是内部损失的表现，内部损失是外部损失的根源，后者才是问题的本质。因为进入凝汽设备的大量热能已经品位很低，没有多少做功能力的废热，这些热量的绝大部分在锅炉里就已丧失了做功能力。做功能力分析法透过本质看问题，它以燃料化学能被利用的程度来评价发电厂的热经济性。由于能量的利用不仅包含数量，更注重质量，故该法对利用热功转换进行能量生产的火电厂具有特殊意义，但它的定量计算复杂，使用起来不方便、不直观，目前主要用于定性分析，起着从本质上指导技术改进方向的作用。

由前面的分析可知，提高热力发电厂热经济性的根本途径是减少电厂能量转换过程中的各种不可逆损失，特别是减少温差换热、工质膨胀和压缩过程、工质节流以及燃料燃烧过程中的做功能力损失。对于提高各热力设备的效率、提高蒸汽初参数、降低蒸汽终参数、采用给水回热加热、采用蒸汽中间再过热、进行热电联产、燃气—蒸汽联合循环等提高效率的方法，其实质也就是减少能量转换过程中各种不可逆损失的具体措施。

## 第三节　纯凝汽式发电厂的主要热经济指标

电厂设计和运行都是以热经济指标来说明发电厂热经济性的。国际上用热量法制定了主要设备和全厂的热经济指标，主要有汽耗（量、率）、热耗（量、率）、煤耗（量、率）和全厂效率四类，括号中前者以单位时间来度量，后者以 1kW·h 电能来度量。这里仅介绍无回热和再热的凝汽式发电厂（纯凝汽式发电厂）的热经济指标的表示方法。

**一、汽轮发电机组的热经济指标**

1. 汽轮发电机组的汽耗量 $D_0$ 和汽耗率 $d_0$

汽轮发电机组的汽耗量是指单位时间（每小时）内汽轮发电机组生产电能所消耗的蒸汽量。

纯凝汽式汽轮发电机组的能量平衡（或功率方程）式为

$$D_0(h_0 - h_c)\eta_m\eta_g = 3600P_e$$

则有

$$D_0 = \frac{3600P_e}{(h_0 - h_c)\eta_m\eta_g}$$

式中　$D_0$——纯凝汽式汽轮发电机组的汽耗量，kg/h。

汽轮发电机组的汽耗率是指汽轮发电机组生产单位电能（1kW·h）所消耗的蒸汽量，即

$$d_0 = \frac{D_0}{P_e} = \frac{3600}{(h_0 - h_c)\eta_m\eta_g}$$

式中　$d_0$——纯凝汽式汽轮发电机组的汽耗率，kg/(kW·h)。

2. 汽轮发电机组的热耗量 $Q_0$ 和热耗率 $q_0$

汽轮发电机组的热耗量是指单位时间内汽轮发电机组生产电能所消耗的热量，即

$$Q_0 = D_0(h_0 - h'_{fw})\text{kJ/h}$$

汽轮发电机组的热耗率是指汽轮发电机组每生产单位电能所消耗的热量，即

$$q_0 = \frac{Q_0}{P_e} = d_0(h_0 - h'_{fw})\text{kJ/(kW·h)}$$

$$q_0 = \frac{3600}{\eta_t \eta_{ri} \eta_m \eta_g} = \frac{3600}{\eta_i \eta_m \eta_g} \text{kJ}/(\text{kW} \cdot \text{h})$$

**二、全厂热经济指标**

1. 全厂的热耗量 $Q_{cp}$ 和热耗率 $q_{cp}$

全厂热耗量是指凝汽式发电厂单位时间内生产电能所消耗的热量，即

$$Q_{cp} = BQ_{net,p} = \frac{Q_b}{\eta_b} = \frac{Q_0}{\eta_b \eta_p} \text{kJ/h}$$

全厂热耗率是指凝汽式发电厂生产单位电能所消耗的热量，即

$$q_{cp} = \frac{Q_{cp}}{P_e} = \frac{3600}{\eta_{cp}} = \frac{3600}{\eta_b \eta_p \eta_i \eta_m \eta_g} \text{kJ}/(\text{kW} \cdot \text{h})$$

2. 厂用电率 $\zeta_{ap}$

厂用电率表示发电厂在同一时间内为满足自身生产电能需要所消耗的厂用电量与生产电能的比值，即

$$\zeta_{ap} = \frac{P_{ap}}{P_e} \times 100\%$$

式中　$P_{ap}$——发电厂的厂用电功率，kW。

3. 全厂的煤耗量和煤耗率

（1）发电煤耗量 $B$ 和煤耗率 $b$。全厂煤耗量是指在单位时间内发电厂所消耗的燃料量，其计算式为

$$B = \frac{Q_b}{Q_{net,p} \eta_b} = \frac{Q_0}{Q_{net,p} \eta_b \eta_p} = \frac{3600 P_e}{Q_{net,p} \eta_{cp}} \text{kg/h}$$

全厂煤耗率是指发电厂生产单位电能所消耗的燃料量，其计算式为

$$b = \frac{B}{P_e} = \frac{q_0}{Q_{net,p} \eta_b \eta_p} = \frac{3600}{Q_{net,p} \eta_{cp}} \text{kg}/(\text{kW} \cdot \text{h})$$

（2）发电标准煤耗率 $b^s$。为了方便计算和比较发电厂的经济性，发电厂煤耗率往往采用标准煤耗率。发电标准煤耗率是指发电厂生产单位电能所消耗的标准煤量。我国标准规定，标准煤是指低位发热量为 29 310kJ/kg 的煤，故有

$$b^s = \frac{q_0}{29\ 310 \eta_b \eta_p} = \frac{3600}{29\ 310 \eta_{cp}} \approx \frac{0.123}{\eta_{cp}} \text{kg(标准煤)}/(\text{kW} \cdot \text{h})$$

实际煤耗和标准煤耗的换算关系如下：

$$29\ 310 b^s = Q_{net,p} b$$

故

$$b^s = \frac{b Q_{net,p}}{29\ 310} \text{kg(标准煤)}/(\text{kW} \cdot \text{h})$$

（3）供电标准煤耗率 $b_n^s$。供电标准煤耗率是指发电厂向外界供应单位电能所消耗的标准燃料量，即

$$b_n^s = \frac{B^s}{P_e - P_{ap}} = \frac{B^s}{P_e(1 - \zeta_{ap})} = \frac{b^s}{1 - \zeta_{ap}} \text{kg(标准煤)}/(\text{kW} \cdot \text{h})$$

式中　$B^s$——标准煤耗量，kg(标准煤)/h。

国产汽轮发电机组的热经济指标列于表 1-3 中。

表 1 - 3　　　　　　　　　　　　国产汽轮发电机组的热经济指标

| 额定功率 $P_e$(MW) | $\eta_{ri}$ | $\eta_i$ | $\eta_m$ | $\eta_g$ | $\eta_{cp}$ | $d$ [kg/(kW·h)] | $q_{cp}$ [kJ/(kW·h)] |
|---|---|---|---|---|---|---|---|
| 0.75～6 | 0.76～0.82 | <0.30 | 0.965～0.986 | 0.930～0.960 | <0.27～0.284 | >4.9 | >13 333 |
| 12～25 | 0.82～0.85 | 0.31～0.33 | 0.986～0.990 | 0.965～0.975 | 0.29～0.32 | 4.7～4.1 | 12 414～11 250 |
| 50～100 | 0.85～0.87 | 0.37～0.40 | 约 0.99 | 0.980～0.985 | 0.36～0.39 | 3.9～3.5 | 10 000～9231 |
| 125～200 | 0.86～0.89 | 0.43～0.45 | 约 0.99 | 约 0.99 | 0.421～0.441 | 3.1～2.9 | 8612～8238 |
| 300～600 | 0.88～0.90 | 0.45～0.48 | 约 0.99 | 约 0.99 | 0.441～0.47 | 3.2～2.8 | 8219～7579 |
| 1000 | 0.90～0.925 | 0.489～0.498 | 约 0.99 | 约 0.99 | 0.478～0.49 | 2.9～2.7 | 7347～7383 |

# 思　考　题

1-1　循环热效率的一般概念是什么？为什么发电厂热经济性进行定量计算上广泛采用热量法？

1-2　热量法和做功能力分析法分析凝汽式发电厂生产过程中的最大损失，为何得出的结论不一致？

1-3　凝汽式发电厂生产过程中为什么会存在能量损失？都有哪些损失？各项损失的原因是什么？大致的数量是多少？

1-4　凝汽式发电厂的总效率由哪些效率组成？当提高分效率时，总效率会如何变化？

1-5　传热温差越大，做功能力损失就越大，这种说法成立吗？为什么？

1-6　发电厂有哪些主要的热经济性指标？它们之间的关系是什么？

1-7　为何给水经过给水泵后会有焓升？为什么在计算超高压参数机组的热经济性时，要考虑焓升的影响？

1-8　为什么说标准煤耗率是一个比较完善的热经济性指标？

1-9　在比较发电厂热经济性时，为何要引入供电煤耗率的概念和标准煤耗率的概念？

# 第二章 影响发电厂热经济性的因素及提高热经济性的发展方向

提高热力发电厂热经济性的途径可概括为六个方面。

**1. 提高蒸汽初参数**

理论上，热源与冷源的温度决定在此温差范围内的任何热机所能具有的最高热效率。因此，尽可能提高汽轮机动力装置的新蒸汽参数，降低排汽温度，可显著提高该装置的热效率。现代制造的汽轮机动力装置采用的蒸汽初温度基本上已达到了当前冶金工业技术水平所能达到的最高极限值（620℃）。再提高汽温则需要大量使用价格昂贵、加工工艺复杂的奥氏体钢，综合经济效果并非有利。提高进汽压力也能提高该装置的热效率，但在一定的进汽温度下，过高的进汽压力会导致排汽湿度增大，不但会加大湿汽损失，而且会加剧低压部分叶片的冲刷腐蚀。

**2. 降低蒸汽终参数**

降低蒸汽终参数即降低汽轮机的排汽压力，在蒸汽初参数和循环方式已定的情况下，循环放热过程的平均温度降低，从而使循环热效率得以提高。实际机组运行采用的汽轮机排汽压力与汽轮机低压缸排汽部分的结构、凝汽器的冷却面积和结构、循环冷却水的温度和流量、汽轮机的负荷等因素有关。

**3. 采用给水回热加热**

与纯凝汽循环相比，回热循环中排给冷源的热量损失要小一些，因为从汽轮机中抽出来的那部分蒸汽的热能完全被用来加热给水，不再构成冷源损失，进入凝汽器的热量相应减少了，从而提高了循环热效率。对不同进汽参数的汽轮机装置，都分别有一个最佳抽汽回热量（常以最佳给水温度表示）。加热给水的抽汽通常是在汽轮机不同压力点上多次抽出并逐级加热给水的。这样，以较低温度的抽汽先加热较低温度的给水，这部分抽汽就能在汽轮机内多做些功，从而进一步提高装置的热效率。

**4. 采用蒸汽中间再热循环**

采用中间再热能起到与提高进汽温度同样的效果，又能降低排汽的湿度，从而为在进汽温度的提高受到金属材料限制的情况下进一步提高进汽压力提供了可能。现代大容量高参数的汽轮机动力装置都采用中间再热循环。采用一次中间再热，一般可使装置的热效率提高5％以上。如采用二次中间再热，可使机组的热效率再提高2％左右。但过多次的中间再热会使汽轮机动力装置的结构布置及运行方式过于复杂。

**5. 采用联合循环**

利用热力性能不同的工质组成联合动力装置，可改善整个装置的经济性。一个主要的联合方式是，以高温工质循环的排气（汽）作为低温工质循环的热源。联合装置的工质有燃气—蒸汽、汞蒸气—蒸汽、蒸汽—氨等多种形式。

**6. 采用热电联产**

由于背压供热机组排汽或可调抽汽机组的抽汽送给热用户，因此不存在冷源损失。热电联产外供热蒸汽是做过功的排汽或抽汽，属于低品位的能量，它是综合用能、按质用能，从而提高了燃料化学能质量和数量的利用率。

## 第一节　蒸汽参数对发电厂热经济性的影响

蒸汽参数包括初参数和终参数。初参数是指新蒸汽进入汽轮机自动主汽门前的蒸汽压力 $p_0$ 和温度 $t_0$，终参数是指汽轮机排汽的压力 $p_c$。

发电厂效率 $\eta_{cp} = \eta_b \eta_p \eta_t \eta_{ri} \eta_m \eta_g$ 中，汽轮机的机械效率 $\eta_m$ 和发电机效率 $\eta_g$ 与蒸汽初参数没有直接关系；另外，采取保温等措施得当，锅炉效率 $\eta_b$、管道效率 $\eta_p$ 受蒸汽参数变化的影响也不大。由热力学可知，当改变蒸汽参数时，热力循环的吸热量和放热量以及汽轮机的内部损失会随之改变。因此，为分析蒸汽参数对电厂热经济性的影响，必先分析 $p_0$、$t_0$ 及 $p_c$ 对理想循环热效率和汽轮机相对内效率的影响。

为提高发电厂热经济性，现代的凝汽式发电厂朝高参数、大容量方向发展。除了高压、超高压、亚临界压力、超临界压力机组以外，现在已经发展到超超临界压力机组。

### 一、蒸汽初参数对电厂热经济性的影响

（一）蒸汽初参数对理想循环热效率 $\eta_t$ 的影响

假定初压力 $p_0$ 和排汽压力 $p_c$ 不变，仅改变初温度，热力循环吸热过程的平均温度将随之改变，理想循环热效率也会改变。

图 2-1 所示的理想蒸汽循环，将初温由 $T_0$ 升高到 $T_0'$ 时，循环吸热过程平均温度 $\overline{T}_{av}$ 升高到 $\overline{T}'_{av}$。由于吸热过程平均温度提高，加大了循环中吸热过程与放热过程中的平均温差，从而使与之相应的等效卡诺循环热效率得到提高，即提高了理想循环热效率。继续提高蒸汽初温度，理想循环热效率也将随之进一步提高，即理想循环热效率随蒸汽初温度的不断提高而提高；反之，若降低蒸汽初温度，则理想循环热效率也会降低，其变化规律如图 2-2 所示。

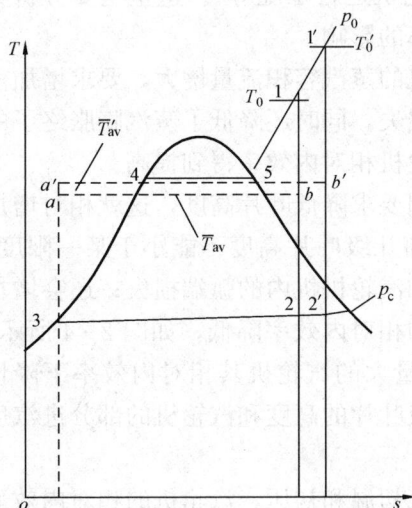

图 2-1　具有不同初温度的理想蒸汽循环 T-s 图

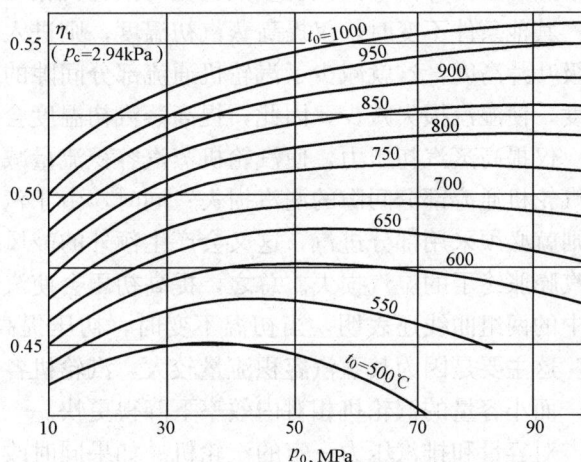

图 2-2　理想循环热效率与蒸汽初参数的关系

　　保持蒸汽初温度 $t_0$ 和排汽压力 $p_c$ 不变，仅提高初压力 $p_0$，其循环示意如图 2-3 所示。同理，由于吸热过程平均温度得到提高，也可提高理想循环效率。但必须指出的是，提高初压与提高初温对工质吸热过程平均温度的影响是不完全相同的。提高初压从而提高循环吸热过程平均温度，这一结论只是在一定范围内才是正确的。这是因为：随着初压力的逐步提高，水的汽化过程和蒸汽过热过程的吸热量占总吸热量的份额逐步减少。而把水加热到饱和水状态的吸热量所占份额逐渐增加，与汽化过程相比，水加热过程的温度低得多，所以初压提高到某一数值之后，进一步提高初压，总的吸热过程平均温度就不再升高而是降低，理想循环热效率也就下降。不过，该转折点的初压力很高，例如，蒸汽初温度为 500℃ 时，转折点的初压力约为 33.6MPa。初温度越高，转折点的数值也就越高，如图 2-2 所示，该压力已经超过了现代汽轮机相应初温度实用的配合初压力。因此可以说，在工程实用范围内，理想循环热效率也是随初压力的提高而提高，但提高的速度是递减的。

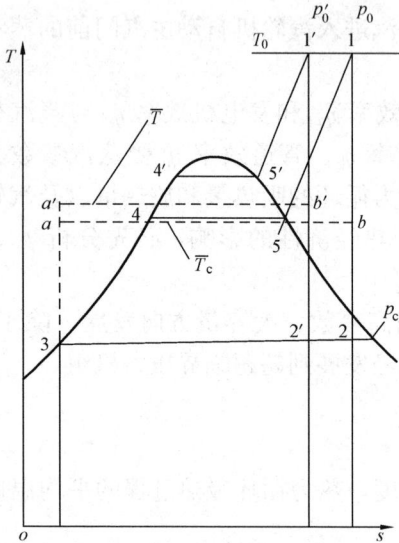

图 2-3　具有不同初压力的蒸汽循环 $T$-$s$ 图

　　若蒸汽初温、初压同时改变，理想循环热效率变化的方向与大小取决于两者变化的方向与大小。循环初温度越高，提高初压力就越有利。若能同时提高蒸汽初温度和初压力，则热力学效果更好。

　　（二）蒸汽参数对实际循环热效率 $\eta_i$ 的影响

　　实际循环热效率 $\eta_i = \eta_t \eta_{ri}$。前面已经分析了提高初参数对 $\eta_t$ 的影响（影响的因素很多，如蒸汽参数、汽轮机通流部分空气动力学完善程度、汽轮机运行工况等）。这里主要分析其他条件不变时，由于蒸汽初参数变化对汽轮机相对内效率的影响。

　　其他条件不变时，仅提高蒸汽初温度，则进入汽轮机的蒸汽容积流量增大，要求增加前几级叶片高度，这就减少了汽轮机通流部分间隙的漏汽损失，同时还降低了蒸汽膨胀终了的湿度，使湿汽损失减少，因此，提高蒸汽初温度会使汽轮机相对内效率得到提高。

　　仅提高蒸汽初压力，使汽轮机蒸汽容积流量减少，则要求降低叶片高度，这就相对增加了汽轮机通流部分间隙的漏汽损失；同时，由于汽轮机前几级叶片高度不能小于某一限度，否则就必须采用部分进汽，这又会产生额外的鼓风损失和汽轮机机内的弧端损失；还会增加蒸汽膨胀终了的湿汽损失。总之，提高初压会使汽轮机的相对内效率降低，如图 2-4 所示。图中的两组曲线还表明，当初温不变时，初压提高，容量大的汽轮机其相对内效率下降慢些。这主要是因为其蒸汽容积流量较大，汽轮机各高压级叶片的高度和汽轮机的部分进汽度大，而小容量的汽轮机相对内效率下降得更快。

　　对容量和排汽压力一定的汽轮机。如果同时改变蒸汽初温和初压，汽轮机的相对内效率的变化情况决定于两参数变化的大小，可通过计算或查图确定。按我国现行的蒸汽初参数等级标准，对一定容量的汽轮机初参数每提高一级，其相对内效率都有所下降。所以，为使汽轮机的相对内效率达到应有的水平，蒸汽初参数总是与汽轮机的容量同时提高。正因如此，人们常常把高参数与大容量并提。

实际循环热效率与蒸汽初参数的关系如图 2-5 所示。

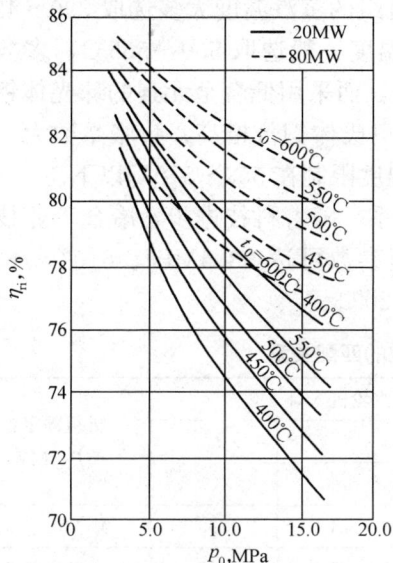

图 2-4　凝汽式汽轮机的相对内效率与蒸汽初参数的关系

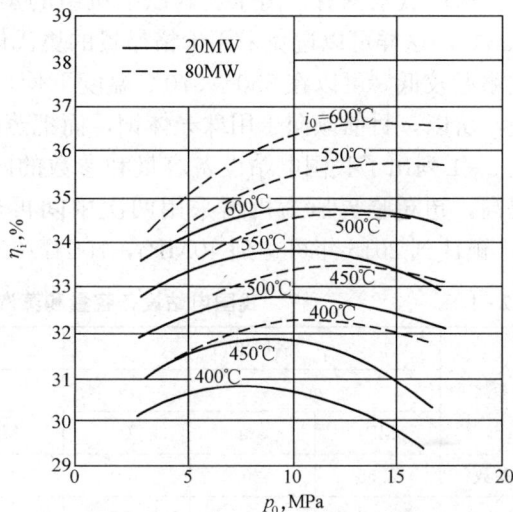

图 2-5　实际循环热效率与蒸汽初参数的关系

由图 2-5 可以得到下列规律：

（1）蒸汽初温度越高，实际循环热效率就越高；

（2）对应于每一个蒸汽初温度，都有一个使实际循环热效率达最大值的最佳初压力；

（3）蒸汽初温度越高，相应的最佳初压力越高；

（4）同样的蒸汽初温度，汽轮机的容量越大，最佳初压力就越高。

（三）提高蒸汽初参数的技术限制

提高蒸汽初温度要受到制造动力设备耐高温钢材的性能及价格的限制。当初温升高时，钢材的强度极限、屈服点及蠕变极限都会降低得很快，而且由于在高温下金属发生氧化，腐蚀结晶裂化，会使设备零件强度大大降低。在非常高的温度下，即使是耐热合金钢也无法使用，而且合金钢比普通钢价格贵得多。

提高蒸汽初压力，除使设备壁厚和零件重量增加外，还受到汽轮机末几级允许蒸汽湿度的限制。对于无再热的机组，当其他条件不变时，提高初压将使蒸汽的终湿度增加，如果超过允许值，将加剧对叶片的冲蚀，影响设备的使用寿命和安全运行，一般凝汽式机组的末级最大允许终湿度为 12%～14%，大型机组常限制在 10% 以下，对于调节抽汽式机组，由于凝汽流量较小，其允许终湿度可提高至 14%～15%。

（四）蒸汽初参数的选择

蒸汽初参数的选择与很多因素有关，确定初参数时不仅要考虑热经济性，还要考虑投资费用、运行的安全可靠性，需通过全面的技术经济比较后才能确定。

实际应用时，蒸汽初压力和初温度是配合选择的，当采用较高的初压力时，应采用较高的初温度。蒸汽初参数的选择还要考虑机组的容量。一般随着机组容量的增大，采用较高的参数。因此，笼统地说高参数设备比低参数设备热经济性高是不全面的，只有将高参数应用于大容量，才能达到提高热经济性的目的。

从发电厂技术经济性和运行可靠性考虑，中低压机组的蒸汽温度大多选取 390～450℃，以便广泛采用碳素钢材；高压及其以上机组的蒸汽初温度一般选取 500～565℃，多数情况下为 535℃，这样可以避免采用价格昂贵的奥氏体钢材，而采用低合金元素的珠光体钢，珠光体钢耐温较低，可以在 550～570℃ 温度下使用。但奥氏体钢价格高，膨胀系数大，导热性能差，所以，目前倾向于用珠光体钢，而把蒸汽初温度限制在 550～570℃ 以下。

表 2-1 列出了我国电站设备容量和参数的匹配关系。随着科技进步，冶金工业技术的不断提高，超超临界压力机组采用两次中间再热，其参数可达 33.5MPa、610℃ /630℃/630℃，预计到 2015 年可达到 40MPa，700℃/720℃/720℃。

**表 2-1　　　　　　　　　　我国电站设备容量和蒸汽初参数的匹配关系**

| 机组参数 | 锅炉出口 | | | 汽轮机入口 | | | 机组额定容量 $P$（MW） |
|---|---|---|---|---|---|---|---|
| | $p_b$ | | $t_b$ | $p_0$ | | $t_0$ | |
| | MPa | ata | ℃ | MPa | ata | ℃ | |
| 次中参数 | 2.55 | 26 | 400 | 2.35 | 24 | 390 | 0.675、1.5、3 |
| 中参数 | 4.02 | 41 | 450 | 3.43 | 35 | 435 | 6、12、25 |
| 高参数 | 9.9 | 101 | 540 | 8.83 | 90 | 535 | 50、100 |
| 超高参数 | 13.83 | 141 | 555/540 | 12.75 | 130 | 535/535 | 200 |
| 亚临界参数 | 16.77 | 171 | 555 | 16.18 | 165 | 535/535 | 300、600 |
| 超临界参数 | 25.4 | 259 | 541 | 24.2 | 247 | 538 | 600 |

（五）采用高参数大容量机组的意义

发展高参数大容量的火电机组，已经成为世界电力工业发展的趋势之一，主要原因有以下几方面。

（1）热经济性高，节约一次能源，降低发电成本。随着蒸汽初参数的提高和机组单机容量的增加，发电厂的热经济性是提高的。如初参数 8.8MPa/535℃ 的 100MW 机组，机组热耗率为 9377.8kJ/(kW·h)；初参数为 12.75 MPa /535℃ 的 200MW 机组，机组热耗率为8472.5kJ/(kW·h)；初参数为 16.67MPa/538℃ 的 600MW 机组，机组热耗率为 7619.8kJ/(kW·h)；初参数为 25MPa/600℃ 的 1000MW 机组，机组热耗率为 7347～7383kJ/(kW·h)。以上数据说明，机组的容量和初参数越高，机组热耗率就越低，发电成本越低，热经济性就越高。机组容量越大，火电厂的运行费用也越低。

我国在"六五"计划前机组的单机容量比较小，主力机组长期停留在 50～100MW 的高压机组和 200MW 的超高压机组的水平上。由于我国大容量、高参数机组的比例比较少，从而使我国的平均供电标准煤耗率比较高，达 429g 标准煤/(kW·h)，比世界先进水平高出100g 左右。

（2）节约投资、缩短建厂工期以及减少土地占用面积。随着蒸汽初参数的提高，设备的投资相应要增加，但是，机组单机容量的增加使单位容量的投资减少。一般容量大一倍的火电机组每千瓦投资节约 10%～15%，钢材节约 20%～25%，建筑安装材料节约 25%～

35％，建设工作量可减少 30％～35％。如我国安装容量为 4×300MW 的机组，建设工期需要 76 个月，而 2×600MW 的机组只需 56 个月，工期缩短 26％。

随着机组容量的增加，每千瓦机组的占地是降低的。例如，装机容量为 4×300MW 电厂与装机容量为 2×600MW 电厂相比，每千瓦机组占地由 0.30～0.35m² 降至 0.28～0.32m²。

（3）促进电力工业的发展，满足社会经济增长的要求。电力工业是国民经济的基础工业，也是先行的工业。随着国民经济的快速发展，电力负荷的增长速度比较快，需要快速发展电力工业来满足快速增长的电力负荷的需要。为此，要加快大容量机组的建设步伐。我国 1950～1981 年的 32 年间，新增加机组 1536 台，总容量为 55 220MW，平均每台机组的容量为 36MW。而 2007 年一年新增机组容量突破 100 000MW。现在，我国的主力火电机组已由原来的超高压 200MV 和亚临界压力 300MW 的机组发展到目前超临界压力、超超临界压力 600MW 和 1000MW 机组。"十一五"期间，我国已累计关停小火电 6417 万 kW。全国 300MW 及以上的火电机组占火电总装机的比重从"十一五"初期的 43.37％提高到 67.11％，高效的清洁机组已经成为燃煤发电的主力。

**二、蒸汽终参数对电厂热经济性的影响**

（一）蒸汽终参数 $p_c$ 对循环效率的影响

蒸汽终参数是指凝汽式汽轮机的排汽压力 $p_c$ 和排汽温度 $t_c$。凝汽式汽轮机的排汽由于都是湿饱和蒸汽，其压力和温度为一一对应关系，通常蒸汽终参数的数值只要标明其中一个就可。

如图 2-6 所示，降低汽轮机排汽压力 $p_c$ 将使循环放热过程的平均温度显著降低，大幅提高循环热效率。在决定热经济性的蒸汽参数——初压力、初温度和排汽压力中，排汽压力对热经济性的影响最大。一般排汽温度每降低 10℃，理想蒸汽循环热效率可提高约 1.36％。

降低排汽压力是提高蒸汽动力设备热经济性的主要方法之一。因为 $p_c$ 降低，$\eta_t$ 将会升高，但降低 $p_c$ 对 $\eta_{ri}$ 却是不利的。因为 $p_c$ 越低，排汽比体积越大，如 $p_c$ 由 5kPa 降至 4kPa，排汽比体积将增加 23％，在末级余速损失一定的条件下，就必须采用更长的末级叶片或多个排汽口，这将增加汽轮机成本。如果末级排汽面积一定，则排汽余速损失会增大，相应汽轮机相对内效率会降低较多。

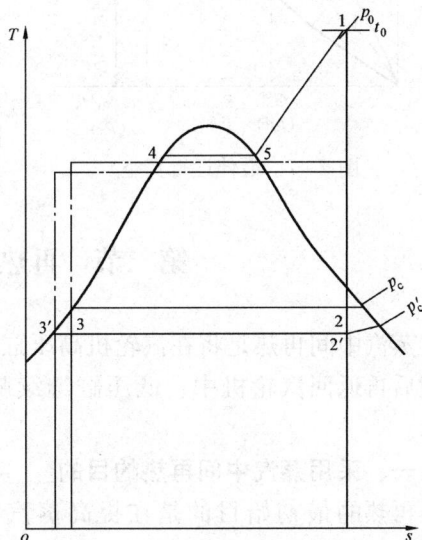

图 2-6　不同排汽压力的蒸汽循环 $T$-$s$ 图

一般而言，随着 $p_c$ 降低，实际内功 $W_i$ 增加。当 $p_c$ 降至某一数值时，达到极限背压或极限真空，之后再继续降低 $p_c$，实际内功 $W_i$ 则不会增加反而减小，$\eta_t$ 也不会增加。因此，只有在极限背压以上的条件下，才能认为降低汽轮机终参数 $p_c$ 可以提高 $\eta_t$。

（二）降低蒸汽终参数的限制

降低蒸汽终参数受到自然和技术两方面的限制。

汽轮机背压 $p_c$ 的降低，取决于凝汽器中排汽凝结温度 $t_c$ 的降低。已知

$$t_c = t_1 + \Delta t + \delta t, \quad \Delta t = t_2 - t_1 \qquad (2-1)$$

式中　$\Delta t$——冷却水进出口温差，℃；

　　　$t_1$、$t_2$——冷却水进、出口温度，℃；

　　　$\delta t$——凝汽器传热端差，℃。

由式（2-1）可知，自然水温即冷却水进口温度 $t_1$ 是降低背压 $p_c$ 的理论限制，而冷却水量不可能无限多，凝汽器面积也不可能无限大，因此 $\Delta t$ 和 $\delta t$ 必然存在，它们是降低 $p_c$ 的技术限制。

我国大型机组 $p_c$ 目前一般为 0.004 9～0.005 4MPa。

### （三）凝汽器运行的最佳真空

在发电厂运行中，最佳真空是指发电厂净燃料消耗为最小值时对应的凝汽器工作压力。汽轮机在运行中，应尽可能使排汽压力接近最佳真空。为此，需要定期进行热力试验，以确定凝汽器在不同进水温度、不同进汽量时的最佳真空及其相应的冷却水系统运行方式。

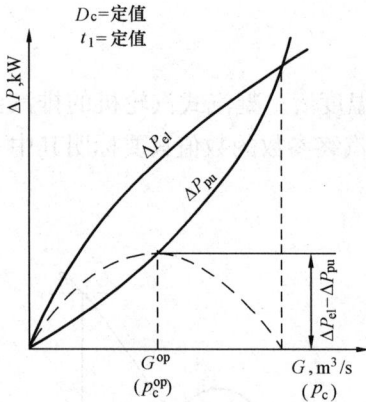

图 2-7　最佳运行真空

图 2-7 所示为最佳运行真空。当 $t_1$ 一定、汽轮机排汽量即 $D_c$ 不变时，排汽压力只与凝汽器冷却水量 $G$ 有关。当 $G$ 增加，汽轮机因排汽压力降低而增加功率 $\Delta P_{el}$，同时循环水泵耗功也将增加 $\Delta P_{pu}$。显然，只有全厂的净增功率（$\Delta P = \Delta P_{el} - \Delta P_{pu}$）达到最大值时，热经济性才是最好的。理论上运行的最佳真空，是与净增功率相对应的。实际上凝汽器的最佳真空需根据负荷、季节等情况来确定。其实质是在不同负荷和季节时合理调整循环水泵的运行台数，保持运行的经济性。

## 第二节　再热循环对电厂经济性的影响

蒸汽中间再热是将在汽轮机高压缸做了一部分功的蒸汽引至锅炉再热器进行吸热，提高温度后再返回汽轮机中、低压缸继续膨胀做功，蒸汽一次中间再热的装置示意如图 2-8 所示。

### 一、采用蒸汽中间再热的目的

再热的最初始目的是在提高蒸汽初压时为降低汽轮机膨胀终了湿度，以保证汽轮机安全运行。当然再热参数选择合适时，也能提高机组的热经济性。随着蒸汽初压力的提高，汽轮机膨胀终了排汽湿度（1－$x_c$）将增加，为了使排汽湿度不超过允许的限度，可采用蒸汽中间再热。如一次中间

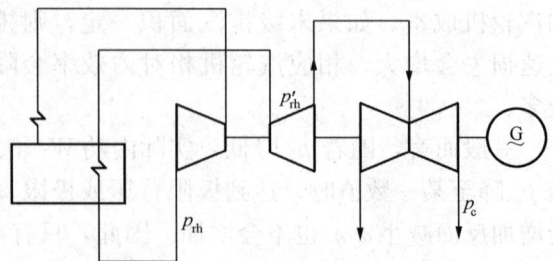

图 2-8　蒸汽一次中间再热装置示意

再热后，可以提高发电厂热经济性5%左右。所以采用高参数大容量再热机组，已成为现代

化火力发电厂的主要标志之一。

对于核电机组，由于其汽轮机进汽为中低压的微过热蒸汽，采用蒸汽中间再热的主要目的还是为了安全，提高进入汽轮机中低压缸的蒸汽过热度，以保证排汽的终了湿度在允许范围内，以保证机组能长期可靠运行。

### 二、蒸汽中间再热的热经济性

1. 蒸汽中间再热对理想循环热效率的影响

图 2-9 所示为理想再热循环 $T\text{-}s$ 图。再热循环 $1r1'2'23451$，可以将其看成基本循环（朗肯循环）123451 和再热附加循环 $1'2'2r1'$ 组成复合循环。理想循环的热效率 $\eta_t^{rh}$ 为

$$\eta_t^{rh} = \frac{q_1\eta_t + \Delta q_{rh}\eta_t^{ad}}{q_1 + \Delta q_{rh}}$$

式中　$q_1$——基本循环的吸热量，kJ/kg；

$\quad\Delta q_{rh}$——附加循环的吸热量，kJ/kg；

$\quad\eta_t$——基本循环的热效率；

$\quad\eta_t^{ad}$——附加循环的热效率。

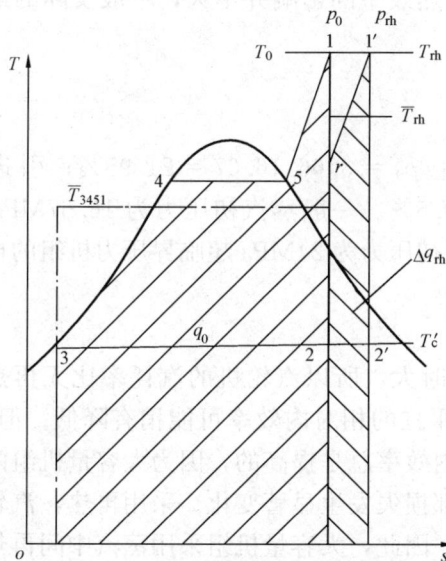

图 2-9　理想再热循环的 $T\text{-}s$ 图

用 $\Delta\eta_t^{rh}$ 表示采用蒸汽中间再热引起循环热效率的相对变化，即

$$\Delta\eta_t^{rh} = \frac{\eta_t^{rh} - \eta_t}{\eta_t} = \frac{\eta_t^{ad} - \eta_t}{\eta_t\left(1 + \dfrac{q_1}{\Delta q_{rh}}\right)}$$

$$(2-2)$$

从式（2-2）可以看出，只要 $\eta_t^{ad} > \eta_t$，则 $\Delta\eta_t^{rh} > 0$，采用蒸汽中间再热就可以提高热经济性。把基本循环和附加循环简化成两个等效卡诺循环后可知，只要中间再热的吸热过程平均温度高于基本循环吸热过程的平均温度，就有 $\eta_t^{ad} > \eta_t$，再热就能提高热经济性。

当其他条件不变时，蒸汽再热后的温度越高，中间再热吸热过程的平均温度也就越高，再热循环的热效率也就越高，所以从热经济性看，蒸汽再热后的温度是越高越好。

不过，提高蒸汽再热后的温度和提高蒸汽初温度一样，也要受到高温金属材料性能和价格的限制。因此，蒸汽再热后的温度一般也都限制在蒸汽初温度的范围内。

图 2-10 所示为再热蒸汽压力的大小对理想循环热效率的影响，该图是在蒸汽初压力为 8.83MPa，蒸汽初温度和再热后的蒸汽温度均为 500℃，排汽压力为 0.003 92MPa 的条件下绘制的。图中的纵坐标为再热循环热效率 $\eta_t^{rh}$ 与基本循环热效率 $\eta_t$ 的比值，横坐标为再热前蒸汽理想焓降 $h_a$ 与基本循环蒸汽理想焓降 $H_a$ 之比。

分析图 2-10 可以得出以下结论：

（1）当再热压力很高时，即再热前蒸汽理想焓降 $h_a$ 很小时，附加循环的吸热平均温度很高，但其循环吸热量很小，所以再热循环热效率提高很少，如图 2-10 中的 $a$ 点所示。

（2）当再热压力较低时，虽然附加循环的吸热量相当大，若其吸热过程平均温度高于基

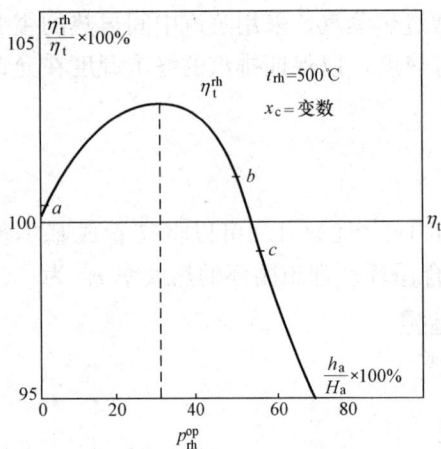

图 2-10　循环热效率与再热前焓降份额的关系

本循环吸热过程平均温度不是很多，则再热循环效率的提高也不多，如图 2-10 中的 $b$ 点所示。

（3）当再热压力很低时，致使附加循环吸热过程的平均温度低于基本循环吸热过程平均温度，甚至使排汽处于过热状态，排汽放热量急剧增加，则会使再热循环热效率低于基本循环热效率，这时再热就没有热经济效益了，如图 2-10 中的 $c$ 点所示。

由上述分析可知，其中必有一个使再热循环热效率达到最大值的 $h_a/H_a$，它所对应的再热压力，称之为最佳再热压力 $p_{rh}^{op}$，即 2-10 图中曲线最高点对应的 $h_a/H_a$。由图 2-10 可以看出，在 $p_{rh}^{op}$ 附近，曲线较为平坦，所以当实际再热压力与理想再热压力偏差不大时（10%左右），对热效率的影响并不大，一般实际的最佳再热压力 $p_{rh}$ 与新汽压力 $p_0$ 间的关系为

再热前有回热抽汽时，$p_{rh}=(0.18\sim0.22)p_0$；

再热前无回热抽汽时，$p_{rh}=(0.22\sim0.26)p_0$。

如我国引进型 N300-16.67/537/537 机组，$p_{rh}/p_0=3.66/16.67=21.95\%$；引进型 600MW 超临界压力机组，$p_{rh}/p_0=4.718/24.2=19.5\%$。一般蒸汽初压力为 16.67MPa 的亚临界压力机组的再热压力 $p_{rh}$ 为 $3.5\sim3.8$MPa，而初压力为 24MPa 超临界压力机组的再热压力 $p_{rh}$ 为 $3.6\sim4.8$MPa。

2. 再热对汽轮机相对内效率的影响

由于采用蒸汽中间再热时蒸汽的焓降比无再热时大，所以汽轮机的汽耗率比无再热时小；若功率相同，则其汽耗量比无再热时也小，高压缸的相对内效率可能稍有降低。但是，大功率机组采用蒸汽中间再过热，对汽轮机的相对内效率总是提高的，因为大容量机组的总进汽量较大，进汽量稍有减少，也不会使汽轮机内部损失发生显著变化。采用再热，汽轮机末级中的蒸汽湿度显著降低，使湿汽损失大大减少，因此，大容量机组采用蒸汽中间再热可使汽轮机的相对内效率有所提高。

3. 再热对实际循环热效率的影响

由以上分析可知，只要适当选择蒸汽中间再热参数，蒸汽中间再热对电厂实际循环热效率总是提高的。但是，再热过程中蒸汽有压力损失（简称压损），会对机组的热经济性带来负面影响。

**三、再热压损 $\Delta p_{rh}$ 对机组热经济性的影响**

由汽轮机高压缸排汽，经冷再热管道、再热器和热再热管道返回中压缸入口的蒸汽，因流动阻力而导致压力下降，称为再热压损。压损降低了机组的热经济性，压损每增加 98kPa，汽轮机热耗率将增加 0.2%～0.3%，减少压损，可提高机组的热经济性，但必须增大再热蒸汽管径，因而金属消耗量和投资都要增加。一般再热压损取高压缸排汽压力的 8%～12%。

为了提高机组热经济性，大机组再热压损应取偏小数值，其主要措施为高压缸排汽管上不装止回阀，再热蒸汽管道的管径增大或用双管，少用或不用中间联箱等。

**四、蒸汽中间再热的方法**

1. 烟气再热法

烟气再热法就是用锅炉中的烟气来再次提高高压缸排汽过热度的方法。其再热系统如图2-11（a）所示，高压缸的排汽送到锅炉的再热器中加热，提高其过热度后，再引入中压缸继续做功。

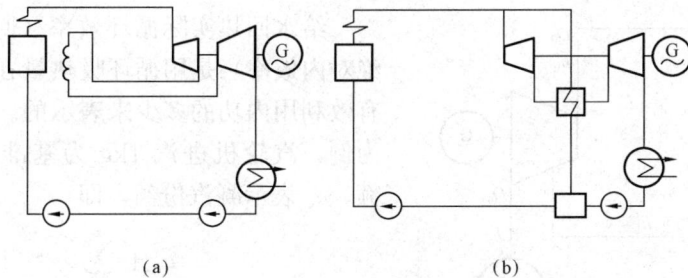

图2-11　蒸汽中间再过热的方法
（a）烟气再热法；（b）蒸汽再热法

采用锅炉烟气进行再热，可以把再热蒸汽加热到 $600 \sim 650℃$，机组的热经济性相对提高 $6\% \sim 8\%$，这是烟气再热法的主要优点，因此在火电厂中得到广泛采用。但由于往返于机炉之间的再热管道较长，再热蒸汽在再热蒸汽管道和再热器中的压力损失较大，致使机组的热经济性相对提高的幅度降低 $1\% \sim 1.5\%$。另外，再热蒸汽管道的金属材料消耗和投资都较大；在运行中再热器和冷、热再热管道中储存大量蒸汽，当机组突然甩负荷时，这些蒸汽有导致汽轮机超速的危险。为防止事故发生，机组还需要设置复杂的控制系统和设备，相应地，对设备和运行维护都提出了更高的要求。

2. 蒸汽中间再热法

蒸汽中间再热法是利用新蒸汽加热再热蒸汽的方法，如图2-11（b）所示。有时候还可以用汽轮机的高压缸抽汽与新蒸汽配合对再热蒸汽进行加热，以提高机组的热经济性。

由于这种再热过程的大部分热量来自加热蒸汽在其饱和温度下的凝结放热，即使利用了加热蒸汽的过热度，再热蒸汽温度通常也不超过 $400℃$。因此，其热经济性比烟气再热法低得多，机组热经济性的相对提高只有 $2\%$ 左右。与烟气再热法比较，蒸汽再热法的主要优点是：再热器简单，可布置在汽轮机附近，因而可以大大地缩短再热蒸汽管道的长度，减少再热蒸汽的压力损失，也减少了汽轮机超速的危险；另外，简化了再热系统的控制设备和系统。由于其热经济效果不大，而再热投资却比无再热时大得多，所以常规的火电厂都没有采用。

在采用饱和蒸汽循环的核电站中，常采用蒸汽再热法，其主要目的是减少汽轮机各级（特别是末几级）的蒸汽湿度，以保证汽轮机的长期可靠运行。

## 第三节　给水回热循环对电厂经济性的影响

从汽轮机的某些中间级抽出部分做过部分功的蒸汽送到相应的加热器中加热锅炉给水，

以提高给水温度，称之为给水的回热加热。

**一、回热循环的热经济性**

（一）回热循环的绝对内效率

在朗肯循环的基础上，采用单级或多级给水回热加热所形成的热力循环，称为给水回热循环。采用给水回热循环，一方面减少了汽轮机的排汽量而使排汽在凝汽器中的热损失减小；另一方面，利用抽汽对给水加热的换热温差要比在锅炉中利用烟气加热时的换热温差小得多，因而减小了给水加热过程的不可逆损失，提高了电厂的热经济性。具有一级回热循环的热力系统如图 2-12 所示。

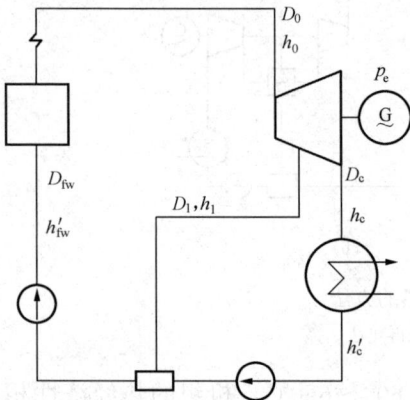

给水回热实际循环效率（回热循环汽轮机的绝对内效率）是用循环吸热量在汽轮机中转变为有效利用内功的多少来表示的。以 Z 级回热循环为例，汽轮机进汽 1kg 为基准，$\alpha_j$ 表示抽汽份额，$\alpha_c$ 表示凝汽份额，即

$$\alpha_c + \sum_{j=1}^{Z} \alpha_j = 1$$

实际回热循环效率

$$\eta_i^r = 1 - \frac{\alpha_c q_c}{q_1} = \frac{H_i}{q_1} = \frac{H_a}{q_1} \frac{H_i}{H_a} = \eta_i \eta_{ri}$$

$$(2-3)$$

图 2-12　具有一级回热循环的热力系统

式（2-3）中，忽略给水泵的耗功和不考虑加热器散热损失，则 1kg 蒸汽在汽轮机内的有效焓降为

$$H_i = \alpha_c(h_0 - h_c) + \sum_{j=1}^{Z} \alpha_j(h_0 - h_j) \text{kJ/kg}$$

1kg 蒸汽在锅炉内的吸热量为

$$q_1 = h_0 - h'_{fw} \text{kJ/kg} \tag{2-4}$$

根据回热系统热平衡可得

$$h'_{fw} = \alpha_c h'_c + \sum_{j=1}^{Z} \alpha_j h_j \text{kJ/kg} \tag{2-5}$$

将式（2-5）代入式（2-4）得

$$q_1 = h_0 - \left(\alpha_c h'_c + \sum_{j=1}^{Z} \alpha_j h_j\right) = \alpha_c(h_0 - h'_c) + \sum_{j=1}^{Z} \alpha_j(h_0 - h_j) \text{kJ/kg}$$

则

$$\eta_i^r = \frac{\alpha_c(h_0 - h_c) + \sum_{j=1}^{Z} \alpha_j(h_0 - h_j)}{\alpha_c(h_0 - h'_c) + \sum_{j=1}^{Z} \alpha_j(h_0 - h_j)} = \frac{\alpha_c H_c + \sum_{j=1}^{Z} \alpha_j H_j}{\alpha_c q'_1 + \sum_{j=1}^{Z} \alpha_j H_j} \tag{2-6}$$

$$H_c = h_0 - h_c$$

$$H_j = h_0 - h_j$$

式中　$H_c$——1kg 凝汽流在汽轮机中所做的功，kJ/kg；

　　　　$H_j$——1kg 抽汽流在汽轮机中所做的功，kJ/kg。

式（2-6）又可变为

$$\eta_i^r = \frac{\alpha_c H_c}{\alpha_c q_1'} \cdot \frac{1 + \dfrac{\sum\limits_{j=1}^{Z} \alpha_j H_j}{\alpha_c H_c}}{1 + \dfrac{\sum\limits_{j=1}^{Z} \alpha_j H_j}{\alpha_c H_c} \cdot \dfrac{\alpha_c H_c}{\alpha_c q_1'}} = \eta_i \frac{1 + A^r}{1 + A^r \eta_i} = \eta_i R \qquad (2-7)$$

$$A^r = \frac{\sum\limits_{j=1}^{Z} \alpha_j H_j}{\alpha_c H_c}$$

$$q_1' = h_0 - h_c'$$

式中　$A^r$——回热抽汽的做功系数；

　　　$q_1'$——将 1kg 凝结水加热到汽轮机进汽参数时所需要的热量，kJ/kg。

因为，$\eta_i < 1$，系数 $R = \dfrac{1 + A^r}{1 + A^r \eta_i} > 1$，所以 $\eta_i^r > \eta_i$，回热循环与朗肯循环相比，其效率相对增长为

$$\Delta \eta_i^r = \frac{1 - \eta_i}{\dfrac{1}{A^r} + \eta_i} > 0$$

$A_r$ 越大，则效率相对增长越多。

（二）回热再热循环

在回热循环的基础上，再采用蒸汽中间再热过程所构成的复杂循环，称为回热再热循环。我国单机容量 125MW 及以上的汽轮机，均采用再热循环。

回热再热汽轮机实际循环热效率的计算式与回热汽轮机实际循环热效率的计算式相似，不同之处在于前者把汽轮机高压缸做过功的排汽引至锅炉再热器中加热后再送回汽轮机中、低压缸继续做功，从而使循环吸热量和蒸汽做功焓降都增加了一项 $\Delta q_{rh}$，即 1kg 再热蒸汽在锅炉中的吸热量，它表示汽轮机中压缸进口焓与汽轮机高压缸排汽焓的差值。

（三）凝汽式发电厂的热经济指标

1. 汽耗量

纯凝汽式汽轮机的汽耗量为

$$D_0^c = \frac{3600 P_e}{(h_0 - h_c) \eta_m \eta_g} \qquad (2-8)$$

图 2-12 中，由于抽汽量 $D_1$ 在汽轮机中少做了功，其值为 $D_1(h_1 - h_c)$，若汽轮机要发出同样的功率，必须增加的进汽量为 $\dfrac{D_1(h_1 - h_c)}{h_0 - h_c}$，于是具有一级回热的凝汽式汽轮机的汽耗量为

$$D_0 = D_0^c + D_1 \frac{h_1 - h_c}{h_0 - h_c} = D_0^c + D_1 Y_1 = D_0^c + \alpha_1 Y_1 D_0 \qquad \text{kg/h} \qquad (2-9)$$

同理可得出多级回热凝汽式汽轮机的汽耗量为

$$D_0 = D_0^c + \sum_{j=1}^{Z} \alpha_j Y_j D_0 = D_0^c + D_0 \sum_{j=1}^{Z} \alpha_j Y_j \qquad (2-10)$$

把式（2-8）代入式（2-10）并整理可得

$$D_0 = \frac{3600 P_e}{(h_0 - h_c)\left(1 - \sum\limits_{j=1}^{Z} \alpha_j Y_j\right)\eta_m \eta_g} \quad \text{kg/h} \qquad (2-11)$$

$$Y_j = \frac{h_j - h_c}{h_0 - h_c}$$

式中　$\alpha_j$——某级回热抽汽份额，等于某级回热抽汽量与汽轮机汽耗量之比；

　　　$Y_j$——回热抽汽做功不足系数（适用于非再热机组）；

　　　$h_j$——第 $j$ 级回热抽汽的焓；

　　　$Z$——回热抽汽级数。

具有回热加热的凝汽式汽轮机的汽耗率为

$$d_0 = \frac{3600}{(h_0 - h_c)\left(1 - \sum\limits_{j=1}^{Z} \alpha_j Y_j\right)\eta_m \eta_g} \quad \text{kg/(kW · h)}$$

具有蒸汽中间再热给水回热的凝汽式汽轮机的汽耗率为

$$d_0 = \frac{3600}{(h_0 - h'_{rh} + h''_{rh} - h_c)\left(1 - \sum\limits_{j=1}^{Z} \alpha_j Y_j\right)\eta_m \eta_g}$$

$$= \frac{3600}{(h_0 - h_c + \Delta q_{rh})\left(1 - \sum\limits_{j=1}^{Z} \alpha_j Y_j\right)\eta_m \eta_g} \quad \text{kg/(kW · h)}$$

式中　$h'_{rh}$——高压缸排汽焓，kJ/kg；

　　　$h''_{rh}$——中压缸进汽焓，kJ/kg；

　　　$\Delta q_{rh}$——1kg 再热蒸汽的吸热量，kJ/kg。

$$\Delta q_{rh} = h''_{rh} - h'_{rh}$$

再热前抽汽的做功不足系数 $Y_j$ 为

$$Y_j = \frac{h_j - h_c + \Delta q_{rh}}{h_0 - h_c + \Delta q_{rh}}$$

再热后抽汽的做功不足系数 $Y_j$ 为

$$Y_j = \frac{h_j - h_c}{h_0 - h_c + \Delta q_{rh}}$$

2. 热耗量

具有蒸汽中间再热给水回热的凝汽式汽轮机的热耗量和热耗率分别为

$$Q_0 = D_0(h_0 - h'_{fw}) + D_{rh}\Delta q_{rh} = D_0(h_0 - h'_{fw} + \alpha_{rh}\Delta q_{rh}) \quad \text{kJ/h}$$

$$q_0 = d_0(h_0 - h'_{fw} + \alpha_{rh}\Delta q_{rh}) \quad \text{kJ/(kW · h)}$$

$$\alpha_{rh} = \frac{D_{rh}}{D_0}$$

式中　$D_{rh}$——再热蒸汽流量，kg/h；

　　　$\alpha_{rh}$——再热蒸汽份额。

当机组无中间再热时，$\alpha_{rh} = 0$，则

$$Q_0 = D_0(h_0 - h'_{fw}) \quad \text{kJ/h}$$

$$q_0 = d_0(h_0 - h'_{fw}) \qquad kJ/(kW \cdot h)$$

由于采用给水回热，机组的汽耗率增大了，但是锅炉给水焓也提高了，给水在锅炉中的吸热量减少了，其影响比汽耗率变化的影响大，因此机组的热耗率是降低的。

有回热的汽轮机的热耗率为

$$q_0 = \frac{3600}{\eta_i^r \eta_m \eta_g} \qquad kJ/(kW \cdot h)$$

式中 $\eta_i^r$——有回热抽汽的汽轮机的绝对内效率。

无回热抽汽的汽轮机的热耗率为

$$q_0^c = \frac{3600}{\eta_i^c \eta_m \eta_g} \qquad kJ/(kW \cdot h)$$

式中 $\eta_i^c$——无回热抽汽的汽轮机的绝对内效率。

因为 $\eta_i^r > \eta_i^c$，则 $q_0 < q_0^c$，即回热抽汽式汽轮机的热耗率比无回热的汽轮机的热耗率低，热经济性要高。

## 二、影响给水回热过程热经济性的主要参数

在循环初、终参数一定的情况下，为使给水回热实际循环效率达到最大，必须合理确定回热参数，影响给水回热过程热经济性的主要参数包括：回热级数 $Z$，给水温度 $t_{fw}$ 及回热加热分配（加热量在各回热加热器间的分配）$\tau$。这些参数对回热式汽轮机，则分别对应于汽轮机的回热抽汽级数、最高抽汽压力及各级抽汽压力。

在运行中，这些参数的改变，不仅影响机组的热经济性，还会影响锅炉及汽轮机的安全和出力。三个主要参数间是相互影响，密切相关的。

### （一）回热级数 $Z$ 对热经济性的影响

将给水加热到给定温度可以采用两种不同的方法：一种是单级高压抽汽一次加热；另一种是用若干级压力不同的抽汽逐级加热。对于相同的给水加热最终温度，所需要的总抽汽量与抽汽级数几乎无关，这是因为每千克不同压力的抽汽在等压放热而凝结成饱和水的过程中凝结放热量基本相同。因此在维持机组功率不变的条件下，采用多级回热，可以利用较低压力的抽汽对给水进行分段加热，使抽汽做功量增加，凝汽做功量减小，可减小凝汽器内冷源损失，增加机组的绝对内效率。

图 2-13 所示为汽轮机绝对内效率与回热级数 $Z$ 之间的关系。从中可以看出，随着回热级数增加，$\eta_i$ 不断提高，但热效率相对提高值逐渐减小，但回热级数增加，汽轮机抽汽口与回热加热器就增加，使投资增大，使热力系统复杂，影响运行的安全可靠性。在实际应用中，还应从

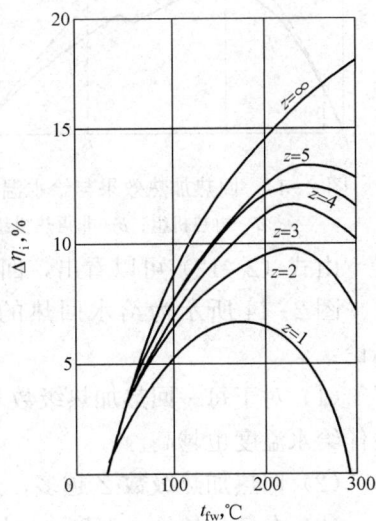

图 2-13 汽轮机绝对内效率与回热级数之间的关系

技术经济角度考虑热经济性的提高与投资增加的合理性，经过综合比较确定。通常中压以下的机组采用 1~3 级回热，高压以上的机组采用 5~8 级回热。

### （二）最佳回热分配

采用多级回热时，给水总加热量在各级加热器之间可以有不同的分配方案，其中必然存

在一种最佳分配方法，使回热加热的热经济效果最好。

常用的最佳回热分配方法有等焓升分配法、几何级数分配法和等焓降分配法等。这些方法是在不同的简化和假定条件下得出的，但在经济性定量方面差别不大，这里仅就最简单的等焓升分配法加以介绍。

等焓升分配法就是将给水在加热器中的总焓升平均分配到各级加热器中，即每一级回热的给水焓升都相等。

每一级加热器的给水焓升为

$$\Delta h' = \frac{h_b'^0 - h_c'}{Z+1} = \frac{h_{fw}' - h_c'}{Z} \qquad kJ/kg$$

式中　$h_b'^0$——锅炉工作压力下的饱和水焓，kJ/kg。

（三）最佳给水温度

1. 理论最佳给水温度

当回热级数一定时，提高给水温度，可提高循环的吸热平均温度，从而提高回热的热经济性。但过分提高给水温度则会使抽汽做功量减少，而凝汽做功量增加，冷源损失增加，反而降低回热的热经济效果，因而必存在一个最佳给水温度，使回热的热经济效果达到最大，该温度称为理论最佳给水温度，如图 2-14 所示。

理论最佳给水温度与回热级数、给水回热分配有密切联系。当采用等焓升分配法进行回热分配时，$Z$ 级回热的最佳给水温度为

$$t_{fw}^{op} = t_c + Z\Delta t = t_c + \frac{Z(t_b^0 - t_c)}{Z+1}$$

$$(2-12)$$

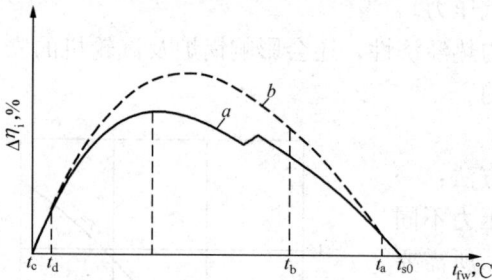

图 2-14　回热加热效果与给水温度的关系

a—再热机组；b—非再热机组

式中　$t_c$——凝结水温度，℃；

　　　$t_{fw}^{op}$——理论最佳给水温度，℃；

　　　$\Delta t$——用等焓升分配法计算出的给水在每一加热器的温升，℃；

　　　$t_b^0$——锅炉工作压力下的饱和温度，℃。

由式（2-12）可以看出，回热级数越多，最佳给水温度越高。

图 2-14 所示为给水回热的效果与加热级数、给水温度的关系。分析该图得出如下结论：

（1）对于每一回热加热级数均有一相应的最佳给水温度 $t_{fw}^{op}$，而且回热加热级数越多，最佳给水温度也越高。

（2）回热加热级数 $Z$ 越多，热经济性的提高也越多，但提高的幅度是递减的。

（3）在各最佳给水温度 $t_{fw}^{op}$ 对应的 $\Delta\eta_i$ 曲线附近变化很平坦，因此，给水温度稍偏离其最佳值，对热经济性的影响不大。

2. 经济上最有利的给水温度

选择实际给水温度，不能单纯追求热经济性，还必须考虑技术经济性和综合效益。例如：提高给水温度，可使燃料量相对节省，但使排烟温度升高，锅炉效率降低，需增大锅炉尾部受热面，使锅炉投资增加。而且，机组汽耗量增大和热力系统复杂化，使得锅炉、汽轮机、回热装置、主蒸汽和给水管路增加，给水泵的投资和厂用电量增大，要正确选择最佳给

水温度（即经济上最有利的给水温度），必须通过详细的技术经济比较来确定。这种比较是很复杂的，主要取决于煤钢的比价，即取决于燃料价格和设备的投资，并且与机组容量和设备利用率有关，表2-2列出国产机组给水温度。一般而言，经济上最有利的给水温度要比理论最佳给水温度低。

**表2-2　　　　　国产凝汽式机组的回热级数和给水温度**

| 汽轮机进汽参数 | | | 电功率 | 回热级数 | 给水温度 | 相对效率增长（%） |
|---|---|---|---|---|---|---|
| $p$ | | $t$（℃） | $P_e$（MW） | $Z$ | $t_{fw}$（℃） | $\Delta\eta=\dfrac{\eta_t'-\eta_t}{\eta_t}$ |
| MPa | ata | | | | | |
| 2.35 | 24 | 390 | 0.75，1.5，3.0 | 1～3 | 105～150 | 6～7 |
| 3.43 | 35 | 439 | 6，12，25 | 3～5 | 150～170 | 8～9 |
| 8.83 | 90 | 535 | 50，100 | 6 或 7 | 210～230 | 11～13 |
| 12.75 | 130 | 535/535 | 200 | 7 或 8 | 220～250 | 14～15 |
| 13.24 | 135 | 550/550 | 125 | 7 | 220～250 | |
| 16.18 | 165 | 550/550 | 300 | 7 或 8 | 247～275 | 15～16 |

## 第四节　热电联合能量生产

### 一、热电联合能量生产的概念

能量的生产分为单一能量生产和联合能量生产。热力设备只用来供应单一能量（热能或电能）的方式称为热电分产。如凝汽式发电厂只供应电能，供热锅炉房只供应热能（蒸汽和热水）。又如凝汽式发电厂在供应电能的同时，由锅炉产生的蒸汽经减温减压后直接向热用户供应蒸汽，虽然也同时供应两种能量，但仍为热电分产。以热电联产方式集中供热称为热化。热电分产热力系统如图2-15所示。

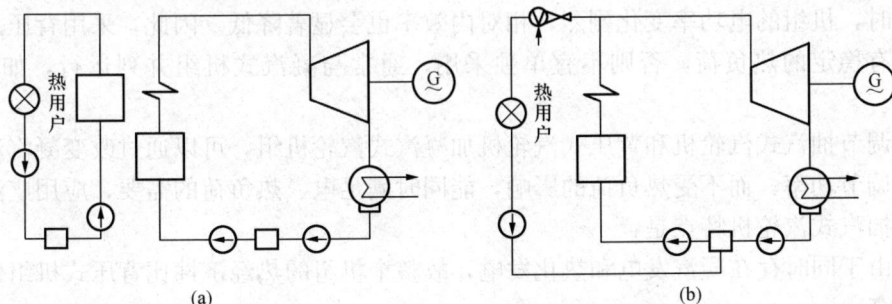

图2-15　热电分产热力系统图
(a) 分散供热；(b) 集中供热

热电联产是用高品质的热能生产电能，用做过部分功的低品质的热能对外供热，称为热电联合能量生产，其热力循环称为供热循环，装有这种动力设备的发电厂称为热电厂。图2-16所示为热电厂热力系统。

现代大型机组采用了各种技术提高机组的热经济性，我国当今最先进的1000MW超超临界压力机组的电厂效率也只能达到48.9%～49.8%，意味着燃料热量的50.2%～51.1%

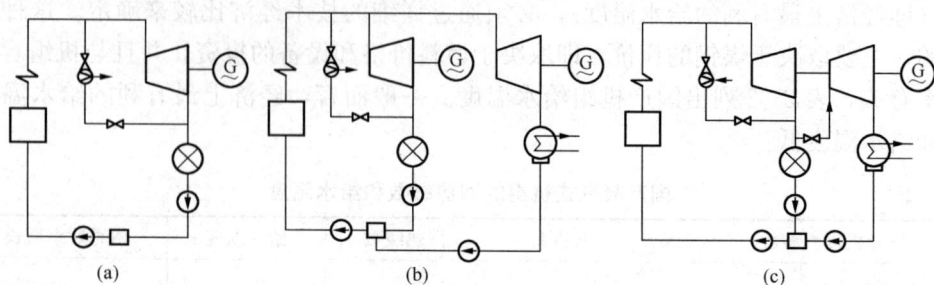

图 2-16　热电厂热力系统
(a) 背压式汽轮机组；(b) 背压式汽轮机组加凝汽式汽轮机组；(c) 调节抽汽式汽轮机组

都损失了，其中冷源损失就占 46%～52%。同时，生产和人们生活中，需要大量的热能，其中大部分用户需要的热能的压力较低，品位不高。若用效率较低的工业锅炉直接供给，会造成燃料的极大浪费。而热电厂利用一部分做过部分功的蒸汽对外供热，进行热电联合能量生产，就能有效地减少能量损失。由于对外供热的蒸汽没有冷源损失，因此极大地提高了燃料的利用率，起到了很好的能量梯级利用。从做功能力分析法的角度看，热电联产是能量梯级利用的一种方法，它可以大大减少能量转换和利用过程的不可逆性，降低能量转换和利用过程的做功能力损失。由效率分析法分析，热电联产是将做过功的蒸汽余热用以对热用户供热，减少或避免了工质的冷源损失，从而极大地提高了燃料的利用率，因此热电联产可以节能。

### 二、热电联产生产形式

热电厂热电联产生产形式有背压式汽轮机、调节抽汽式汽轮机和背压式汽轮机加凝汽式汽轮机三种，三种生产形式热电厂的热力系统如图 2-16 所示。

采用背压式汽轮机组发电，并利用其排汽供热，无冷源热损失，热经济性最高。另外，它不需要凝汽器，结构简单，投资少。其缺点是：机组的电功率随热负荷变化而变化，发电和供热相互制约，不能单独调节以同时满足电、热负荷的需要；背压式机组适应性差，在热负荷变化时，机组的电功率变化剧烈，相对内效率也会显著降低。因此，采用背压式汽轮机组必须要有稳定的热负荷，否则不宜单独采用，通常与凝汽式机组并列运行，如图 2-16 (b) 所示。

采用调节抽汽式汽轮机和背压式汽轮机加凝汽式汽轮机组，可以通过改变凝汽流量在较大范围内调节功率，而不受热负荷的影响，能同时满足电、热负荷的需要，应用广泛。

调节抽汽式汽轮机特点是：

(1) 由于同时存在凝汽发电和热化发电，故整个机组的热经济性比背压式机组低，比凝汽式机组高。

(2) 调节抽汽的回转隔板增加了节流损失，使供热机组的相对内效率低于凝汽式机组。

(3) 若偏离设计工况太远，汽轮机相对内效率将降低，特别是在纯凝汽式工况下运行时，热经济性最差。

所以调节抽汽式机组的热经济性主要取决于热化发电所占比例的大小。

### 三、热电联产的效益及其发展现状

1. 热电联产的效益

(1) 由于热电联产大大减少了冷源损失，因而可以节省大量燃料，热电联产与热电分产相比，其节煤量可达 20%～25%。

（2）由于节省燃料，热电联产还可相应减少燃料开采费用、运输费用以及与输煤系统有关的其他设施费用。

（3）热电厂通过合理选择厂址，采用高效率的除尘器和高烟囱，以减轻城市煤、灰运输负担，并可大大减轻城市的煤、灰污染及热污染，改善城市环境卫生。

（4）由于热电厂采用较完善的大型动力设备代替分散的小型动力设备，可以大大提高劳动生产率，改善劳动条件。

（5）需要供热的企事业单位及住宅区中，不需要建设单独的锅炉房、煤场和灰场，减少这些设施的占地面积。

（6）热电厂通过热网对用户进行供暖、供应热水，可以采用集中的质量调节方法，不但方便，而且可以改善供热质量。

（7）根据热电联产节能的原理，在老电厂扩建改造中，可以采用高参数或超高参数汽轮机的排汽或抽汽作为原有汽轮机的进汽，即高压叠置，增加原有电厂的容量，并提高其热经济性。高压叠置又称内部热化，可提高电厂热经济性 12%～18.5%。

（8）进一步采用热电冷三联产与蓄热技术，可以大大提高热量利用率，改善大气环境和城市环境。热电冷三联产是指热电厂的供热机组，将已在汽轮机中做了部分功的低品位蒸汽热能，用于对外供热和制冷。

2. 我国热化事业的发展现状

我国的热化事业是从 20 世纪 50 年代开始发展的。至 2007 年底，我国 6000kW 及以上供热机组装机容量 9917 万 kW、年供热量 2613 百万 GJ。据测算，热电联产发电和供热年节约标准煤约 3000 万 t，减排 $SO_2$、$NO_2$ 和粉尘分别约为 250 万、20 万 t 和 360 万 t。

长期以来，我国实行的是"以煤为主"的能源政策，采取的是"苏联式"集中供热式。它是一种典型的计划经济模式，采取的是福利性的采暖费用包干制，使用者不了解采暖的成本和投入，结果造成使用环节大量浪费，没有能源计量装置，热网管理落后，管理成本居高不下，结果影响了我国热化事业的发展。

由于国家政策的支持，自进入 20 世纪 90 年代以来，我国热化事业的发展总体是好的，对我国节约能源，改善环境，提高人民的生活水平起了积极的作用。但与发达国家相比，差距仍然很大，需要不断地提高和发展。

我国《节约能源法》和《大气污染防治法》把热电联产作为节能和环保的有效措施，同时，制定了《2010 年热电联产发展规划及 2020 年远景发展目标》规划。该规划提出：到 2020 年，全国热电联产总装机容量达到 2 亿 kW，其中城市集中供热和工业生产用热的热电联产装机容量都约 1 亿 kW。预计到 2020 年，热电联产将占全国发电总装机容量的 22%，在火电机组中的比例为 37%左右。

<h2 style="text-align:center">思　考　题</h2>

2-1　提高热力发电厂热经济性的途径和措施有哪些？

2-2　蒸汽初参数对电厂热经济性有什么影响？提高蒸汽初参数受到哪些限制？为什么？

2-3 对发电厂汽轮发电机组，为什么高参数必须配合大容量？

2-4 降低汽轮机的排汽参数对机组热经济性有何影响？影响排汽压力的因素有哪些？

2-5 何谓凝汽器的最佳真空？机组在运行中如何使凝汽器在最佳真空下运行？

2-6 发电厂为何要采用蒸汽中间再热？再热的参数如何选择？与哪些因素有关？

2-7 再热的方法有几种？各自的优缺点是什么？

2-8 给水温度对回热机组热经济性有何影响？

2-9 为何回热凝汽式机组的汽耗率要大于纯凝汽式机组的汽耗率，而其热耗率却相反？

2-10 何谓回热加热量的最佳分配？如何确定热力学最佳给水温度？

2-11 为什么发电厂经济上最有利的给水温度比理论最佳给水温度低？目前大容量机组采用的给水温度和加热级数大致是多少？

2-12 什么是热电联合能量生产？

# 第三章 给水回热加热

## 第一节 回热加热器

回热加热器是一种热交换器，它将回热抽汽的热量传递给水。回热加热器可以充分利用热量，提高发电厂的热经济性。

### 一、回热加热器的分类及特点

#### 1. 按工作压力分

按照工作压力不同，回热加热器可分为高压加热器和低压加热器。位于凝结水泵和除氧器之间的加热器称为低压加热器。加热器水侧承受凝结水泵的压力，主凝结水通过一组低压加热器后进入除氧器。

位于给水泵和锅炉省煤器之间的加热器称为高压加热器。加热器水侧同样承受给水泵压力，给水通过一组高压加热器后进入省煤器。

#### 2. 按传热方式分

按照传热方式不同，回热加热器可分为混合式和表面式两种。汽、水两种介质直接混合传递热量的加热器称为混合式加热器。汽、水两种介质通过金属受热面传热的加热器称为表面式加热器。

混合式加热器能将给水加热到蒸汽压力下的饱和温度，传热效果较好。因为混合式加热器中汽、水两种介质直接接触混合，能充分利用加热蒸汽的热量，使发电厂节省更多燃料，在能源越来越紧张的今天具有重要意义。混合式加热器制造结构简单、造价低，便于收集不同来源的汽水，易于除去水中气体。但混合式加热器要增加给水泵，会使回热系统复杂、给水系统可靠性降低，设备投资增加。

在无内置式蒸汽冷却器的表面式加热器本体中，给水不能加热到加热蒸汽压力对应下的饱和温度。因为表面式加热器中汽水两种介质是通过金属表面来实现热量传递的，而金属有热阻存在，所以必然会产生温降，不可避免地存在热端差。因此热经济性低于混合式加热器，并且表面式加热器消耗金属量多，需要增加输送蒸汽凝结水（疏水）的设备及管道，设备成本增加、可靠性降低。但在火电厂中广泛应用的却是表面式加热器，这是因为表面式加热器组成的回热系统中不需要每台都配一台给水泵，组成的系统简单，运行安全可靠，这一点对火电厂来说至关重要。

#### 3. 按布置方式分

按照布置方式不同，回热加热器可分为立式、卧式两种。

立式加热器安装、检修方便，占地面积小。在立式加热器中又分为顺置和倒置两种。水室在上的加热器称为顺置式，水室在下的加热器称为倒置式。

卧式加热器安装、检修时吊装封头不方便，占地面积大。但卧式加热器具有很多优点：传热系数高，因凝结换热形成水膜较立式的薄些，在凝结条件相同时，放热系数比立式换热器高 1.7 倍左右；布置疏水冷却段比较方便；汽轮机高度可不必考虑吊出管束的高度。故卧式加热器在大型火力发电机组中使用较为广泛。

### 4. 按内部传热管束的形状来分

按照装设在回热加热器内部传热管束的形状不同，加热器可分为直管、U 形管、盘管三种。直管制造简单，成本低，但不易解决热膨胀问题，仅用于低温低压加热器。U 形管制造较复杂，成本高，高温高压加热器较为适用。盘管包括蛇形管、盘香管，制造方便，但金属消耗量大，水侧阻力大。

## 二、表面式加热器的端差

### 1. 定义及数学表达式

在理想情况下，混合式加热器端差为零。表面式加热器端差分为出口端差（给水端差）和入口端差（疏水端差）两种。出口端差 $\theta_c = t_{sj} - t_{wj}$，入口端差 $\theta_r = t_{sj} - t_{wj+1}$。如图 3-1 所示，表面式加热器的给水端差与金属受热面的关系为

$$\theta = \frac{\Delta t}{e^{\frac{KA}{Gc_p} - 1}} \text{℃} \tag{3-1}$$

式中   $\Delta t$——给水在加热器中的温升，℃；

$K$——传热系数，kJ/(m² · h · ℃)；

$A$——金属换热面面积，m²；

$G$——被加热给水的流量，kg/h；

$c_p$——给水的平均比定压热容，kJ/(kg · ℃)。

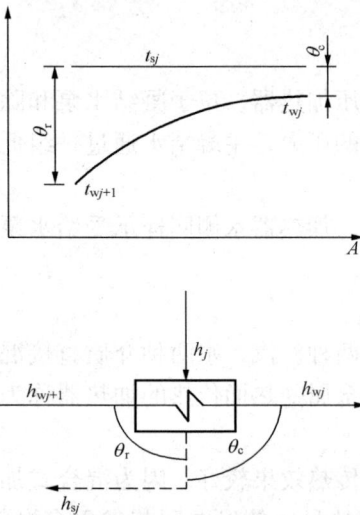

图 3-1  回热加热器端差

采用节流杆，采用涡流剥落技术等来减少热偏差。

### 2. 减少传热端差的方法

减少传热端差的方法主要有两方面：一是增大加热器受热面面积；二是在加热器内部结构上尽可能地利用蒸汽过热度和疏水冷却度。技术方面更新也很快，例如

现代机组向高参数大容量发展，对热经济性有了更高要求，现在普遍采用了多种传热方式组成的表面式加热器。这种表面式加热器包括过热蒸汽冷却器（即过热蒸汽冷却段）、加热器本体部分（即蒸汽凝结段）和疏水冷却器（即疏水冷却段）三部分，个别加热器只有过热蒸汽冷却段和蒸汽凝结段，或只有蒸汽凝结段和疏水冷却段。

图 3-2 所示为三种传热形式组合的表面式加热器中汽水温度和受热面的关系。

回热抽汽首先被引入过热蒸汽冷却段，通过强制对流换热使蒸汽降低过热度，放出的热量传递给即将离开的加热器给水，使得端差减小，接近零或为负值。

设置疏水冷却段后，一方面利用刚进入

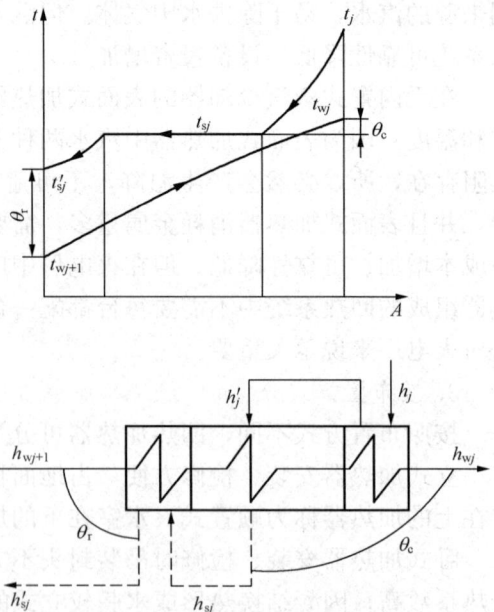

图 3-2  带有内置式蒸汽冷却段、疏水冷却段加热器的汽水温度 $t$ 与受热面积 $A$ 的关系

加热器的给水来冷却疏水，使得疏水端差降低，另一方面使离开加热器的疏水温度降低，因为排挤低一级加热器抽汽的程度相对减轻，能够提高机组的热经济性。排挤是指压力级别高一级的加热器疏水流入压力级别比它低一级的加热器的蒸汽空间，由于压力降低而产生汽化放热，减少了部分低压回热抽汽量。要维持汽轮机功率不变，势必要增加凝汽发电量，额外增加冷源损失，导致热经济性下降。故在回热系统中产生排挤是不利的，要尽量减少。

端差存在意味着不能充分利用加热蒸汽的热量，在其他条件维持不变的情况下，机组的热经济性随着端差的降低而增加。因为给水温度不变时，减少端差可以使用压力较低的回热抽汽，这样回热抽汽在汽轮机中的做功能力得到提高，凝汽损失减少，热经济性得到提高。但减少端差要增大金属受热面积，金属消耗量和投资将会增大。故存在一个经济端差，具体数值应该通过综合的技术经济性比较来确定。一般来说，通过比较当端差降低时得到的燃料节省是否大于年限内增加的投资来确定经济端差。

燃料越贵，金属越便宜，减少端差越有利。目前我国自行设计的大型机组（300MW 以上）的高压加热器，给水端差在有蒸汽冷却器的加热器中一般为 $-2 \sim -1℃$，无蒸汽冷却段一般为 $3 \sim 6℃$；低压加热器为 $3 \sim 5℃$；疏水冷却段端差一般为 $5.5 \sim 10℃$。

### 三、表面式加热器构造

常见的表面式加热器有管板（U 形管式）以及联箱（螺旋管式）两种。前者是水室结构，后者是联箱结构。

#### （一）管板（U 形管式）加热器

1. 法兰连接的管板式加热器

图 3-3 所示为法兰连接的管板式加热器。

现代加热器受热面是由不锈钢制造的 U 形管组成的。管子胀焊在管板上，管板用法兰与水室和壳体连接。因 U 形管束较长，故在壳体内设隔板来支持 U 形管束，防止 U 形管束在运行时因蒸汽引起的有害振动。同时，为了防止蒸汽入口处的管束受到蒸汽冲击或侵蚀，在蒸汽入口处的管束上装设防冲板，来分散蒸汽流的直接冲蚀。为便于加热器受热面的清洗和检修，整个管束可设计成从壳体中抽出的型式。这种结构有较厚管板，管孔多，厚管板与薄管壁胀接或焊接复杂，技术难度较大。但这种法兰连接的管板式加热器结构简单，管束水阻比较小，管子泄漏时堵漏后仍可继续使用，一般用于被加热水的压力小于 7MPa 的加热器中，所以几乎所有的低压加热器和部分高压加热器都采用这种形式。

2. 具有自密封结构的管板式加热器

图 3-4 所示为具有自密封结构的管板式加热器。加热器的 U 形管采用了爆炸胀管加氩弧焊接的方法装设在管板上，管板依靠焊接与水室和壳体相连。

这种加热器在结构上的特点是水室顶部用自密封结构代替了法兰连接。其水室顶部有盖板、双头螺栓、悬挂螺钉。其中双头螺栓的一头与下面的密封座连接，除了完成起吊密封座的作用，还可以在加热器投运前，向上拉紧，使得密封座向上移动。而密封座通过密封环、垫圈把力传递给嵌在水室凹槽内的四合块上，起到初步密封的作用。

当加热器投入运行，水室中充满高压给水后，密封座就紧紧压在四合块上，达到自密封的效果，给水压力越高，密封性就越好。均压四合块是由四块组成的圆环，安装时先将四合块分成四块放入水室凹槽内，然后在中间装上止脱箍防止四合块脱落，保证安全运行。这一

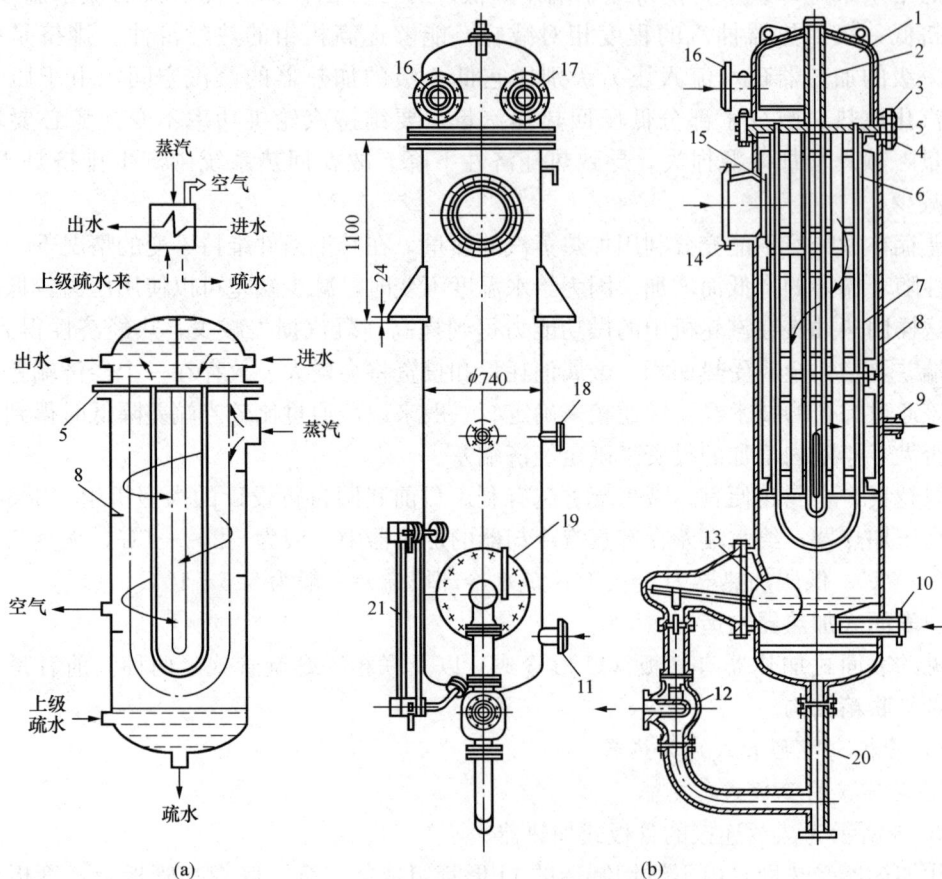

图 3 - 3　法兰连接的管板式加热器
(a) 表面式加热器图例及结构；(b) 外形及其剖面
1—水室；2—拉紧螺栓；3—水室法兰；4—筒体法兰；5—管板；6—U 形管束；7—支架；8—导流板；
9—抽空气管；10、11—上级疏水入口管；12—疏水器；13—疏水器浮子；14—进汽管；15—护板；
16—进水管；17—出水管；18—上级加热器来的空气入口管；19—手柄；20—加热器疏水管；21—水位计

结构不仅解决了法兰连接容易泄露的问题，并且摆脱了紧法兰的繁重工作，很大程度上节省了水室拆装的时间。

　　3. 人孔盖式密封的管板式加热器

　　图 3 - 5 所示为从美国福斯特—惠勒公司引进的卧式高压加热器。加热器的受热面由进口碳钢管组成。管子与管板的连接采用先进的焊接及爆炸胀管连接来保证严密性。沿管束的长度方向上布置隔板，起支撑作用。壳体采用全焊接结构，当检查管束需要时可抽出壳体。

　　这种加热器结构特点：水室采用半球形封头、配有锅炉汽包密封盖式人孔，分隔进、出水的水室分隔板焊接在管板上，分隔板与半球封头之间无焊缝连接，避免了运行后出现的局部应力。

　　过热蒸汽冷却段由包壳板、套管将过热段与凝结段隔开，过热蒸汽从套管进入该段，使得管板和壳体壁面与高温蒸汽直接接触，以降低热应力。配置适当形式的隔板，使蒸汽以规定的流速通过管子，从而既有达到良好的传热效果，又能控制蒸汽压降在规定的范围内。同时适当利用过热度，可以保证蒸汽离开该段时呈干燥状态，避免了湿蒸汽对管子的冲刷。凝结后的加热蒸汽和通过疏水进口管进入的上一级疏水都积聚在壳体的最低位置，然后流入疏水冷却段。疏水冷却段由包壳板和一块厚端板包围，从而与凝结段分隔开。端板的作用是当蒸汽流进端板的管孔和管子之间的间隙时被冷凝，从而形成一个水密封（即毛细管密封），以防止蒸汽泄入该段。吸水口保持在凝结水位之下，流入的凝结水通过隔板的引导向上流动，最后从位于该段顶部、壳体侧面的疏水出口管流出。这种形式的加热器常见在300MW 和 600MW 机组上。

（二）联箱（螺旋管式）加热器

如图 3-6 所示，这种加热器的结构特点是没有管板，以联箱代替水室、受热面管束为螺旋管。

螺旋管束在直立圆柱形外壳内对称地分为四行，每行由若干组水平的双层螺旋管组成。给水由一对直立的集水管送入这些螺旋管组中，并经另外的一对直立集水管导出。每个双层螺旋管的管端都焊接在邻近的进水和出水集管上，水的进出都通过外壳盖上的连接管。加热蒸汽从加热器中部进汽管送入，在外壳内部先上升后下降，沿着一系列水平导向板改变流动方向，同时冲刷管束外表面。带导轮的撑架是为从外壳中抽出或放入管束时起导向作用的。

联箱—螺旋式加热器与管板式加热器相比较，由

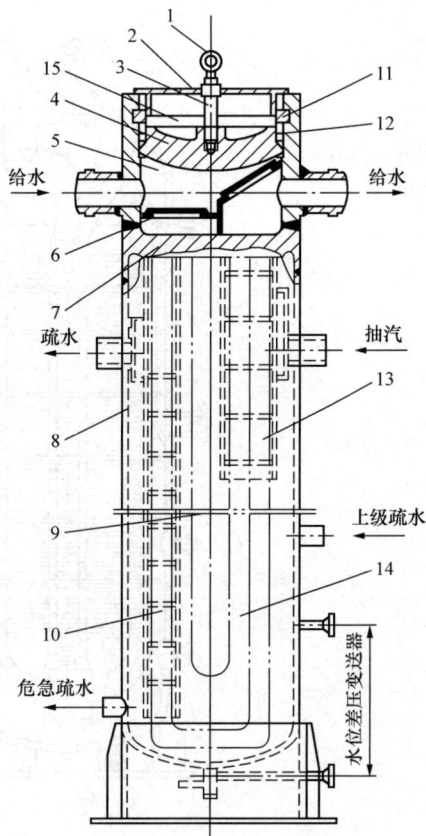

图 3-4 具有自密封结构的管板式加热器

1—悬挂螺钉；2—盖板；3—双头螺栓；4—密封座；5—水室；6—整流板；7—管板；8—壳体；9—U 形管；10—疏水冷却段；11—四合块；12—密封环；13—过热蒸汽冷却段；14—蒸汽凝结段；15—止脱箍

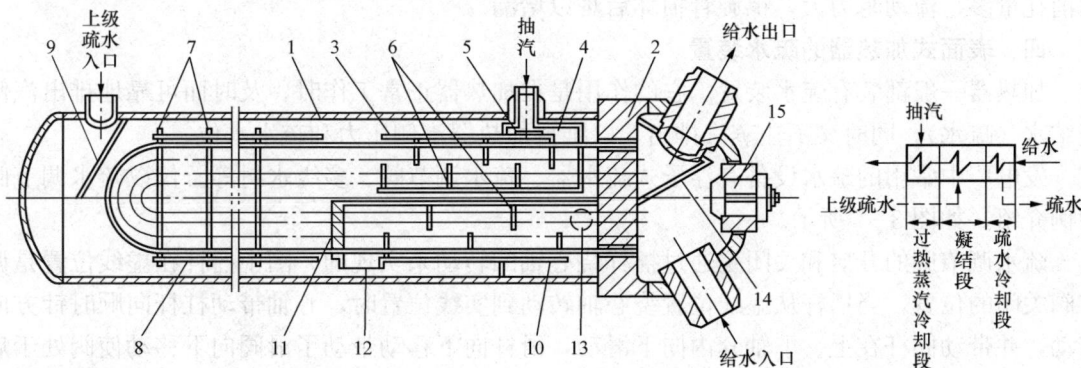

图 3-5 人孔盖式密封的管板式加热器

1—筒体；2—管板；3—过热段包壳；4—过热段外包壳；5—不锈钢防冲板；6—导流板；7—支持板；8—拉杆；9—防冲板；10—疏水段包壳；11—疏水段端板；12—疏水段入口；13—疏水出口；14—水室分隔板；15—人孔

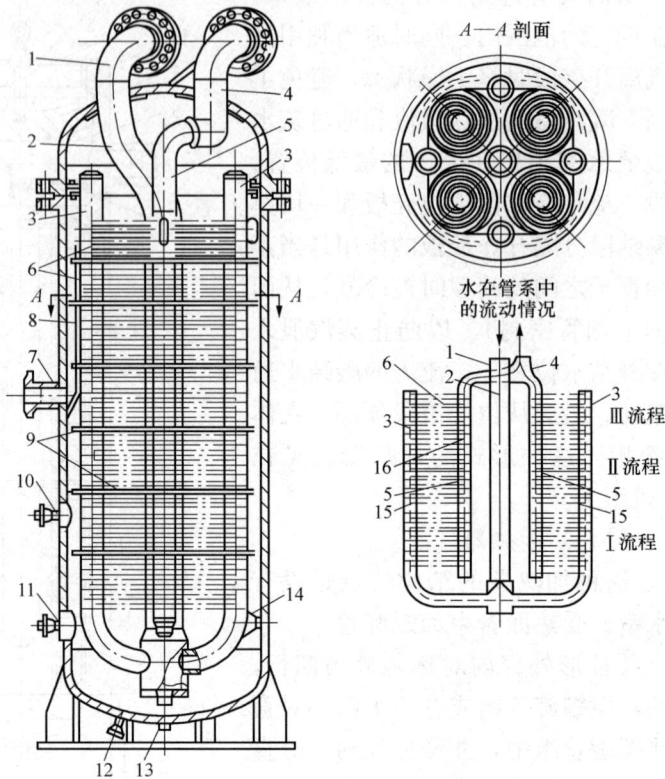

图 3-6  内置式联箱螺旋管式加热器

1—进水总管弯头；2—进水总管；3—进水配水管；4—出水总管弯头；5—出水配水管；6—双层
螺旋管；7—进气管；8—蒸汽导管；9—导向板；10—抽空气管；11、12—连接管；13—排水管；
14—导轮；15、16—配水管内隔板

于没有管板，无厚管板与薄管壁之间连接困难问题；螺旋管损坏后易调换；热膨胀、热应力
问题解决较好，运行可靠，电厂中常用作高压加热器。但其管壁厚、质量大、体积庞大、金
属消耗量多，流动阻力大，螺旋管损坏后难以堵漏。

**四、表面式加热器的疏水装置**

加热器一般都装有疏水装置。它的作用是在加热器正常工作时，及时而可靠地排出汽侧
凝结水（疏水），同时又不让蒸汽排出，以维持加热器汽侧压力和疏水水位。

发电厂中常用的疏水设备有浮子式疏水器、疏水调节阀、多级水封等。仅以疏水调节阀
为例介绍，如图 3-7 所示。

疏水调节阀的开启和关闭是通过摇杆绕心轴的转动来实现的。图中摇杆在虚线位置是调
节阀关闭的位置，当摇杆从虚线位置绕心轴转动到实线位置时，心轴带动杠杆向顺时针方向
转动，并带动阀杆在上、下轴套内向下滑动，滑杆向下移动带动了滑阀向下移动使阀处于启
动位置，将疏水排除。

这种疏水装置的调节是根据加热器疏水水位的变化，通过电子调节系统来实现的。

**五、高压加热器的水侧自动保护装置**

在高压加热器中，管内流动的是高压给水，当管子破裂时，高压给水会迅速进入加热器

的蒸汽空间，甚至从抽汽管道中倒流进汽轮机中，造成严重的事故，故必需配有自动保护装置。保护装置的作用是一旦加热器出现事故时能及时切断加热器在给水管道上的连接，使得加热器解列，并且保证锅炉给水不中断。

现在，高压加热器采用的给水自动保护装置主要有两种形式：水压液动控制式和电气控制式。

下面仅以水压液动控制式说明其原理。如图 3-8 所示，该装置由进口联成阀、出口止回阀以及控制水管路组成。联成阀由进口阀和旁路阀组合成，两者共用一个阀瓣。联成阀与出口止回阀通过加热器外部的旁路管相连。

正常运行时，联成阀的阀瓣处于最高位置，进口阀全开，旁路阀全关。给水由进口阀进入加热器管束中，在加热器中经蒸汽加热后，顶开出口止回阀流出。联成

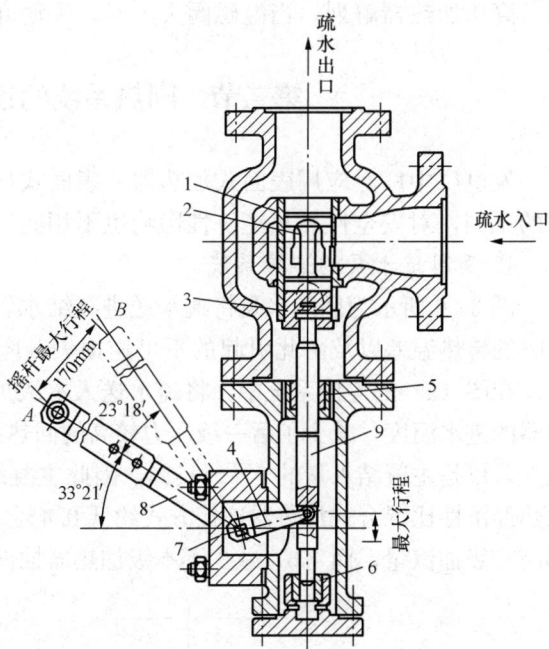

图 3-7 疏水调节阀

1—滑阀套；2—滑阀；3—钢球；4—杠杆；5—上轴套；
6—下轴套；7—心轴；8—摇杆；9—阀杆

阀采用低压凝结水控制的外置活塞式结构。当任何一台高压加热器因故障使水位上升超过允许的上限水位时，电接点液位信号器便向控制室报警，并接通水位高接点，使电磁阀开启，由凝结水泵出来的凝结水，经滤网、电磁阀进入联成阀活塞的上部，活塞在压力作用下克服下部的弹簧力，强行快速关闭进口联成阀，中断加热器进水，使出口止回阀因给水失压联动关闭，给水经旁路直接向锅炉供水。同时，相应加热器抽汽管道上的进汽阀和止回阀连锁关

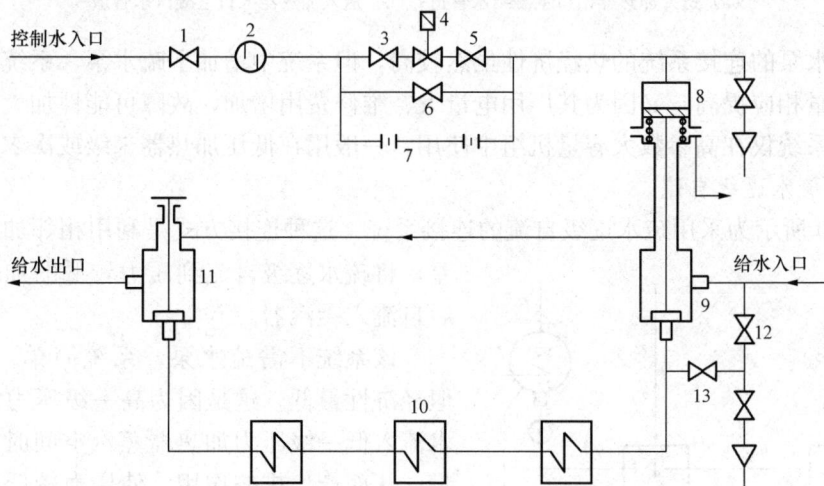

图 3-8 水压液动式旁路保护装置系统图

1、3、5—截止阀；2—滤网；4—电磁阀；6—电磁阀旁路阀；7—节流孔板；8—活塞；
9—联成阀；10—高压加热器；11—出口止回阀；12—控制阀；13—注水阀

闭，高压加热器解列。当电磁阀失灵时，手动开启电磁阀的旁路阀，使保护装置运行。

## 第二节　回热系统的连接方式及热经济性

发电厂中广泛应用表面式加热器，表面式加热器因疏水方式的不同以及加热蒸汽连接方式的不同，对安全性和热经济性影响也不相同。

1. 采用疏水泵的连接系统

图 3-9 所示为用疏水泵将疏水送进凝结水管道中的连接方式。为减少疏水与主凝结水混合时的传热温差以及由此引起的不可逆损失，应将疏水送到与其温度最相近的主凝结水管道中。在图（a）的连接系统中，将疏水送入本级加热器出口与主凝结水混合，提高了后一级加热器的进水温度，减少了后一级压力较高的回热抽汽量，因此提高了热经济性。但因为疏水量不大，仅是主凝结水量的 5%～15%，因此主凝结水温度仅提高 0.5℃ 左右，故这种连接方式的热经济性比混合式加热器连接方式约低 0.4%。连接方式（a）与（b）相比，（a）减少了相邻高一级抽汽量，而（b）减少了本级加热器抽汽的抽汽量，故（b）的热经济性稍低于（a）。

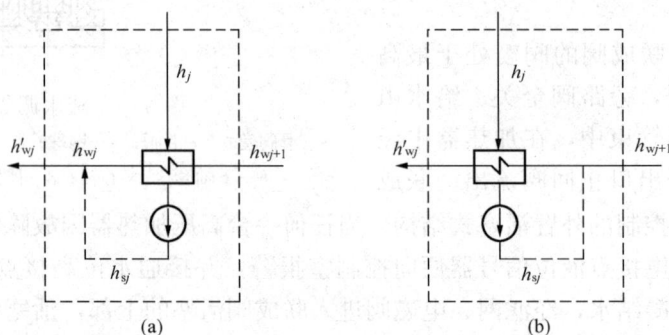

图 3-9　采用疏水泵的连接方式
（a）送入加热器出口主凝结水管道；（b）送入加热器入口主凝汽水管道

采用疏水泵的连接系统的热经济性虽然较高，但系统中增加了疏水泵，系统复杂、投资和金属消耗量相应提高。又因为其厂用电量大、维修费用增加，故障可能性加大，故采用疏水泵的连接系统仅在高参数大容量机组中使用，一般用在低压加热器末级或次末级。

2. 采用疏水逐级自流

图 3-10 所示为采用疏水逐级自流的连接系统。这种连接方式是利用相邻加热器的压力差，将疏水逐级自流到压力较低的加热器中，最后自流入凝汽器。

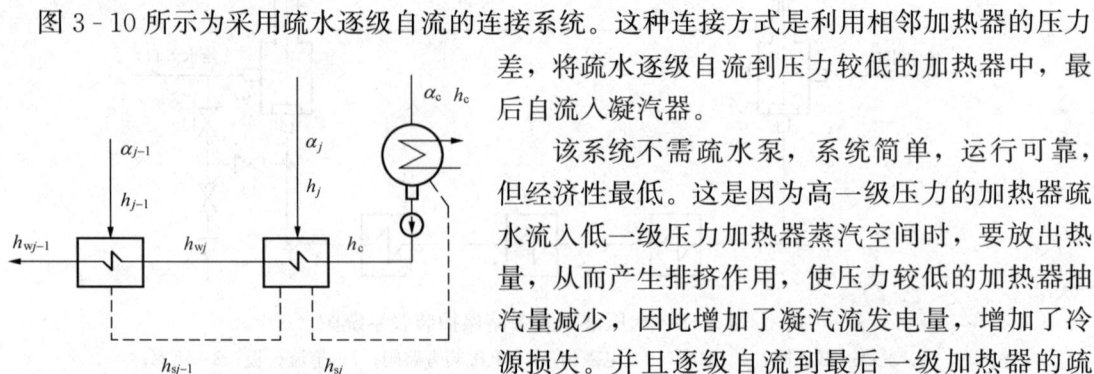

图 3-10　采用疏水逐级自流系统

该系统不需疏水泵，系统简单，运行可靠，但经济性最低。这是因为高一级压力的加热器疏水流入低一级压力加热器蒸汽空间时，要放出热量，从而产生排挤作用，使压力较低的加热器抽汽量减少，因此增加了凝汽流发电量，增加了冷源损失。并且逐级自流到最后一级加热器的疏水，最后流入凝汽器，也直接导致冷源损失增加。

3. 采用疏水冷却器系统

不用疏水泵时，为减少疏水逐级自流引起的排挤低压抽汽量而造成的做功能力损失，可以采用疏水冷却器，如图 3-11 所示。

该连接方式是在疏水自流进下一级加热器前，采用一部分主凝结水在疏水冷却器中吸收热量，将疏水冷却，使疏水温度降低，减少了排挤抽汽引起的能量损失。

疏水冷却器可布置在加热器内部，称为疏水冷却段；也可以布置成独立的热交换器，即外置式疏水冷却器，常用于排挤严重以及疏水量多的加热器。疏水冷却器

图 3-11 采用疏水逐级自流系统

热经济性不如疏水泵，但其系统简单，无转动设备，不耗厂用电，运行安全可靠，所以在热经济性要求较高的大型机组中采用。

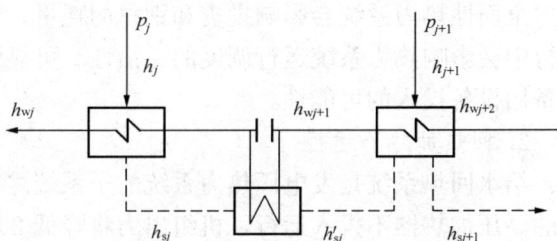

4. 实际回热加热系统

发电厂中广泛采用的回热加热系统是一种综合式系统，它一般具有以下特点：

（1）只采用一台混合式加热器作为锅炉的给水除氧器，其余的采用表面式加热器。

（2）高压加热器疏水逐级自流入除氧器，低压加热器疏水也为逐级自流，自流入最末级低压加热器，再用疏水泵送到该加热器出口处的主凝结水管道中。有些大容量机组把最末级低压加热器装在凝汽器喉部。该情况下，由于布置困难，把疏水泵装在次末级低压加热器。

发电厂中采用的回热系统是在保证安全的前提下，考虑有较高经济性的回热系统。

## 第三节 回热加热器的全面性热力系统及其运行

1. 回热系统的全面性热力系统

给水回热系统图是指将汽轮机本体及辅助设备用管道和附件连接成的线路图。发电厂的热力系统是指根据发电厂热力循环的特性，将热力系统主设备和辅助设备用管道及附件连接成统一整体的线路图。按照应用的目的和编制的方法不同，发电厂热力系统又分为原则性热力系统和全面性热力系统。

发电厂原则性热力系统只涉及电厂的能量转换及热量利用的过程，并没有反映发电厂的能量是怎样转换的。而实际电厂能量转换不仅要考虑任一设备或管道事故、检修时，不影响主机甚至整个电厂的工作，必须装设相应的备用设备和管路，还要考虑启动、低负荷运行、正常工况或变工况运行、事故及停止等各种操作方式。根据这些运行方式变化的需要，设置不同的管道及其附件，这就构成了发电厂全面性热力系统。

发电厂全面性热力系统是用规定的符号，表明全厂性的所有热力设备及其汽水管道连接的总系统图。发电厂全面性热力系统主要由下列几个局部系统组成：主蒸汽和再热蒸汽系统、旁路系统、回热加热（即回热抽汽及疏水、空气管路）系统等。发电厂全面性热力系统明确地反映了电厂各种工况及事故、检修时的运行方式。它按设备的实际数量（包括运行和备用的全部主、辅热力设备及系统）来绘制，并标明一切必须的连接管路及其附件。通过

它，可以了解全厂热力设备的配置情况，以及各种运行工况时的切换方式。

根据发电厂全面性热力系统图，汇总主、辅热力设备、各类管子（不同管材、不同公称压力、管径和壁厚）及附件的数量和规格，提出订货用清单，并进行主厂房布置和各类管道的施工设计，是发电厂设计、施工和运行工作中非常重要的一项技术资料。总的说来，在设计中全面性热力系统会影响投资和钢材的耗量，施工中会影响施工的工作量和施工周期，在运行中会影响热力系统运行调度的灵活性、可靠性和经济性，影响到各种运行方式的切换以及备用设备投入的可能性。

2. 回热加热器运行

给水回热系统是发电厂热力系统的子系统之一，对电厂热经济性影响较大。若大容量机组的高压加热器不投入运行，机组出力将降低 8%～10%，煤耗量增大 3%～5%，并且因给水温度远远低于设计值，给锅炉设备的安全经济运行带来较大危害。若高压加热器故障，汽轮机安全性同样受较大影响。故应尽量提高加热器的完好率和投入率。

回热加热器通常随机启动，加热器进、出水门以及进汽门开足，跟随主机滑参数投入运行。也有些电厂不采用随机启动，而是规定当抽汽压力升高到某一值时，顺序投入高压加热器。高压加热器投运方式大多采用先投水、后投汽，保证机组安全，防止汽侧干烧。

加热器在正常运行时，主要监视回热抽汽压力和温度、抽汽及主凝结水和给水流量、给水在加热器中的进口及出口温度、疏水温度、疏水调节阀的开度、水位计水位以及加热器端差等。

3. 回热加热器的常见故障

（1）加热器端差增大。端差增大可能是受热面结垢或加热器蒸汽空间中聚集了空气、疏水水位过高淹没了部分管束使传热恶化等原因造成的。应该及时清洗管束，检查管道、阀门的连接，检查疏水装置工作的情况，检查加热器水侧旁路阀以及自动保护装置是否严密等。

（2）加热器不凝气体的"排气带汽"。大量蒸汽随空气从高一级压力加热器流入低一级压力加热器，排挤部分低压抽汽，造成热经济性降低。产生原因可能是由于排气管上节流孔或调节阀开度过大，应当及时调整。

（3）回热抽汽管道压降过大。压降过大会造成热经济性下降，原因可能是抽汽管道上的截止阀未全开或止回阀卡涩。应该定期检查阀门的严密性以及灵活性。

（4）加热器出口水温下降。出口水温下降会使回热经济性大大下降。这种情况下要检查加热器出口水温度与下一级加热器进口水温度是否一致，并检查加热器旁路阀门和水侧保护装置是否关闭严密。

加热器运行工况密切关系发电厂的安全、经济运行。运行时应定期检查加热器的保护装置，如各抽汽管道上的自动止回阀、汽侧疏水阀等。尽量避免切除加热器，尤其是高压加热器。

## 第四节　回热系统热力计算

从事汽轮机设计、运行、试验工作中，常常碰到回热系统计算。设计新机组时，先拟定不同的回热系统进行计算，然后做方案比较，以选择最佳方案作为新机组型式。对投入运行后的机组要定期进行热力试验，确定其经济性，或者对机组现有回热系统作局部改进后，对机组的回热系统作定量分析比较等，都需要进行回热系统的热力计算。

给水回热系统热力计算是发电厂原则性热力系统计算的核心。计算方法多种多样，但计算原理和步骤是类似的。除了广泛采用的常规方法外，还有等效焓降法、循环函数法和矩阵法等。常规热力计算法又分为定功率法和定流量法。定功率法以机组的电功率为定值，通过计算求得所需要的蒸汽量。这种方法在设计、运行部门使用较为普遍。定流量法以进入汽轮机的蒸汽流量为定值，计算出发电功率，制造厂多采用这种方法。下面主要介绍常规热力计算法中的定功率法。

**一、计算目的**

确定汽轮机在一定工况下的汽耗量、各段抽汽量、机组的热经济性。例如：①新型汽轮机论证发电厂原则性热力系统的新方案；②新型汽轮机本体的定型设计；③电厂采用非标准设计；④扩建电厂时，新旧设备公用的热力系统；⑤对运行电厂的热力系统作较大改进；⑥电厂的优化运行；⑦分析研究发电厂热力设备的某一个特殊运行方式。其中，前四项为电厂设计，后面三项为电厂运行时进行的全厂热力系统计算。

发电厂原则性热力系统计算的主要目的如下：

（1）确定电厂某一运行工况时各部分汽水流量、参数，以及该工况下全厂的热经济性指标，用于分析其安全性和经济性。

（2）以最大负荷工况计算结果作为选择锅炉、热力辅助设备和管道的依据。

对凝汽式电厂，一般只计算最大负荷和平均电负荷两种情况，后者用来确定设备检修的可能性。如果夏季电负荷较高，而供水条件又恶化（冷却水温升高至30℃以上或水质变坏）时，则还必须计算夏季工况。

对有全年热负荷的热电厂，一般情况下也只计算两种工况，即电、热负荷为最大时的工况，以及电负荷最大和平均热负荷的平均工况。对有采暖热负荷的热电厂，还要计算采暖负荷为零时的夏季工况。

**二、计算步骤**

1. 已知条件

汽轮机的形式，容量，初、终参数，回热系统的连接方式，各级抽汽参数，各加热器端差，给水温度，凝结水泵以及给水泵出口压力，机械效率以及发电机效率，汽轮机相对内效率等。

2. 步骤

发电厂原则性热力系统计算实质上是要建立求解多元一次线性方程组，并且独立方程组的个数要恒等于未知量的个数。计算原理和基本方程式为：各换热设备（包括混合器）的物质平衡式以及热平衡式。为了计算方便，通常用相对量来计算，即以汽轮机的新蒸汽汽耗量1kg为基准，逐步计算出相应的其他汽水流量的相对值，最后根据汽轮机的功率方程式求出汽轮机的汽耗量，从而求得各汽水流量的绝对值。具体步骤如下：

（1）根据已知的初、终参数，汽轮机相对内效率，各级抽汽的参数，在 $h$-$s$ 图上作出蒸汽在汽轮机中的热力过程线。

（2）根据制造厂提供的资料以及有关已知条件，查水蒸气表，将各工作点汽水参数制成表；将热力系统中繁多的参数整理为三类，第一类是蒸汽在加热器中的放热量，用 $q_j$ 表示，$q_j = h_j - h'_{sj}$；第二类是给水在加热器中的焓升，用 $\Delta h_j$ 表示，$\Delta h_j = h_j - h_{j+1}$；第三类是疏水在加热器中的放热量，用 $q_{shj}$ 表示，$q_{shj}=h_{sj}-h_{sj+1}$。加热器按照自高至低的顺序进行编号。

（3）根据各加热器的汽、水热平衡式和物质平衡式，联立求解，计算出汽轮机的抽汽份额和凝汽份额。

为便于计算，全厂内工质损失都当作为集中在新蒸汽管道上的损失。计算的顺序根据该电厂的型式和热力系统的特点而定。通常采用"由外到内"、"由低到高"的顺序来计算。即先从供热设备、水处理设备、锅炉连续排污扩容器开始，依次进行到内部的回热系统计算。回热系统的计算一般是先从汽侧压力最高的加热器开始，依次进行到压力较低的加热器。若已知进入凝汽器的蒸汽流量，计算时从汽侧压力最低的加热器开始较为方便。当加热器的疏水用疏水泵疏水方式时，应该利用混合器热平衡式和混合器前后两台加热器的热平衡式，联立求解混合加热器前后的抽汽份额。轴封加热器也应该和其后面（按主凝结水的流动方向）的回热加热器并为一体建立热平衡式，这样将可以简化计算，减少一个未知量。

（4）根据能量平衡方程式确定出汽轮机在某一负荷下所对应的汽耗量，并求出各级抽汽量和凝汽量。

（5）利用汽轮机的功率方程式，计算出机组的汽耗量以及各部分的汽水流量，并进行校核计算。校核计算是依据汽轮机各段抽汽量以及凝汽流量在机组内发出的功率总和是否接近给定电功率进行的。其误差应该在所采用的计算方法和计算工具的允许范围内，否则，需要进行一些必要的修正后再重新计算，直到误差在允许的范围内为止。

（6）计算热经济性指标，主要包括：热耗量、热耗率、汽耗率、煤耗率、标准煤耗率以及全厂效率等。

### 三、注意事项

（1）计算顺序应根据回热系统的连接方式来确定，以简便为原则。通常从高压加热器开始，依次计算到压力最低的加热器。若已知进入凝汽器的流量（如计算供热式汽轮机时）则从低压加热器开始计算。

（2）$Z$ 级回热加热器系统中，有 $Z$ 个抽汽系数和一个凝汽系数，共有 $Z+1$ 个未知数，可以利用 $Z$ 个加热器的热平衡式和一个汽轮机功率的方程式，共有 $Z+1$ 个方程式来解 $Z+1$ 个未知数。

（3）若多一个未知数，必须补充一个方程式才能求解。如加热器疏水用疏水泵送入主凝结水管道上的混合器时，应该利用混合器的热平衡式和该混合器相邻两侧加热器的热平衡式求解。例如：组合式加热器的三个区段，可以用三个区段热平衡式求出三个未知数，也可以用整个组合式加热器的一个热平衡式，求出一个未知数。为简化计算，也可以将相邻几个换热器（例如某低压加热器以及其相邻的轴封加热器或抽气器冷却器）作为整体，建立其热平衡式。

（4）建立各加热器热平衡式时，要考虑散热损失。加热器散热损失可用两种方法考虑：一是加热器效率，即在加热器放热部分乘上加热器效率，通常 $\eta_r=0.97\sim0.99$；二是加热蒸汽焓的利用系数，即在回热抽汽焓值上再乘上焓的利用系数，通常 $\eta_r'=0.985\sim0.99$。在整个计算中应该统一，只能采用一种计算方法。对新设备适合采用加热器效率，计算标准的经过运行考验的设备时，适合采用焓的利用系数。

（5）高压以上机组还要考虑给水在给水泵中的焓升。

（6）汽轮机抽汽口到加热器之间的抽汽管道压降 $\Delta p_e$ 通常取该抽汽段压力的 $4\%\sim6\%$，

国产机组的 $\Delta p_e$ 一般取该抽汽段压力的 6%。

新蒸汽经主蒸汽门、调节汽门等进汽机构的压力损失为 $5\% p_0$，中间再热机组必须考虑到中压联合汽门的损失，通常为 $5\% p_{rh}$。

## 思 考 题

3-1 为什么现代热力发电厂都要采用给水回热加热？

3-2 哪些参数对给水回热加热热经济性有影响？它们分别是如何影响给水回热加热的热经济性的？

3-3 怎样确定经济上最有利的回热级数和给水温度？

3-4 中间再热对回热经济性有何影响？

3-5 什么是给水回热加热过程的端差？什么是表面式换热器的端差？端差的存在意味着什么？

3-6 常见的表面式换热器有哪几种类型？各类型有哪些典型的换热器？

3-7 回热系统有哪几种连接方式？他们对热经济性的影响如何？

3-8 发电厂实际采用的回热系统如何组成？根据什么原则来选择回热系统？

3-9 什么是回热加热器的全面性热力系统，有什么作用？

3-10 回热系统的计算方法有哪些？

3-11 试按照设计题目提供的条件，求汽轮机组的各部分汽、水流量以及各项经济指标。

# 第四章 给水除氧系统

## 第一节 给水除氧的任务及热力除氧原理

### 一、给水除氧的任务

1. 给水中氧气等气体的来源

给水中所含气体主要来源于两个方面，一是补充水带气，二是热力系统漏入的气体。由于水具有溶解气体的性质，当水与空气接触时，空气中的一部分氧气、二氧化碳、氮气等就会溶解于水，造成补充水带气。另外，处于真空状态下工作的热力设备（凝汽器、凝结水泵、部分低压加热器等）及其管道和附件（阀门、法兰等）等不严密处会漏入空气，从而使给水带气。

2. 给水除氧的任务

给水中溶解的氧气会对热力设备及管道产生强烈的氧化腐蚀，降低金属材料的工作可靠性和使用寿命；给水中的二氧化碳会加速氧的腐蚀作用。在高温条件下及水的碱性较弱时，氧腐蚀会加剧，所以应保证给水具有一定的 pH 值。一般情况下，水的 pH 值在 9.2～9.6 范围内的抗腐蚀效果最佳，但凝汽器等铜管系统水的 pH 值通常控制在 8.8～9.2，因为过大的 pH 值反而会加剧腐蚀。

由于气体的导热性能差，因此水中不凝结的气体在换热设备中均会使传热热阻增加，降低传热效果。同时，换热面上沉积的氧化物盐垢也会增大传热热阻，使热交换设备传热恶化，降低机组的热经济性。另外，氧化物盐垢积存在汽轮机通流部分，将改变叶片的型线，减小通流面积，不仅使汽轮机出力下降，而且会增加轴向推力，危及机组的安全运行。

因此，给水除氧的任务就是除去水中溶解的氧气和其他不凝结的气体，防止热力设备及管道的腐蚀和传热恶化，保证热力设备安全经济地运行。

给水溶解的气体中，氧气对热力系统危害最大，由此电厂中给水除气简称为给水除氧，相应的除气装置称为除氧器。

3. 给水含氧指标

为确保发电厂热力设备能够安全经济运行，锅炉给水的含氧量应符合控制指标。GB/T 12145—2008《火力发电机组及蒸汽动力设备水汽质量标准》对锅炉给水含氧的控制指标为：对工作压力为 5.8MPa 及以下锅炉，给水含氧量应小于或等于 $15\mu g/L$；对工作压力为 5.9MPa 及以上锅炉，给水含氧量应小于或等于 $7\mu g/L$；对亚临界压力和超临界压力的直流锅炉，给水应彻底除氧。

### 二、除氧方法

给水除氧有化学除氧和物理除氧两种方法。

化学除氧法是利用某些易与氧发生化学反应的药剂（如亚硫酸钠 $Na_2SO_3$、联氨 $N_2H_4$），使之与水中溶解的氧发生化学反应，生成对金属无腐蚀作用的其他物质，从而达到除氧目的。化学除氧法能够彻底除去水中溶氧，但不能除去其他气体，生成的氧化物还会增加给水中可溶性盐类的含量，而且化学除氧价格昂贵。因此，化学除氧通常作为一种辅助的除氧手段,用于要求彻底除氧的亚临界及以上参数的电厂,除氧药剂一般采用联氨。

物理除氧法中,热力除氧法方法成本较低,能够满足大量给水除氧的要求,既能除去水中溶解的氧气,又能除去水中溶解的其他气体,而且没有任何残留物质,因此应用最为广泛,即使在除氧要求很高的亚临界与超临界压力的电厂中,热力除氧同样是主要的除氧手段。

### 三、热力除氧的原理

热力除氧以亨利定律、道尔顿定律为理论基础,用加热给水的方法来除去水中溶解的气体。

#### 1. 亨利定律

亨利定律指出:在一定的温度下,当溶解于水中的气体与自水中离析的气体处于动平衡状态(气体溶解量与离析量相等)时,气体在水中的溶解度与水面上该气体的分压力成正比,即单位体积水中溶解的某气体量 $b$ 与该气体在水面上的分压力 $p_b$ 成正比,其表达式为

$$b = K \frac{p_b}{p_0} \qquad (4-1)$$

式中  $b$——气体在水中的溶解量,mg/L;

$p_b$——平衡状态下水面上气体的分压力,Pa;

$p_0$——水面上气体混合物的全压力,Pa;

$K$——气体的质量溶解度系数,该系数随气体种类和温度而定,mg/L。

如图 4-1 所示,在一定压力下,氧气和二氧化碳气体在水中的溶解度随着温度的升高而降低。

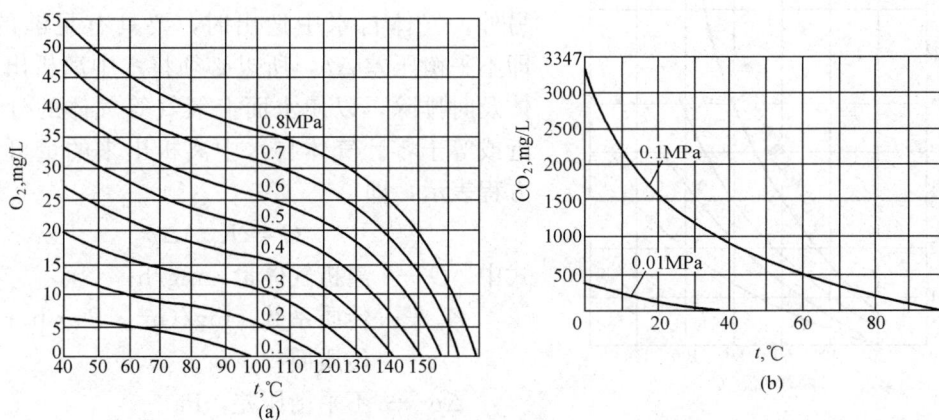

图 4-1  气体在水中的溶解量与水温的关系
(a) 水中 $O_2$ 的溶解度;(b) 水中 $CO_2$ 的溶解度

由亨利定律可知,如果水面上某气体的实际分压力 $p$ 小于水中溶解的该气体所对应的平衡压力 $p_b$,那么该气体就会在不平衡压差 $\Delta p (\Delta p = p_b - p)$ 的作用下,从水中离析出来,于是水面上该气体的分压力 $p$ 增大,直至达到新的平衡状态为止。如果把气体从水面上完全清除,使其实际分压力 $p$ 为零,则在不平衡压差 $\Delta p$ 的作用下,就可以将水中溶解的该气体完全除去。

**2. 道尔顿定律**

道尔顿定律指出:混合气体的全压力等于其各组成气体的分压力之和。由此可知,在热力除氧器中,水面上混合气体的全压力 $p_0$ 应等于水中溶解的各种气体($O_2$、$N_2$、$CO_2$、水蒸气等)的分压力之和,即

$$p_0 = p_{O_2} + p_{N_2} + p_{CO_2} + \cdots + p_{H_2O} = \sum p_j + p_{H_2O} \tag{4-2}$$

由此可知,道尔顿定律提供了将水面上不凝结气体的分压力降为零的方法。在定压下将给水加热,随着水的不断蒸发,水面上蒸汽的分压力逐渐增大,同时其他气体的分压力逐渐降低。当将水加热到除氧器工作压力下的饱和温度时,水大量蒸发,水蒸气的分压力就会趋近于水面上的全压 $p_0$,于是水面上其他气体的分压力 $\sum p_j$ 就会趋近于零,从而形成了水中溶解气体的不平衡压差,因此溶解于水中的气体就会从水中逸出而被除去。

**3. 传热方程与传质方程**

在热力除氧中,既存在传热(加热给水)过程,又存在传质(气体自水中离析出来)过程,因此,要达到除氧目的,必须将给水迅速加热至除氧器工作压力下的饱和温度,使水蒸气的分压力趋近于水面上的全压,$\sum p_j$ 才会趋近于零,如果水面上氧气的分压力为零,水中溶解的氧量就会为零,否则,即使有少量的加热不足,水中溶氧量都会超过除氧指标要求。如图 4-2 所示,在大气压力下,水温加热不足为 1℃ 时,水中含氧量就高达 0.2mg/L,远远超过允许值。如果用 $Q_d$(kJ/h)表示除氧器传热量,$K_h$[kJ/($m^2 \cdot$℃$\cdot$h)]表示传热系数,$A$($m^2$)表示汽水接触的传热面积,$\Delta t$(℃)表示传热温差,则传热方程为

$$Q_d = K_h A \Delta t \tag{4-3}$$

另外,气体自水中逸出时,要具有足够的动力,即不平衡压差 $\Delta p$,所以必须将水中离析出来的气体及时排除,以使水面上氧气等气体的分压力趋近或等于零。气体自水中离析出来的量可由传质方程表示,即

$$G = K_m A \Delta p \tag{4-4}$$

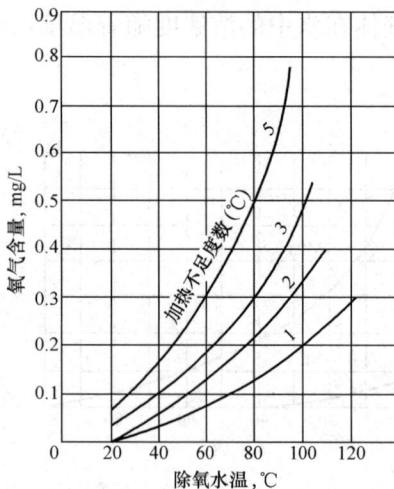

图 4-2　水中溶氧与水温加热不足的关系

式中　$G$——离析气体量,mg/h;

$K_m$——传质系数,mg/($m^2 \cdot$ Pa $\cdot$ h);

$A$——传质面积,$m^2$;

$\Delta p$——不平衡压差,Pa。

由式(4-4)可知,热力除氧还受到传质面积(加热蒸汽与被除氧水的接触面积)的影响,所以在除氧器设计和运行中,提供足够的汽水接触面积和充裕的传热传质时间,并保证尽可能大的不平衡压差,有利于促进水中气体的离析,提高除氧效果。

气体自水中离析出来的过程可分为初期除氧和深度除氧两个阶段。

初期除氧阶段,水中溶解的气体较多,不平衡压差较大,气体以小气泡形式克服水的表面张力而从水中离析出来的驱动力较大,因此能除去水中气体的 80%～90%,水中含氧量可降低到 0.05～0.1mg/L。

深度除氧阶段,水中仅残留少量气体,不平衡压差已很小,气体已难以克服水的表面张

力离析，只能依靠单个分子的扩散作用慢慢逸出。此时，可以通过加大汽水接触面积，使水形成水膜，因水膜的表面张力小，所以气体易于扩散出来。另外，也可以通过蒸汽在水中的紊流来强化扩散作用，使气体附着在气泡上面从水中离析出来。

## 第二节　除氧器的类型和构造

### 一、除氧器的类型

热力除氧器的类型见表 4-1。

表 4-1　　　　　　　　　　　　　热力除氧器的类型

| 分类方法 | 名　称 |
|---|---|
| 按工作压力分 | 1. 真空式除氧器，工作压力 $p<0.0588$ MPa<br>2. 大气式除氧器，工作压力 $p=0.1177$ MPa<br>3. 高压除氧器，工作压力 $p>0.343$ MPa |
| 按除氧结构分 | 1. 淋水盘式<br>2. 喷雾式<br>3. 填料式<br>4. 膜式<br>5. 喷雾填料式<br>6. 喷雾淋水盘式 |
| 按布置形式分 | 1. 立式除氧器<br>2. 卧式除氧器 |
| 按运行方式分 | 1. 定压除氧器<br>2. 滑压除氧器 |

真空式除氧器是一种使水在真空下低温沸腾，从而除去水中含有的氧气、氮气、二氧化碳等气体的设备。在电厂中，为了防止主凝结水管道和低压加热器发生氧腐蚀以及影响传热，可在凝汽器内装设适当的除氧装置，对凝结水和进入凝汽器的补充水进行除氧，于是凝汽器就成为一种真空式除氧器。然而，因凝结水在真空除氧后还要流经处于真空工作状态下的设备及其相关的管道、附件等，空气仍会通过不严密处再次漏入并溶解于凝结水中，而且有的低压加热器疏水和补充水未经凝汽器真空除氧就进入主给水系统，因此凝汽器只能作为一种辅助除氧器。

大气式除氧器的工作压力略高于大气压力，以便能将水中离析出来气体及时排入大气，常用于中、低压参数的热电厂中。国内大气式除氧器的额定工作压力一般为 0.118MPa，相应的加热后除氧水出口温度为 104℃。

高压除氧器广泛应用于高参数大容量机组。额定负荷时，国外定压除氧器的工作压力视机组而异，国内定压除氧器的额定工作压力一般取 0.588MPa，相应的除氧水出口温度可达 158～160℃，一般用于高压和 135MW 超高压机组，在 200MW 超高压机组中也有应用。高压除氧器因其工作压力高而具有如下特点：

（1）高压除氧器是一台混合式加热器，由此可减少高压加热器设置的数量，节省投资。

（2）高压除氧器的饱和水温较高，当高压加热器事故停运时，高压除氧器可向锅炉供给温度较高的给水，保持锅炉热负荷的相对稳定，提高锅炉的安全可靠性，而且可以降低高压加热器停运对机组热经济性的影响。

（3）气体在水中的溶解度随着温度的升高而降低，高压除氧器内较高的饱和水温可使气体在水中的溶解度降低，从而提高除氧效果。

（4）在运行中，除氧器除了采用汽轮机抽汽作为加热汽源外，还使用高压加热器疏水进入除氧器后汽化产生的蒸汽以及其他蒸汽作为补充汽源。于是，当过量的热疏水和蒸汽（如高压加热器疏水、轴封漏汽、扩容蒸汽、高压加热器排气等）进入除氧器时，其携带的热量已经能够满足或超过除氧器给水加热所需热量，使除氧器内的给水不需要回热抽汽加热就能沸腾，这种现象称为除氧器的"自生沸腾"。在高压除氧器中，因工作压力高，相应水的饱和温度高，将水加热至沸腾所需热量较多，而进入除氧器的各项汽水带入的热量不能满足除氧器用热需要，因此，高压除氧器有利于防止"自生沸腾"的发生。

（5）高压除氧器的饱和水温高，因此给水泵的工作环境恶化，容易发生汽蚀，而采用提高静压头和设置前置泵等措施又增加了投资，并使系统复杂。

滑压运行的除氧器通常采用滑压—定压运行方式，即除氧器在机组高负荷时采用滑压运行方式，而在汽轮机启动和机组低负荷时采用定压运行方式。

## 二、除氧器的构造

（一）对热力除氧器构造的要求

根据热力除氧原理，热力除氧器的构造必须满足以下基本要求：

（1）水应在除氧器内均匀喷成雾状水滴或细小水柱，使汽水有足够的接触面积，以满足传热和传质要求。

（2）除氧器要有足够的空间，使加热蒸汽与需要除氧的水有充分的接触时间，除氧初期的水应喷成水滴，除氧后期的水要形成水膜，汽水一般应采用逆向流动方式，以便给水能被充分加热至工作压力下的饱和温度，并保证有最大可能的不平衡压差。

（3）除氧器要设置排气口，通过除氧器与外界的压差及时排除自水中离析出来的气体，减小水面上气体的分压力，避免水面上氧气等气体重新返回水中去。排气口开度可通过除氧器的化学实验来确定。

（4）除氧器给水箱内可设再沸腾管，一方面可防止水箱水温因散热降温低于除氧器工作压力下的饱和温度而导致气体重新返回水中去，另一方面也可利用蒸汽在水中的鼓泡作用而再次深度除氧。

此外，除氧头、除氧器给水箱还要满足强度、刚度、防腐等方面的要求，并配有相应的管道、附件以及测试仪表等。

（二）典型热力除氧器的结构

除氧器通常包括除氧头和与之相连接的给水箱两部分。除氧头主要用于除氧，也叫除氧塔，因此常说的除氧器结构指的是除氧头的结构。除氧器的除氧结构有淋水盘式、喷雾式、填料式、喷雾填料式、喷雾淋水盘式等多种。

1. 大气式立式淋水盘除氧器

大气式除氧器为立式淋水盘结构，如图 4-3 所示，环形、圆形淋水盘（5~8 层）交错布置，盘底设有直径为 5~8mm 的淋水孔，盘内水层厚度约 100mm。主凝结水和化学补充水从上方一层淋水盘引入，疏水自淋水盘之间引入。水呈细小水柱自淋水孔落下，加热蒸汽自除氧头下部引入并向上与水逆向流动、进行接触换热，水被加热到饱和温度，氧气等气体自水中逸出并从除氧头顶部的排气口排出，水则向下进入除氧器给水箱，从而使水中含氧量小于 $15\mu g/L$。

大气式除氧器除一般用于中、低压机组外，在早期它也用于锅炉补充水的初步除氧，之后该补充水再送到高压除氧器除氧。现在一般大、中型机组多将补充水送往凝汽器进行初步除氧，于是取消了大气式除氧器对补充水的初步除氧。

2. 喷雾填料式立式高压除氧器

图 4-4 所示为一台用于国产 300MW 机组的喷雾填料式立式高压除氧器，主凝结水自进水管进入中心管，经中心管流进环形配水管，再通过环形配水管上装设的若干喷嘴自下而上喷成雾状水滴。一次加热蒸汽经除氧头顶部的进汽管进入喷雾层，对水进行第一次加热。由于蒸汽与水的接触面积大，传热效果好，因此需除氧

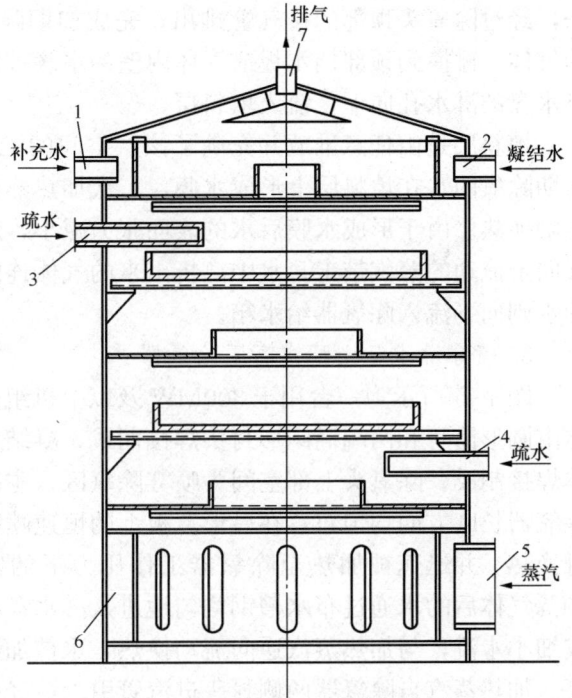

图 4-3 大气式立式淋水盘除氧器
1—补充水管；2—主凝结水管；3—疏水箱来疏水管；4—高压加热器来疏水管；5—加热蒸汽进汽管；6—蒸汽室；7—排气管

的水迅速被加热到除氧器工作压力下的饱和温度，水中溶解的气体以小气泡的形式离析出

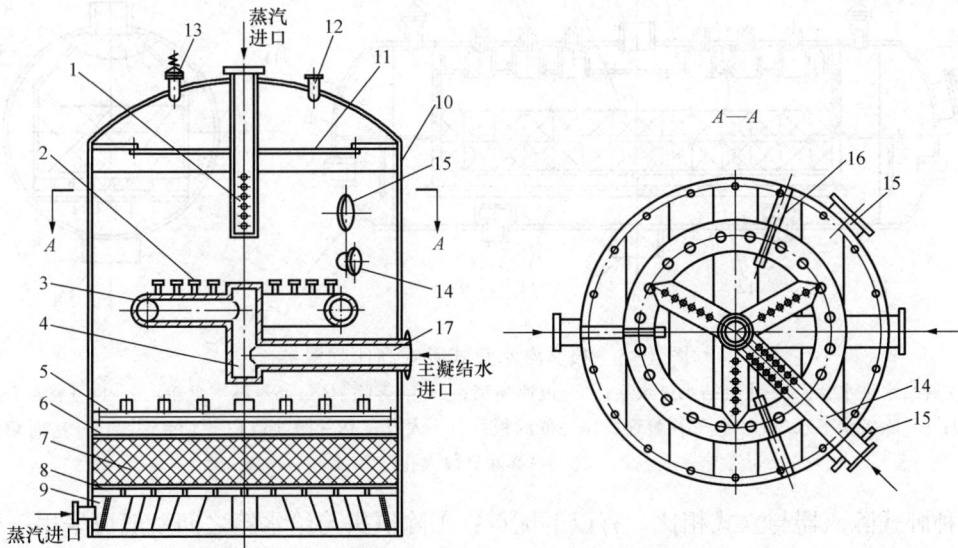

图 4-4 喷雾填料式立式高压除氧器
1——次加热蒸汽进汽管；2—喷嘴；3—环形配水管；4—中心管；5—淋水区；6—滤板；7—Ω形填料；8—滤网；9—二次加热蒸汽进汽室；10—筒身；11—挡水板；12—排气管；13—弹簧安全阀；14—疏水进入管；15—人孔；16—吊攀；17—主凝结水进水管

来，经过除氧头顶部的排气管排出，完成初期除氧，此阶段可除去水中溶解的 $80\%\sim90\%$ 的气体。碰撞到顶部挡水板或壳体内壁的水滴被向下反射，与其他水滴一起进入淋水区，经淋水盘的淋水孔向下，流入填料层。

填料层是由任意堆放并充满了该层空间的 $\Omega$ 形不锈钢环构成的，作为深度除氧层。经初期除氧的水在填料层上形成水膜，二次加热蒸汽自除氧头下部进入填料层，汽水进行直接接触换热。由于形成水膜后水的表面张力减小，水中残留的气体比较容易扩散到水表面，并被向上流动的蒸汽带走。水中离析出来的气体连同少量蒸汽最后由顶部排气管排走，除氧后的水则向下流入除氧器给水箱。

3. 喷雾淋水盘式卧式高压除氧器

图 4-5 所示为一台用于 300MW 及以上机组的喷雾淋水盘式卧式高压除氧器。除氧器壳体由圆形筒身和两端椭圆形封头焊接而成，凝结水进水室由弓形不锈钢罩板、两端挡板和筒体焊接制成。除氧头上部空间为喷雾除氧区，主凝结水自顶部进水管引入进水室，水通过沿除氧器长度方向均匀布置在弓形罩板上的恒速喷嘴喷出雾化，与自下而上的加热蒸汽充分接触换热，并迅速被加热至除氧器工作压力下的饱和温度，完成初期除氧。已除去 $80\%\sim$ $90\%$ 气体后的水通过布水槽钢均匀地进入淋水盘箱中，经若干层上下交错布置的小槽钢后形成细小水流，与加热蒸汽逆向流动换热，水被加热至沸腾，水中残留气体析出，完成深度除氧。加热蒸汽自除氧器两侧封头进汽管引入，经布汽孔板分配后均匀地从栅架底部进入淋水盘箱，进行水的深度除氧，之后向上进入喷雾除氧区，对水进行初期除氧。水中离析出来的气体通过除氧器上部的六只排气管排入大气，除过氧的水则经除氧头下方的下水管进入除氧器给水箱。

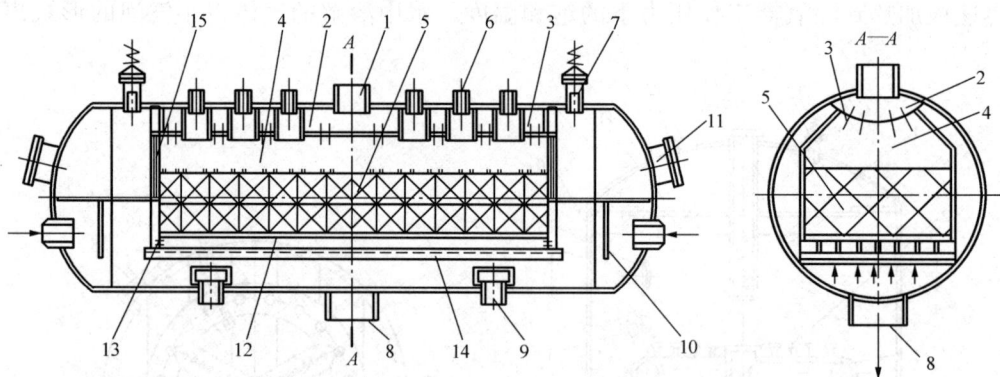

图 4-5　喷雾淋水盘式卧式高压除氧器

1—主凝结水进水管；2—主凝结水进水室；3—恒速喷嘴；4—喷雾除氧区；5—淋水盘箱；6—排气管；7—安全阀；8—除氧水下水管；9—汽平衡管；10—布汽板；11—人孔；12—栅架；13—工字钢；14—基面角铁；15—喷雾除氧段人孔门

这种卧式除氧器与立式相比，有以下优点：①除氧头与给水箱之间一般可采用一根中间下水管和两侧各一根汽平衡管连接，现场焊接安装工作量小，易于保证焊接质量。②卧式除氧器的高度比立式小得多，便于布置，并节省投资。③立式除氧器一般只有一个排气口，而卧式除氧器沿长度方向上可布置多个排气口，这有利于气体被及时排除，保证除氧效果。④汽水接触表面积和时间足够大，传热、除氧效果好，并能适应负荷变化。因此，卧式高压除氧器广泛用于 200MW 及以上机组。

### 4. 无除氧头的除氧器

根据有无除氧头，除氧器也可分为有头型与无头型。通常用于发电厂机组的除氧器为有头型除氧器，其除氧头结构如图 4-3～图 4-5 所示。如果取消除氧头，将除氧头与除氧器给水箱的功能结合在一起，就形成了无除氧头的无头型除氧器，也称为内置式除氧器。无头型除氧器是一台典型的圆筒形卧式容器，内置喷头和蒸汽分配装置，如图 4-6 所示。其工作过程如下：主凝结水经过特殊的自调式喷水雾化装置雾化成细小水滴，这些水滴高速通过除氧器的蒸汽空间，与蒸汽充分接触并被迅速加热至饱和温度，水中气体逸出并经由排气口排走，撞击到挡水板上的水滴向下落入水空间，此时，水中的大部分溶氧及其他气体基本上被解析出来，完成初期除氧，该过程所需时间很短。水进入水空间后，被主蒸汽加热装置（即蒸汽喷射设备）送往水空间的鼓泡蒸汽加热到饱和温度，进行深度除氧，从而使水中气体随着气泡逸出水面。水空间装有隔板，用于延长给水流动时间，以使水中残留的气体能够充分离析出来。通过两次除氧过程，除氧器出口水的含氧量可以达到给水含氧要求。另外，为了使除氧器内的水温保持在工作压力下的饱和温度，可通过辅助加热装置将加热蒸汽引入至除氧器内，还可起到补充除氧的作用。除氧水则由出口管引往给水泵。

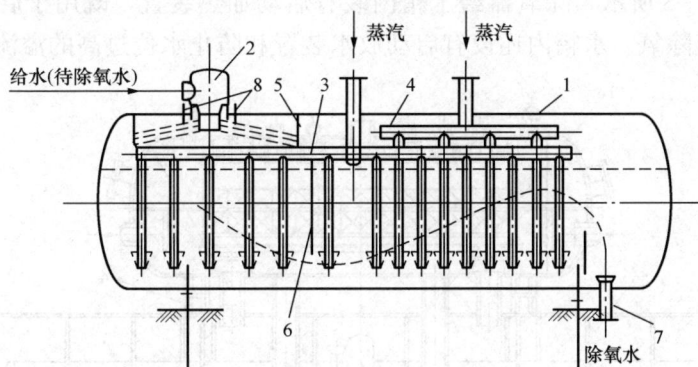

图 4-6　无除氧头的除氧器
1—除氧器给水箱；2—给水雾化装置；3—主蒸汽加热装置；4—辅助加热装置；
5—挡水板；6—隔板；7—除氧水出口管；8—排气口

### 5. 除氧器给水箱

除氧器给水箱用于储存已除过氧的水，同时能向锅炉给水泵连续稳定地供水。它一般是由卧式筒身和两端的冲压椭圆形封头焊接制成，位于除氧头下方，如图 4-7 所示。

水箱筒身上装有不同规格的各种接管，两端封头上设有人孔。水箱内一般设有再沸腾装置，将蒸汽送入水箱水面以下，用于加热除过氧的水，既对给水补充除氧，又在更大程度上防止了氧气等气体重新溶入水中。水箱上还装设了安全阀、水位调节装置、压力表、温度计、水位计及报警装置等，以保证除氧器的安全运行。

除氧器给水箱应具有一定的储水量，以保证在机组启动、负荷大幅度变动、凝结水系统发生故障或除氧器进水中断等异常情况下，在一定时间内向锅炉不间断地供水。给水箱的储水量是指给水箱正常水位至水箱出水管顶部水位之间的储水量。对于单机容量在 200MW 及以下的机组，除氧器给水箱的储水量应不小于 10min 的锅炉最大连续蒸发量时的给水消耗

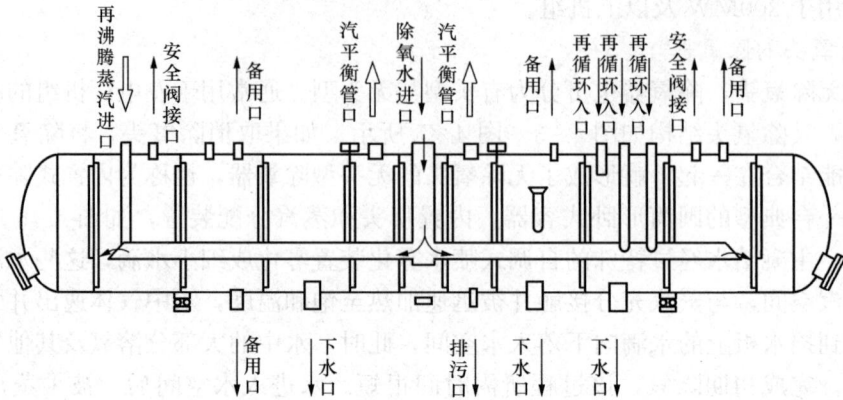

图 4-7 大型机组除氧器给水箱示例

量；对于单机容量为 300MW 及以上的机组，除氧器给水箱的储水量应不小于 5min 的锅炉最大连续蒸发量时的给水消耗量。

除氧器给水箱与立式除氧头可焊接成一个整体，与卧式除氧头之间则采用汽平衡管和下水管连接，如图 4-8 所示。除氧器给水箱内装有启动加热装置，既用于启动时除氧，又可在运行时进行补充除氧。水箱内还设有启动放水装置和防止水位过高的溢流装置。

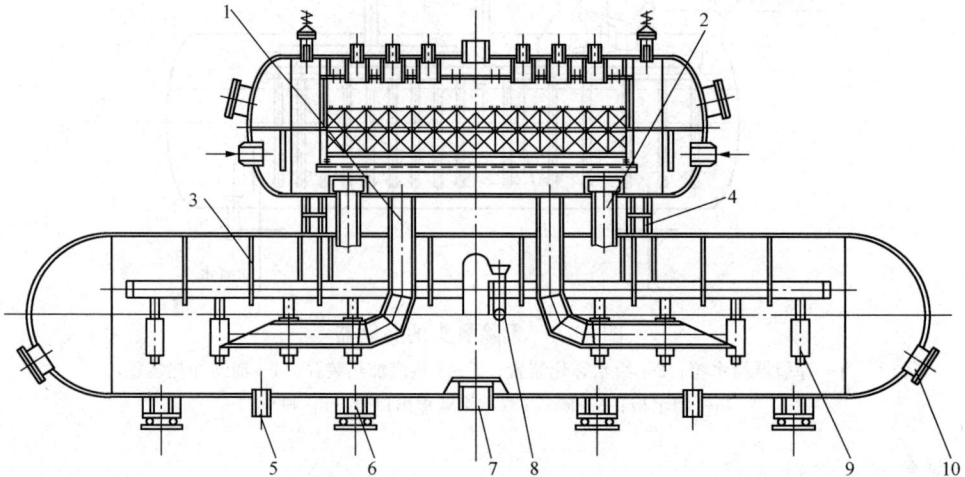

图 4-8 卧式除氧头与除氧器给水箱的连接

1—下水管；2—汽平衡管；3—吊架；4—上支座；5—放水管；6—活动支座；7—除氧水出水管；8—溢流管；9—启动加热装置；10—人孔

在除氧器的各种形式中，目前国内火力发电厂中普遍采用的是带有除氧头的常规除氧器（简称有头除氧器），除氧过程是在除氧头中完成的，它有淋水盘式、喷雾式、填料式、喷雾填料式、喷雾淋水盘式等多种型式。由于淋水盘式、喷雾式、填料式等除氧器是由一种传热传质元件构成的，通常难以达到最佳除氧效果，因此目前在电厂中已很少使用，或者在结构上做了改进。喷雾填料式、喷雾淋水盘式除氧器是在喷雾层结构后又串联了填料层或淋水盘层，也有在喷雾层后再依次串联淋水盘层和填料层的喷雾淋水盘填料式除氧器，在喷雾层中进行初步除氧，可除去水中的大部分气体，在下面的填料层或淋水盘层进行深度除氧，除去水中的残余气体，除氧效果好，普遍用于现代高参数大容量机组，但所占空间大，除氧器给水箱上的大开孔和除氧头的集中载荷易造成高应力与多裂纹，而且启动时会出现振动。

无头除氧器已广泛用于欧洲、北美、中东以及远东发达国家，比如在德国，目前几乎所有的大型火力发电厂均采用无头除氧器。在国内，该除氧器型式也有应用，目前已有数家已建和在建的电厂采用无头除氧器技术，而拟建及在建的 300MW 及以上机组大多采用无头除氧器。在该型除氧器投运的电厂中，无头除氧器均达到良好的运行效果。内置式无头除氧器采用先进的设计方案和制造工艺，同常规有头除氧器相比，具有很多优点：

（1）除氧效果好，可靠性高，可采用定、滑压运行方式，适应负荷变化的能力强，可适用于 10%～110% 的负荷变化范围，能保证各种工况下除氧后给水中的含氧量小于 $5\mu g/L$，正常运行时通常在 $1\mu g/L$ 左右。

（2）对进水加热的温升可达 64℃，而常规卧式除氧器的加热温升一般为 40℃，同时采用蒸汽与水直接接触方式，无蒸汽跑漏，故无头除氧器的热效率高。

（3）采用加热蒸汽从上面向下送入，可使除氧器整体工作温度降低，金属热疲劳寿命大大提高。

（4）在除氧器给水箱上无大直径开孔和除氧头的集中载荷，降低了除氧器爆破的可能性，提高了除氧器运行的安全可靠性。

（5）无头除氧器为单容器结构，接口系统设计简单，结构紧凑，现场焊口少，便于运输和安装，检修维护方便。

（6）无头除氧器质量较小，整机价格低于常规有头除氧器，土建、运输安装、运行等费用低，启动时不存在常规除氧器启动时的振动现象。

# 第三节　除氧器的热力系统

在电厂机组中，除氧器及其所连接的管道和附件统称为除氧器的热力系统。除氧器不仅具有除氧和加热给水的功能，而且还起着汇集蒸汽和水的作用，因此除氧器的热力系统直接影响电厂运行的热经济性和安全可靠性。

**一、除氧器的运行方式**

除氧器的运行方式有定压和滑压两种。

1. 定压运行

定压运行是指除氧器的工作压力在运行中保持恒定。为了保证所有工况下除氧器能定压运行，供给除氧器的加热蒸汽压力应高于除氧器的额定工作压力，而且除氧器的进汽管道上必须装设压力调节阀，用压力调节阀进行节流调节，以维持除氧的工作压力为一定值，但因压力调节而存在蒸汽节流损失。

除氧器的定压运行方式能够保证给水稳定除氧和给水泵安全可靠运行，但是在机组低负荷运行时，除氧器的加热汽源要进行切换，而且高压加热器的疏水有时也要切换到低压加热器，系统设置及运行操作复杂，加之有蒸汽节流损失，故热经济性较差。

2. 滑压运行

滑压运行是指除氧器的工作压力不是恒定的，而是随着机组负荷的变化而变化。滑压除氧器的进汽管道上不需设置压力调节阀来维持除氧器压力恒定，无蒸汽节流损失，机组低负荷运行时不需切换汽源，提高了系统的热经济性。

　　与定压运行相比，除氧器滑压运行系统简单，热经济性与安全性高，设备投资少，运行与检修工作量相对减少，因此，现代大型机组（如 200MW 及以上机组）除氧器普遍采用滑压运行方式。

　　然而除氧器的滑压运行方式也带来了一定的问题。滑压除氧器在机组额定工况下的运行情况与定压除氧器基本相同，除氧器的出口水温与除氧器工作压力下的饱和水温度是一致的。可是当机组负荷变化太快时，除氧器的除氧效果和给水泵的工作安全将会受到严重的影响。这是因为在滑压运行过程中，除氧器的加热蒸汽压力随机组负荷和抽汽压力变化而变化，但是除氧器内水温的变化总是滞后于压力的变化。当机组负荷突然增大时，除氧器压力随之增加，除氧水温不能及时达到新的饱和温度，从而使除氧效果恶化。当机组负荷突然减小时，除氧器压力随之降低，除氧水温的下降滞后于压力的降低，于是除氧水温高于新压力下的饱和温度，除氧水瞬间蒸发，改善了除氧效果，但是容易引起给水泵的汽蚀，降低了给水泵运行的安全可靠性。

　　针对滑压运行，可在除氧器给水箱内加装再沸腾管来解决机组负荷骤增而引起的除氧效果恶化问题，并采取提高除氧器的安装高度 $H$（即静压头）、给水泵前采用低转速的前置泵、加速泵入口水温的降低以缩短滞后时间（如在泵入口前的管道上设置给水冷却器）、快速投入备用汽源以阻止除氧器压力的降低等措施来防止给水泵的汽蚀。

**二、除氧器汽源的连接方式**

　　除氧器的正常运行汽源为汽轮机回热抽汽，其备用汽源应取自高一级的回热抽汽以供汽轮机低负荷工况时使用，除氧器的启动汽源应来自启动锅炉或厂用辅助蒸汽系统。

　　相应于除氧器的运行方式，除氧器汽源存在定压连接和滑压连连接两种方式，其中，定压连接方式又可分为单独定压连接方式和前置定压连接方式，如图 4-9 所示。

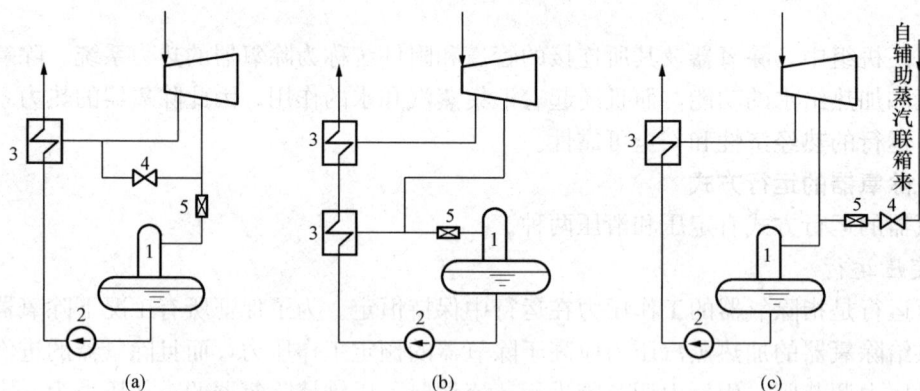

图 4-9　除氧器汽源的连接方式

（a）单独定压连接方式；（b）前置定压连接方式；（c）滑压连接方式

1—除氧器；2—给水泵；3—高压加热器；4—切换阀；5—压力调节阀

1. 单独定压连接

　　单独定压连接方式如图 4-9（a）所示。除氧器所用的加热蒸汽来自汽轮机相应抽汽压力的抽汽口，进汽管道上靠近除氧器处设有压力调节阀，用于调节进汽压力，以维持除氧器内工作压力的恒定，而且该抽汽是作为回热加热系统的一级单独连接除氧器。当机组低负荷运行，本级抽汽压力过低而达不到除氧器压力的规定值时，需要设置切换阀门以引入高一级抽汽压力的蒸汽，以保证除氧器定压运行。这种连接方式多用于中压和高压凝汽式汽轮机组。

定压除氧器独立连接时，由于蒸汽经过压力调节阀节流，存在节流损失，造成抽汽管道压降增大，除氧器出口水温达不到抽汽所能加热的最高温度，引起高一级压力的回热抽汽量加大，抽汽做功量减少，机组热经济性下降。当机组负荷降低而需切换至高一级抽汽时，原级抽汽关闭等于减少了一级回热，更使损失增大，而且切换阀的存在也增加了误操作的可能性。

2. 前置定压连接

前置定压连接方式如图 4-9（b）所示。除氧器与其相邻的高压加热器共用一级回热抽汽，根据水流方向，除氧器位于高压加热器的前面，而且除氧器进汽管道上仍然设置压力调节阀，以保证除氧器工作压力的稳定，故称之为除氧器的前置定压连接方式。

定压除氧器前置连接时，除氧器与其共用汽源的高压加热器共同构成了一级回热加热系统。在该系统中，除氧器进汽管道上的压力调节阀节流只是在整个级中起着分配加热量的作用，与高压加热器的出水温度无关，给水最终能被加热到该级抽汽压力下能达到的温度，所以就不存在因装有压力调节阀而使机组热经济性降低的情况。但是如果是凝汽式机组，除氧器在低负荷时同样要切换到高一级压力抽汽，而且该系统增加了一台高压加热器，使设备和投资增加，系统复杂，运行和维护工作量增大，因此应用不广泛，我国仅在 CC-25 型机组上采用了该系统。

总之，由于存在压力调节阀的节流损失和低负荷时停用一级回热抽汽，除氧器的定压连接方式无论机组在高、低负荷下运行都是不经济的。

3. 滑压连接方式

滑压连接方式如图 4-9（c）所示。除氧器的回热抽汽管道上不装设压力调节阀，在滑压范围内，除氧器的工作压力随机组负荷的变化而变化，于是避免了蒸汽的节流损失，机组热经济性可提高 0.1%～0.15%。然而在机组启动初期、甩负荷以及低负荷运行工况下，为保证除氧器能自动向大气排气（其最低压力为 0.118～0.147MPa），除氧器要切换为定压运行状态，并使用辅助蒸汽作为加热汽源，此时的辅助蒸汽管道上也要装设切换阀和压力调节阀。

**三、除氧器的原则性热力系统**

除氧器的出水管道与给水泵相连，因此除氧器的热力系统应保证在所有工况下除氧器有稳定的除氧效果，给水泵不汽蚀，系统有较高的热经济性。

除氧器的原则性热力系统不同于表面式回热加热器，进入的汽、水在除氧器内因直接接触换热而成为一体，最终以除氧水的形式离开除氧器，而除氧水要通过给水泵加压后才能进入高一级压力的回热加热器，如图 4-10 所示，该图体现了与除氧器有关的汽、水连接系统。进入除氧器的水有主凝结水、高压加热器的疏水等，除过氧的给水引入给水泵。进入除氧器的蒸汽有汽

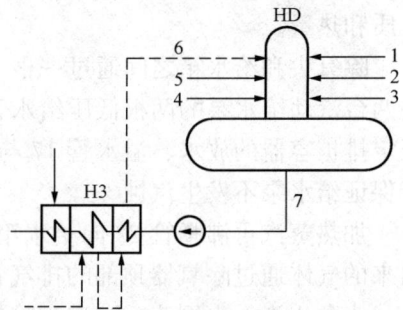

图 4-10 除氧器的原则性热力系统简图
1—主凝结水；2—锅炉连续排污扩容蒸汽；3—加热蒸汽；4—高压轴封漏汽；5—汽轮机高、中压门杆漏汽；6—高压加热器疏水；7—给水

轮机抽汽、锅炉连续排污扩容器来的扩容蒸汽、汽轮机高压轴封漏汽、汽轮机高压及中压门杆漏汽等。

**四、单元机组除氧器的全面性热力系统**

除氧器的全面性热力系统反映了除氧器在不同运行工况下的系统设置情况,如图 4-11 所示,该图为一台 300MW 单元机组除氧器的全面性热力系统。

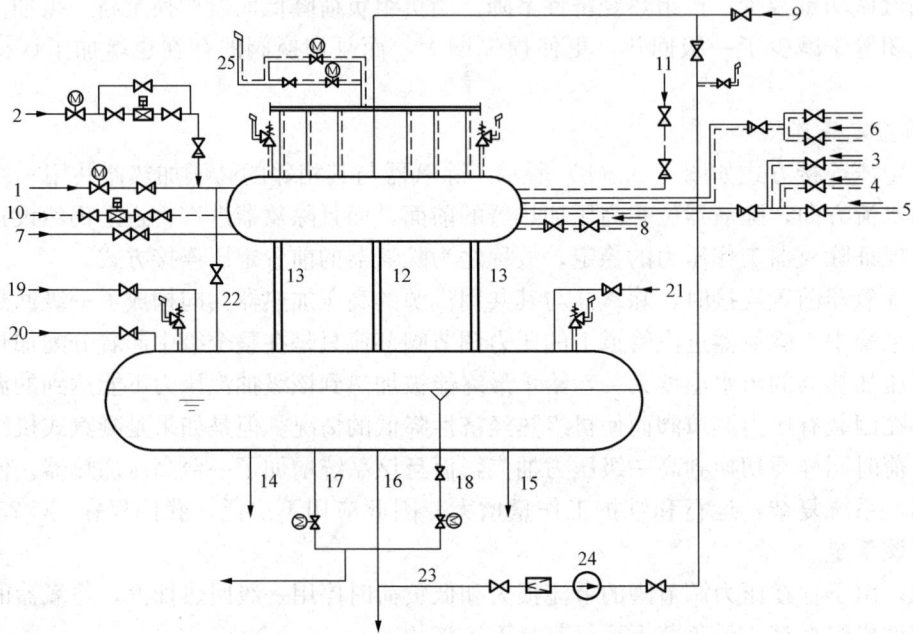

图 4-11　单元机组除氧器的全面性热力系统

该除氧器采用滑压运行方式,正常加热汽源 1 为汽轮机第四级抽汽,备用汽源(辅助蒸汽)2 用于低负荷时维持除氧器的定压运行,故其管道上仍装有压力调节阀。

主凝结水 9 自除氧头顶部进入除氧器进行加热与除氧。汽轮机高、中压门杆漏汽 3、4 以及高压轴封漏汽 5、小汽轮机高压门杆漏汽 6、来自锅炉连续排污扩容器的扩容蒸汽 7、高压加热器的连续排气 8、高压加热器疏水 10 和锅炉暖风器疏水 11 均引入除氧头,以回收工质和热量。

除氧头和给水箱之间通过一根下水管 12 和两根汽平衡管 13 相连接。给水箱下部连接了去两台汽动给水泵的两根低压给水管道 14 与 15、去电动给水泵的低压给水管道 16、给水箱至定排扩容器的放水、溢水管 17 与 18。三台给水泵装有最小流量再循环管 19、20、21,用于保证给水泵不发生汽蚀。

加热蒸汽再沸腾管 22 向给水箱内送入再沸腾蒸汽,可用于深度除氧。除氧器水中离析出来的气体通过除氧器顶部的排气管 25 排入大气。

为防止汽、水倒流,在进入除氧器之前的各汽、水管道上装设了止回阀。

除氧器设有启动循环管 23 及启动循环泵 24。启动循环管自电动给水泵进口管上引出,出口接至进入除氧器的主凝结水管道上。循环泵进口设一只手动闸阀和一只抽屉式滤网,出口设一只手动闸阀和一只止回阀,止回阀设在靠近主凝结水管处,以防水倒流。在除氧器启动时,向除氧器进水至水箱正常水位,打开循环管上的阀门和启动循环泵,并投入备用汽源，使除氧器给水箱中的化学除盐水能够均匀而迅速地被加热并除氧。在给水含氧量合格后，即可向锅炉供水。

**五、无除氧器的热力系统**

在我国，凝汽式汽轮机组的回热系统在结构上基本已有固定的形式，即低压加热器—除氧器—高压加热器，但系统复杂。无除氧器的热力系统即是在上述回热系统中取消了独立的除氧器，将除氧放在凝汽器以及混合式低压加热器等处完成。

图 4-12 所示为一个典型的无除氧器热力系统，用于前苏联卡尔曼诺夫电厂，其特色是除氧装置设在凝汽器以及混合式低压加热器中，即除氧由凝汽器和次末级混合式低压加热器来完成，给水泵与两级凝结水泵串联运行。

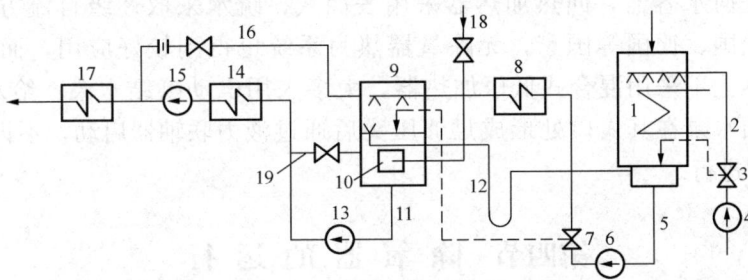

图 4-12　无除氧器的原则性热力系统

1—凝汽器；2—补充水管；3、7—水位调节阀门；4—补充水泵；5、11—主凝结水管；6—第一级凝结水泵；8、14—表面式低压加热器；9—次末级混合式低压加热器；10—蒸汽鼓泡装置；12—带 U 形水封的事故溢流管；13—第二级凝结水泵；15—给水泵；16—给水泵最小流量再循环管；17—高压加热器；18—外部汽源；19—第二级凝结水泵再循环管

在机组启动前，先将凝汽器热水井内灌满水，之后投入凝结水泵，使主凝结水进入次末级低压加热器并经凝结水泵再循环管进行循环，同时在凝结水处理设备中对水进行净化，并将外部汽源引入次末级低压加热器底部的蒸汽鼓泡装置对水进行加热，以保证启动时除氧。当水温和水中含氧量达到规定值后，投入给水泵进行正常启动。

机组运行时，凝汽器进行凝结水和补充水的初步除氧，次末级低压加热器进行深度除氧。

在机组甩负荷和低负荷时，打开给水泵再循环管上的自动阀门，将给水泵出口部分水引入次末级低压加热器，以保证给水泵不发生汽蚀。

凝汽器水位通过凝汽器前的补充水水位调节阀来控制，混合式低压加热器的水位通过设在第一级凝结水泵出口的水位调节阀来控制。带水封的事故溢流管将混合式加热器的溢水引至凝汽器，以防止混合式低压加热器满水。

无除氧器热力系统与有除氧器热力系统相比，有以下优点：

（1）简化热力系统，提高机组运行的安全可靠性。无除氧器热力系统取消了除氧器、前置升压泵及与之相连的管道、阀门附件等，合理地简化了机组的热力系统。于是在系统运行方面，消除了由除氧器系统的设备、管道、阀门等引起的机组故障停运，如除氧器满水和增压以及由除氧器向汽轮机或其轴封进水、升压泵断水、给水箱壳体泄露等，误操作的几率也相应减少，提高了机组运行的安全可靠性。另外，无除氧器热力系统可在给水泵前设置混合器，充当缓冲水箱，以保证给水泵安全运行。

（2）减少投资，降低基建和运行维护费用，提高机组的经济性。无除氧器热力系统没有高位布置的除氧器，减少了厂房基建和系统设备的投资，降低了除氧器系统设备的运行与维修费用，节约了厂用电，消除了因对除氧器加热蒸汽节流而产生的热损失，减少了除氧器排气热损失，提高了机组的经济性。

因此，无除氧器热力系统既适合于旧机改造，也适合于新建机组，尤其适合于超临界压力机组。俄罗斯已先后在超高参数 210MW、超临界参数 300、500、800MW 凝汽式机组、超临界参数单抽汽（采暖）250MW 机组上采用无除氧器热力系统。在美国等其他国家，无除氧器热力系统的应用较广泛，但除氧只在凝汽器内进行，只采用一级凝结水泵，给水泵处没有任何水容器，回热加热器采用表面式，疏水采取逐级自流方式，进一步简化了系统。在法国、德国等国家，无除氧器热力系统也得到较好应用，而且大部分用于核电机组，基本上不采用混合式低压加热器，大多采用电动凝结水泵—给水泵联系泵组，给水泵借助凝结水泵在其入口处形成足够压头后通过液力联轴器启动，不设前置泵，除氧也只在凝汽器中进行。

## 第四节　除 氧 器 的 运 行

### 一、除氧器的启动

启动前，应对除氧器进行检查，以确定除氧头及给水箱是否安装牢固，给水箱内是否有污垢、铁屑等杂物，各种表计是否能正常投用，自动调节及控制装置的动作是否灵活可靠，灯光音响报警信号和连锁装置是否良好。

除氧器给水箱启动时的加热方式可以用给水启动循环泵或再沸腾管。对于设有启动循环泵的除氧器，用补充水泵或凝结水泵向除氧器上水至正常水位，检查并开启除氧器启动循环泵，打开除氧器的排气阀，投入辅助蒸汽及除氧器压力自动控制，对除氧器内的水加热。给水启动循环泵的容量不宜小于除氧器启动时所用雾化喷嘴额定流量的 30%。如果除氧器不设启动循环泵，而采用沸腾管加热方式，即用蒸汽通入除氧器给水箱内的再沸腾管来加热给水，可启动给水泵的前置泵，通过给水再循环管使除氧器给水箱的水循环受热，以达到要求的水箱水温。当用再沸腾管时，所用的蒸汽应经过调压，并应采取措施防止在运行中可能产生的水击和振动。在除氧器加热期间，除氧器温升应控制在规定范围内，并保持水量变化平缓，以防除氧器振动。同时，要保持除氧器压力与水位稳定，出水含氧量合格。当低压加热器来的凝结水合格后，即可打开主凝结水调节阀向除氧器供水。机组启动后，随着负荷的升高，供给除氧器的汽轮机抽汽压力超过运行规程规定的切换压力后，检查抽汽至除氧器的进汽阀，应自动打开，辅助蒸汽至除氧器的进汽阀应关闭。对于滑压运行的除氧器，定压运行切换为滑压运行时，工作压力随着汽轮机抽汽压力的升高而缓慢升高；对于定压运行的除氧器，工作压力应按规程规定的增压速度升高到额定值。

除氧器的冷态启动可采用先投汽后上水的方法，也可采用同时投汽上水或先上水后投汽的方法，但要注意控制进汽阀的开度，以防止除氧器给水箱上、下壁之间产生过大的温差热应力，避免除氧器和水箱产生振动。

**二、除氧器运行参数的监督**

除氧器正常运行时，需要监视和控制以下参数：溶氧量、汽压、水温和水位等。

1. 溶氧量

在除氧器运行中，必须监视和控制水中溶氧量，使其符合规定的标准。为此，应监视和调节排气阀的开度、一次及二次加热蒸汽的比例、主凝结水的流量及温度变化、喷嘴雾化质量、补水率、除氧器给水箱中再沸腾管的运行、高压加热器疏水等项目。

排气阀的开度应得到及时调整，以保证既能及时地排出气体，使出水含氧量合格，又不至于大量冒汽，减小工质和热量损失。对于有一、二次加热蒸汽的除氧器，一次加热蒸汽量减小，则初期除氧效果下降；若一次加热蒸汽量过大，则二次加热蒸汽量减少，深度除氧效果将受到影响，因此合理分配一、二次加热蒸汽比例，能有效保证除氧效果。主凝结水流量过大、除氧器进水温度过低、喷嘴雾化质量变差、再沸腾管不能良好运行等均会引起除氧器内的水达不到饱和温度，使除氧效果恶化，出水溶氧量增加。另外，高压加热器疏水以及汽轮机门杆和高压轴封漏汽等引入除氧器时，不会引起除氧器的自生沸腾。除氧器出水溶氧量应通过取样监视。

2. 除氧器压力与温度

在运行中，除氧器的工作压力与温度直接影响着除氧效果和给水泵的安全运行，因此应监视除氧器内的压力和温度，要求两者相对应，即除氧器内水的温度应达到除氧器压力下的饱和温度，否则除氧效果将会恶化。除氧器压力的不正常下降还会使给水泵入口压力降低，造成给水泵汽蚀。另外，除氧器进行加热汽源切换或高压加热器疏水、汽轮机门杆及高压轴封漏汽等投入和停运时，要严格监视除氧器内的压力和温度，以使其与当时机组的运行工况相对应，并且注意监视除氧器超压时安全阀的动作情况，确保除氧器能够安全可靠地运行。

3. 给水箱水位

在除氧器运行中，应严密监视给水箱水位并控制其在正常值。水位过高将会造成给水箱满水，严重时会导致除氧头满水，从而引起汽封进水、抽汽管进水甚至导致汽轮机水击、排气带水以及除氧器振动等。水位过低会使得给水泵入口压力降低，易引起给水泵汽蚀。当除氧器水位低时，不能急剧补水，应查找原因并及时处理。

**三、除氧器的常见故障**

1. 除氧器压力不正常

在运行中，若定压除氧器压力升高或滑压除氧器压力不正常地升高，则可能是进汽压力调节阀失灵而导致进汽压力增大，进水量突然减小，高压加热器的疏水调节阀失灵，阀门出现误操作或有大量其他汽源进入除氧器等。

若定压除氧器压力降低或滑压除氧器压力不正常降低，则可能是进汽压力调节阀失灵而导致进汽压力减小，进水量过大或进水温度过低，机组甩负荷，抽汽管道上的阀门误关或未完全开启，抽汽管道泄露，排气阀开度过大以及安全阀误动或启动后未回座等。

2. 除氧器水位不正常

除氧器运行时，水位升高可能是补水量过大，凝汽器泄漏，给水泵故障跳闸，机组负荷突然降低，给水系统阀门误关等；水位降低则可能是补水量减小，事故放水阀误开或关闭不严，锅炉进水量突然增大或排污量过多或凝结水再循环阀开度过大等。

### 3. 除氧器自生沸腾

在运行过程中，除了汽轮机抽汽外，过量的其他汽水进入除氧器可能会引起除氧器的自生沸腾，导致除氧器内部汽与水的逆向流动遭到破坏，除氧器中形成蒸汽层，阻碍气体的逸出，使除氧效果恶化，同时大量的蒸汽又会被排出。在大气式或压力很低的除氧器中，自生沸腾现象可能会发生，而在高压除氧器中，因加热给水所需热量较多，故自生沸腾现象极少出现。

### 4. 排气带水

除氧器排气带水是指除氧器运行工况发生较大变化或运行中操作不当时，除氧器内的水滴被排气从顶部排气管带出去。排气带水不仅会降低机组的热经济性，而且还会在一定程度上造成热污染。排气带水主要由以下原因引起：

（1）排气阀开度过大，造成排气量过大，排气速度过高而携带水滴。

（2）除氧器内的蒸汽流速太大，致使排气带水。

（3）进水量过大，在淋水盘或配水槽中导致激溅而使排气带水。

### 5. 除氧器振动

除氧器振动主要是由除氧器内汽、水发生冲击而造成的。除氧器振动将会损坏设备并危及设备的安全，导致除氧器外部的保温层脱落，汽水管道的法兰连接处产生松动，焊缝开裂，从而引起汽水泄漏，情况严重时甚至会将淋水盘等部件振掉，致使除氧器不能运行。产生汽水冲击、引起振动的主要原因是：

（1）除氧器进水温度过低或进水量太大，导致除氧器内蒸汽骤然凝结，产生汽压波动，引起汽水冲击。

（2）对于有淋水盘结构的除氧器，当淋水盘孔锈蚀和严重堵塞时，会引起汽、水流偏斜，造成汽水冲击。

（3）对于喷雾填料式除氧器，其内压力波动将会引起水流速度波动，导致进水管摆动或喷嘴脱落，使进水呈水柱状冲向排气管，产生汽水冲击。

## 思 考 题

4-1 为什么要对锅炉给水进行除氧？除氧方法有哪两种？为什么现代发电厂多采用热力除氧法？

4-2 热力除氧的原理是什么？初期除氧和深度除氧各有什么特点？

4-3 热力除氧器有哪些类型？为什么高参数以上的机组采用高压除氧器？

4-4 对热力除氧器的构造有哪些要求？除氧器的结构通常包括哪两部分？

4-5 试述喷雾填料式立式高压除氧器的基本结构和工作过程。

4-6 试述喷雾淋水盘式卧式高压除氧器的基本结构和工作过程。

4-7 试述无除氧头的除氧器的基本结构和工作过程。与常规除氧器相比，无头除氧器有哪些特点？

4-8 何谓除氧器的定压、滑压运行方式？除氧器滑压运行方式的优点和问题是什么？怎样解决除氧器滑压运行带来的问题？

4-9 除氧器汽源的连接方式有哪些？其特点和应用情况如何？

4-10 除氧器所连接的汽水管道有哪些? 除氧器启动循环泵在系统中怎样连接? 它有什么作用?

4-11 什么是无除氧器热力系统? 与有除氧器热力系统相比, 它有何优点?

4-12 除氧器运行时需监视哪些参数?

4-13 除氧器常见的故障有哪些? 故障产生的原因是什么?

# 第五章  发电厂汽水辅助系统

## 第一节  发电厂的汽水损失及其补充

具有汽轮发电机组的发电厂,在生产过程中,总是会存在原因不同、数量不等的汽、水损失,同时伴随着热量损失,使电厂的热经济性降低。损失的工质必须给予补充,以维持发电厂热力系统的正常运行。

**一、发电厂的汽水损失**

根据损失部位的不同,发电厂的汽水损失可分为内部损失和外部损失两大类。

一般情况下,内部损失是指发电厂内部热力设备及其管道系统中蒸汽和水的损失,如工艺上必需的正常性汽水损失,包括热力设备及其管道的暖管疏放水、汽包锅炉的排污水、各种汽动设备(汽动泵、射汽式抽气器等)的用汽、汽封用汽、加热重油用汽、蒸汽吹灰用汽、汽水取样及设备检修时的排放水等;还包括非工艺要求的偶然性汽水损失,即通常所说的热力设备或管道不严密而造成的跑冒滴漏。

外部损失是指热电厂对外供热设备及其管道的工质损失,它与热负荷性质(热水负荷或蒸汽负荷)、供热方式(直接或间接供汽、开式或闭式水网)以及回水质量(是否被污染)有关,变化范围很大,甚至回水率为零(如热水负荷就完全不能回收)。

**二、减少汽水损失的措施**

汽水损失不仅对发电厂的经济性有影响,而且会危及设备的安全运行和使用寿命。因此,在发电厂设计、运行和检修过程中,在保证给水和蒸汽品质满足要求的前提下,应尽可能减少汽水损失。

减少汽水损失的措施可从以下方面着手:

(1)选择合理的热力系统与汽水回收方式,尽量回收汽水工质和热量,如采用轴封加热器、启动旁路系统、锅炉连续排污系统、汽封自密封系统、发电厂的疏放水和生产返回水系统等对汽水进行回收与利用。

(2)改进工艺过程,如将锅炉、汽轮机和除氧器由额定参数启停改为滑参数启停或滑压运行,将蒸汽吹灰改为压缩空气、声波、脉冲吹灰等。

(3)提高安装及检修质量消除热力设备及管道附件的漏汽、漏水现象,如用焊接取代法兰连接等。

(4)对工质回收率太低的热电厂,可采用间接供汽方式。

(5)提高运行、管理、维修人员的素质和技术水平,完善监督机制和考核管理办法等。

通过以上措施虽然可以减少汽水损失,但要完全避免是不可能的,所以在发电厂中,需要及时对汽水损失进行补充。

根据 DL/T 5000—2000《火力发电厂设计技术规程》,火力发电厂各项正常水汽损失量及考虑机组启动或事故而需增加的水处理设备出力见表 5-1。

| 表 5 - 1 | 火力发电厂各项正常水汽损失量及考虑机组启动或事故而需增加的水处理设备出力 |

| 损 失 类 别 | | 正 常 损 失 | 考虑机组启动或事故而增加的水处理设备出力（按四台机组计） |
|---|---|---|---|
| 厂内水汽循环损失 | 200MW 以上机组 | 锅炉最大连续蒸发量的 1.5% | 为全厂最大一台锅炉最大连续蒸发量的 6% |
| | 100～200MW 机组 | 锅炉最大连续蒸发量的 2.0% | |
| | 100MW 以下机组 | 锅炉最大连续蒸发量的 3.0% | 为全厂最大一台锅炉最大连续蒸发量的 10% |
| 对外供汽损失 | | 根据资料 | — |
| 发电厂其他用水、用汽损失 | | 根据资料 | — |
| 汽包锅炉排污损失 | | 根据计算，但不小于 0.3% | |
| 闭式热水网损失 | | 热水网水量的 1%～2% 或根据资料 | 热水网水量的 1%～2%，但与正常损失之和不少于 20t/h |
| 厂外其他用水量 | | 根据资料 | |

### 三、火力发电厂的水汽质量

火力发电厂的水汽质量主要是通过水汽质量标准来衡量，如 GB/T 12145—2008《火力发电机组及蒸汽动力设备水汽质量标准》、DL/T 938—2005《火电厂排水水质分析方法》等。

由于发电厂热力设备的蒸汽参数不断提高，单机容量不断增大，对水汽质量的要求也越来越高，而且随着水处理方式的不同以及水处理和测试技术的不断发展，同一种水的质量标准略有差异。水汽质量标准有锅炉给水质量标准、锅炉炉水质量标准、蒸汽质量标准、凝结水质量标准、锅炉补给水质量标准、疏水和生产回水质量标准、减温水质量标准、闭式循环冷却水质量标准、热网补充水质量标准、水内冷发电机的冷却水质量标准、停（备）用机组启动时的水汽质量标准等。表 5 - 2 为锅炉给水质量标准。

| 表 5 - 2 | | | | | | | | | | | 锅 炉 给 水 质 量 标 准 |

| 炉型 | 锅炉过热蒸汽压力（MPa） | 氢电导率(25℃)（µS/cm） | | 硬度 µmol/L | 溶解氧 | 铁 | 铜 | | 钠 | | 二氧化硅 | |
|---|---|---|---|---|---|---|---|---|---|---|---|---|
| | | | | | | | | | | | | |
| | | 标准值 | 期望值 | | 标准值 | 标准值 | 标准值 | 期望值 | 标准值 | 期望值 | 标准值 | 期望值 |
| 汽包炉 | 3.8～5.8 | — | | ≤2.0 | ≤15 | ≤50 | ≤10 | — | — | — | 应保证蒸汽二氧化硅符合标准 | |
| | 5.9～12.6 | ≤0.30 | — | — | ≤7 | ≤30 | ≤5 | | — | — | | |
| | 12.7～15.6 | ≤0.30 | | — | ≤7 | ≤20 | ≤5 | | — | — | | |
| | >15.6 | ≤0.15 | ≤0.10 | — | ≤7 | ≤15 | ≤3 | ≤2 | — | — | ≤20 | ≤10 |
| 直流炉 | 5.9～18.3 | ≤0.15 | ≤0.10 | — | ≤7 | ≤10 | ≤3 | ≤2 | ≤5 | ≤2 | ≤15 | ≤10 |
| | >18.3 | ≤0.15 | ≤0.10 | — | ≤7 | ≤5 | ≤2 | ≤1 | ≤3 | ≤2 | ≤10 | ≤5 |

没有凝结水精处理除盐装置的机组，给水氢电导率应不大于 $0.30\mu S/cm$。

### 四、发电厂汽水损失的补充

在发电厂机组运行过程中，引入热力系统用于补充汽水损失的水，称为补充水。补充水不仅要满足其水量要求，还与其处理方法和引入热力系统的位置有关。

1. 补充水的处理方法

补充水一般采用化学处理法除盐。

中低压参数的发电厂对水质要求不太高，通常使用化学软化处理法除去水中的钙、镁等硬质盐类，以获得化学软化水。

随着蒸汽参数的提高，高压及以上发电厂对水质的要求也相应提高。高压参数电厂的补充水必须是除盐水，即除去水中钙、镁等硬质盐外，还要除去水中的硅酸盐。亚临界压力汽包锅炉以及超临界压力直流锅炉对水质的要求更高，除了要除去水中的钙、镁、硅酸盐外，还要除去水中易溶解的钠盐，另外还需要对凝结水进行净化处理（精处理），以除掉机组启停时产生的腐蚀产物、$SiO_2$ 和铁等金属。目前，阴阳离子交换树脂被广泛用于化学深度除盐，以制取化学除盐水。该除盐水的品质已能满足亚临界和超临界压力直流锅炉对高品质补充水的要求，而且成本低。

凝结水净化处理装置有两种连接方式：低压系统与中压系统。低压系统就是除盐装置位于凝结水泵与凝结水升压泵之间，多用于国产机组。由于两级凝结水泵不同步以及压缩空气阀关闭不严，空气会漏入凝结水净化处理系统，导致凝结水含氧量增加。中压系统无凝结水升压泵，它直接串联在中压凝结水泵出口，多用于国外机组和引进型机组。与低压系统相比，中压系统设备少、凝结水管道短、阀门附件少，系统简单，而且操作方便，空气几乎不会漏入凝结水系统，运行安全性较高。

2. 补充水的引入方式

为维持发电厂热力系统工质的正常循环，损失的工质必须及时补充。补充水虽然经过了除盐，但其中还溶解了氧气和其他气体。为维持热力设备的安全运行，补充水应进行除氧。一般凝汽式机组采用一级除氧（如回热系统中设置的高压除氧器）即可满足要求，故化学处理后的补充水通常引入凝汽器。如果机组的热力系统需要进行两级除氧，初级除氧可在凝汽器内利用蒸汽鼓泡进行。对于供热式机组，因其外部汽水损失很大，甚至有时回收率为零，致使补充水量很大，当采用一级除氧不能保证给水含氧量合格时，化学处理后的补充水一般先引入一级专门设置的大气式除氧器进行初级除氧，经初级除氧的水引入采用同级回热抽汽的加热器出口处，再与主凝结水一起通过回热系统的高压除氧器进行二级除氧，同时被加热到给水温度。

## 第二节　发电厂的工质回收和废热利用系统

为了提高发电厂的热经济性，应该采取工质回收和废热利用系统将汽水损失降低到最小程度，如锅炉连续排污水及热量的回收与利用，汽轮机门杆与轴封漏汽的回收与利用，发电机发热量的利用，部分厂用蒸汽的回收，疏放水和生产返回水的回收等。本节仅以汽包锅炉连续排污水的回收和利用为例，来讨论工质回收和废热利用的一般原则。

### 一、汽包锅炉连续排污利用系统及其热经济性分析

（一）锅炉连续排污的目的和排污率

锅炉排污有连续排污和定期排污两种。

锅炉连续排污的目的就是要控制汽包内的锅水水质在允许范围内，从而使蒸汽品质得到

保证。

锅炉连续排污水量与锅炉额定蒸发量之比的百分数称为锅炉的排污率，即

$$\beta_{bl} = \frac{D_{bl}}{D_b} \times 100\% \qquad (5-1)$$

式中　$D_{bl}$——锅炉的连续排污水量，kg/h；

　　　　$D_b$——锅炉的额定蒸发量，kg/h；

　　　　$\beta_{bl}$——锅炉的排污率，%。

根据 DL/T 5000—2000，汽包锅炉正常排污率不宜超过下列数值：

(1) 以化学除盐水为补给水的凝汽式发电厂为 1%；

(2) 以化学除盐水或蒸馏水为补给水的供热式发电厂为 2%；

(3) 以化学软化水为补给水的供热式发电厂为 5%。

（二）锅炉连续排污利用系统及其热经济性分析

1. 锅炉连续排污利用系统

汽包锅炉的连续排污损失几乎占全厂汽水损失的一半，而且随着机组容量的增加，排污水量也越来越大。为回收这部分工质并利用其热量，发电厂内设置了连续排污利用系统，它是发电厂热力系统的一个组成部分。锅炉连续排污利用系统就是将汽包内较高压力的排污水引入较低压力的连续排污扩容器中，进行降压扩容蒸发，产生较好品质的扩容蒸汽。该扩容蒸汽可引入热力系统除氧器，以回收工质并利用其热量。扩容器中剩余的排污水的含盐浓度将增大，但水温还高于 100℃，可通过表面式排污水冷却器来加热自化学水处理车间来的补充水，再回收部分热量。当排污水的水温降到 50℃ 以下时，可排入地沟。通常，锅炉的连续排污利用系统是由排污扩容器，排污水冷却器及其连接的管道、阀门、附件等组成，如图5-1 所示。

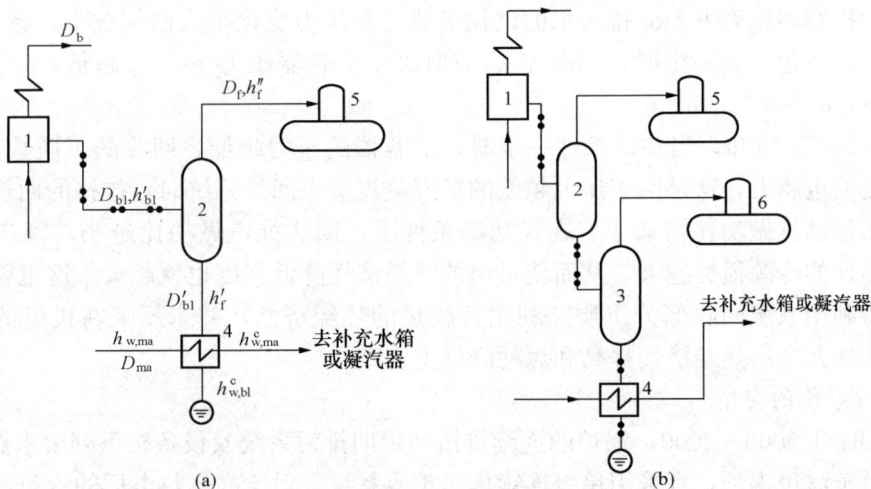

图5-1　锅炉连续排污利用系统

(a) 单级连续排污利用系统；(b) 两级串联连续排污利用系统

1—锅炉；2—Ⅰ级连续排污扩容器；3—Ⅱ级连续排污扩容器；4—排污水冷却器；5—高压除氧器；

6—大气式除氧器

2. 排污利用系统的热经济性分析

在单级连续排污扩容系统中，由排污扩容器的物质平衡和热平衡以及排污水冷却器的热平衡，可求解出扩容器的蒸汽量 $D_f$、未扩容的排污水量 $D'_{bl}$、排污水冷却器出口的补充水比焓 $h^c_{w,ma}$。

扩容器的物质平衡式

$$D_{bl} = D_f + D'_{bl} \quad kg/h \qquad (5\text{-}2)$$

扩容器的热平衡式

$$D_{bl}h'_{bl}\eta_f = D_f h''_f + D'_{bl}h'_f \quad kJ/h \qquad (5\text{-}3)$$

排污水冷却器的热平衡式

$$D'_{bl}(h'_f - h^c_{w,bl})\eta_r = D_{ma}(h^c_{w,ma} - h_{w,ma}) \quad kJ/h \qquad (5\text{-}4)$$

将式（5-2）代入式（5-3）中，可得工质的回收率 $\alpha_f$ 为

$$\alpha_f = \frac{D_f}{D_{bl}} = \frac{h'_{bl}\eta_f - h'_f}{h''_f - h'_f} \qquad (5\text{-}5)$$

式中　　$D_{bl}$——锅炉连续排污水量，kg/h；

$D_f$、$D'_{bl}$——扩容器扩容蒸汽和未扩容的排污水量，kg/h；

$h'_f$、$h''_f$——扩容器压力下的饱和水、饱和蒸汽比焓，kJ/kg；

$h'_{bl}$——排污水比焓，即汽包压力下的饱和水比焓，kJ/kg；

$D_{ma}$——化学补充水量，kg/h；

$h_{w,ma}$、$h^c_{w,ma}$——排污冷却器进、出口的化学补充水的比焓，kJ/kg；

$h^c_{w,bl}$——排污冷却器出口的排污水比焓，kJ/kg；

$\eta_f$、$\eta_r$——排污扩容器、排污冷却器的热效率，一般取为 0.97～0.99。

式（5-5）中，分子为 1kg 排污水在扩容器中的放热量，它取决于汽包压力与扩容器压力；分母为扩容器压力下 1kg 排污水的汽化潜热，在压力变化不大的情况下，近似为常数。由此可知，当汽包压力一定时，回收率 $\alpha_f$ 值取决于扩容器压力 $p_f$，$p_f$ 越低，$\alpha_f$ 值就越大。一般情况下，$\alpha_f = 30\% \sim 50\%$。

由式（5-5）可知，当其他条件一定时，扩容器的压力越低，回收的工质数量就越大，但能位的贬值也越大，这是由于压力越低的扩容蒸汽引入回热系统时，排挤的回热抽汽压力也越低，回热抽汽做功比将减小。在定功率条件下，回热抽汽做功比越小，凝汽做功就越大，致使额外的冷源损失越大，从而使机组的热经济性降低程度也就越大。这也就是说，单级连续排污利用系统回收部分工质并利用其废热的热经济性，并未反映在机组的热经济性上，而是体现在全厂热经济性提高和煤耗降低上。

3. 排污系统的应用

根据 DL/T 5000—2000，锅炉的连续排污和定期排污系统及设备按下列要求选择：

（1）对于汽包锅炉，宜采用单级连续排污扩容系统。对于高压热电厂的汽包锅炉，根据扩容蒸汽的利用条件，可采用两级串联连续排污扩容系统；连续排污系统应有切换至定期排污扩容器的旁路。

（2）125MW 以下的机组，宜两台锅炉设一套排污扩容系统；125MW 及以上机组，宜每台锅炉设一套排污扩容系统。

（3）定期排污扩容器的容量，应考虑锅炉事故放水的需要；当锅炉事故放水量计算值过

大时，宜与锅炉厂共同商定采取合适的限流措施。

图 5-2 所示为一台 300MW 机组汽包锅炉的排污系统。其中，连续排污系统是为回收工质和热量而设置的；定期排污系统的设置主要是考虑安全性，因此未涉及工质的回收问题。

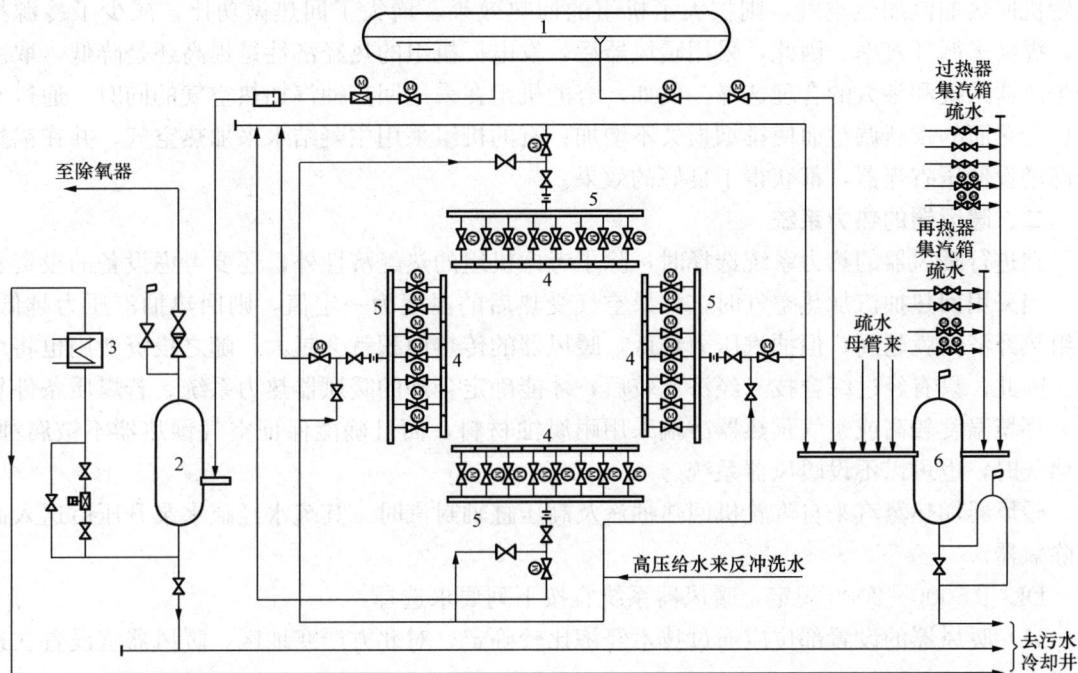

图 5-2　300MW 汽包炉排污系统图

1—汽包；2—连续排污扩容器；3—排污冷却器；4—水冷壁下联箱；5—排污联箱；6—定期排污扩容器

## 二、工质回收和废热利用原则

以上对锅炉连续排污利用系统的热经济性分析，适用于火电厂其他工质回收和废热利用系统，从而得出火电厂工质回收和废热利用的如下原则：

（1）发电厂在工质回收的同时，伴随着热量的回收，因此，回收工质时不仅要考虑工质数量，还要考虑能量品味的高低，尽可能减少回收利用热量时的能位贬值。

（2）回收的工质应尽量引入与其压力、温度最为接近的回热加热器，以使其排挤回热抽汽而导致的额外冷源损失最小。

（3）工质回收及废热利用的热经济性，并未反映在机组的热经济指标上，而是体现在全厂的热经济指标上，即体现在全厂煤耗的降低上。

（4）发电厂的实际工质回收及废热利用系统，既要考虑热经济性，也要考虑投资、运行费用等的影响，应通过技术经济比较来确定。

## 第三节　暖风器及其热力系统

### 一、暖风器及其对机组热经济性的影响

对于火电厂，尤其是燃用高硫煤的火电厂而言，锅炉尾部烟道受热面的金属温度如果低于烟气露点，就会引起腐蚀和堵灰。为了防止空气预热器发生低温腐蚀与堵灰，可利用表面

式热交换器来提高空气预热器入口的空气温度，实现这种功能的设备称为暖风器。

采用暖风器后，空气被预先加热，进入空气预热器的风温升高，空气在预热器内吸收的热量减少，从而引起排烟温度升高，锅炉效率下降，以致影响整个机组的热效率。如果利用汽轮机回热抽汽加热空气，则扩大了机组的回热效果，增大了回热做功比，减少了冷源损失，提高了循环效率。因此，采用暖风器后，发电厂机组的热经济性是提高还是降低，取决于暖风器系统和参数的合理选择。例如，有的机组在采用回热抽汽加热空气的同时，通过对锅炉受热面的重新调整而使排烟损失不增加；有的机组采用主凝结水来加热空气，并在锅炉尾部增设低压省煤器，都获得了良好的效果。

**二、暖风器的热力系统**

在进行暖风器的热力系统选择时，除了考虑机组的热经济性外，还要考虑设备的投资费用。当采用回热抽汽加热空气时，如果空气受热后的温度为一定值，则回热抽汽压力越低，机组热经济性就越高，但抽汽压力越低，暖风器的传热面积就会越大，随之投资费用也将增加。因此，只有经过综合技术经济比较后，才能确定合理的暖风器热力系统。若煤质条件较好，环境温度较高或空气预热器冷端采用耐腐蚀材料，而且确能保证空气预热器不被腐蚀、不堵灰时，也可以不设暖风器系统。

暖风器加热蒸汽来自汽轮机回热抽汽及高压缸轴封汽时，其疏水经疏水泵升压后送入高压除氧器。

DL/T 5000—2000 规定，暖风器系统宜按下列要求选择：

（1）暖风器的设置部位应通过技术经济比较确定，对北方严寒地区，暖风器宜设置在送风机入口。

（2）对于转子转动式三分仓空气预热器，当烟气先加热一次风时，在空气预热器一次风侧可不设暖风器。

（3）暖风器在结构和布置上应考虑防冻、防堵灰、防腐蚀要求。对于年使用小时数不高的暖风器可采用移动式结构或装设旁路风道。

（4）暖风器选择所用的环境温度，宜取冬季采暖温度或冬季最冷月平均温度。

# 思 考 题

5-1 发电厂的汽水损失有哪些？怎样减小发电厂的汽水损失？

5-2 发电厂的汽水损失是如何补充的？

5-3 什么是锅炉的排污率？我国对电厂锅炉的排污率有何规定？

5-4 绘制单级连续排污利用系统，并说明其工作过程和设备的作用？

5-5 火电厂工质回收和废热利用的原则是什么？

5-6 什么是暖风器？发电厂内为何要采用暖风器？暖风器采用后对系统热经济性有什么影响？

5-7 暖风器系统选择应满足哪些要求？

# 第六章　热电厂的经济性及供热

## 第一节　热电联产及热负荷

### 一、热电联产的概念

电能由凝汽式发电厂生产，而热能则由工业锅炉或采暖锅炉或其他生产热能的装置对热用户提供，这种生产方式称为热电分别能量生产，简称热电分产。热电分产也称单一能量生产。分产发电的热能存在冷源损失，而分产供热的低品位的热能往往是从高品位的热能转换而来。因此，热电分产的能量利用率较差，不利于节约能源，与目前提倡的"低碳经济"不相适应。

还有一种生产方式是将高品位的热能用于电能生产，同时将已在供热式汽轮机中做了部分功后的品位相对较低的热能用于对外供热，这种生产方式称为热电联合能量生产，简称热电联产，也称热化。这种生产方式中，做功后的蒸汽被用于对外供热，没有冷源损失，提高了热能利用率，使热电厂的热经济性大为提高，节约能源。

供热式汽轮机有背压式汽轮机（B 型）、调整抽汽式汽轮机（C 型、CC 型）、冷凝式供暖汽轮机（冷凝采暖机）。

背压式汽轮机用排汽供热，称背压式机组的循环为纯供热循环。其热力系统简单，供热循环热效率高，机组结构简单，造价低，厂房尺寸小，但其发电功率随着热负荷变化而变化，满负荷运行效率高，低负荷运行效率较低。

实际热电厂中，往往采用背压式汽轮机或调整抽汽式汽轮机和凝汽式汽轮机并列运行。实际上，抽汽式汽轮机组也可视为由背压式汽轮机和凝汽式汽轮机组复合而成的，其中的供热汽流没有冷源损失，而凝汽汽流仍有冷源损失。

图 6-1 所示为热电联产的热力系统图。

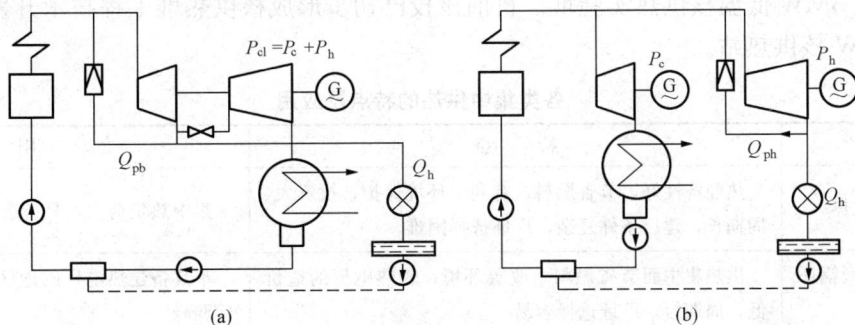

图 6-1　热电联产的热力系统图
(a) 调整抽汽式汽轮机系统；(b) 背压式及凝汽式汽轮机并列系统

图 6-2 所示为背压式汽轮机排汽或调整抽汽式汽轮机供热汽流的供热循环 $T\text{-}s$ 图。图中 $Q_{la}$（以热量计）为供热循环理想作功量，$Q_{ca}$ 为理想供热循环放热量，$\Delta Q_c$ 为热功转换不可逆过程引起的附加冷源热损失。

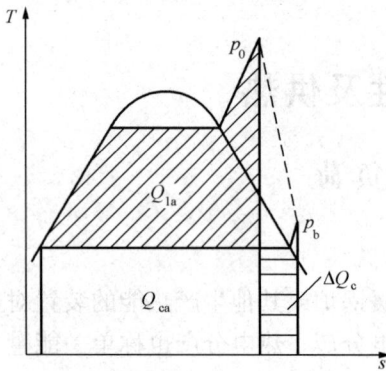

图 6-2 供热循环 $T$-$s$ 图

由图可知，热电联产不仅利用了电能生产过程中产生的冷源热损失 $Q_{ca}$，而且也将热功转换中的不可逆过程产生的附加冷源热损失 $\Delta Q_c$ 一并利用来供热，显然，纯供热循环的电能生产没有冷源热损失，供热汽流理想循环的热效率 $\eta_t$ 和实际循环热效率 $\eta_i$ 都等于 100%。

热电联产生产方式一方面因无热化发电冷源热损失，使供热汽流的 $\eta_t = \eta_i = 100\%$；另一方面，现代热电厂采用大容量锅炉，大容量锅炉热损失比小锅炉小，效率比分散小型供热锅炉效率高，因而也使供热经济性提高，达到节能的目的。所以，利用热电联产实现集中供热是我国电力工业的发展方向。

**二、集中供热**

1. 集中供热类型

集中供热是指热源通过热力网向某个较大的区域或若干企业供热。集中供热可以利用热电联产的热电厂或区域性供热锅炉房为热源的供热系统。从供热方面看，根据集中化的程度将集中供热的类型分为以下几种：

（1）热电联合能量生产为基础的供热。如区域性热电厂、工业企业自备热电厂、联片小型热电站等。

（2）区域性大型锅炉房集中供热。

（3）利用工业余热集中供热。

（4）利用新能源的城市集中供热。如采用低温核供热堆的核供热站。

2. 各类集中供热的特点及其应用

表 6-1 列出了各种集中供热的特点及应用，其中新能源供热有原子能热电厂、低温核供热堆、太阳能、地热能等。低温核供热堆是城市区域性集中供热的一种较为理想的热源，在未来的城市供热中将得到发展。我国早已从事这方面的研究、设计、制造，1989 年清华大学就建成 5MW 低温核供热实验堆。目前该校已初步形成核供热堆工程技术开发基地，正设计 200MW 核供热站。

表 6-1         各类集中供热的特点及应用

| 类 型 | 特 点 | 应 用 |
|---|---|---|
| 热电联产供热 | 热经济性好，节省燃料，有利于环境保护；投资大，周期长，建厂条件复杂，厂址选择困难 | 集中热负荷大，具备选厂条件采用 |
| 区域性大型锅炉房集中供热 | 供热集中而节省燃料，改善环境；较热电厂的造价低，周期短，厂址选择容易 | 不具备建热电厂的地区用；作热电厂调峰 |
| 工业余热集中供热 | 投资小，见效快，节能效果显著 | 须有满足用热需要的余热资源的各工业企业 |
| 新能源城市集中供热 | 对环境无污染，不需运输燃料 | 有可能利用新能源供热区域 |

以上几种集中供热方式，各具优缺点，具体采用何种类型，应结合当地用热情况和能源

结构，进行方案的可行性研究、技术经济比较和环境保护评价，采用经济上合理、技术上可行的最佳方案。

3. 我国集中供热现状

我国的城市集中供热是在 20 世纪 70 年代末、80 年代初改革开放以来开始发展的新的城市公用事业。在改革开放强大动力推动下，城市集中供热不断兴旺、快速发展起来，特别是进入 90 年代，城市集中供热面积几乎每年以 6000 万 $m^2$ 的速度增加。进入 21 世纪，城市集中供热更加迅猛发展，平均每年以 2 亿 $m^2$ 的速度快速增加。截止 2007 年，达到 30 亿 $m^2$，与 1983 年的 3000 万 $m^2$（我国第一次统计的城市集中供热面积数字）相比，增加了 100 倍之多。其中，住宅建筑面积占 70%以上，面积为 212 288.3 万 $m^2$，用热人口达 1.5 亿。由此可见，城市集中供热已经形成一定规模。

城市集中供热是节约能源、减少环境污染，走可持续发展道路的有效途径。同时，也是提高人民生活水平，改善居民住宅条件和舒适度的重要手段。新能源和可再生能源作为新的燃料，进入城市集中供热领域。秸秆、垃圾等成为热电厂的新燃料，太阳能供热在山东、河北等一些地区开始应用，热泵（包括水源热泵、地源热泵、污水源热泵、海水热泵等）已广泛应用在城市供热中。

4. 现代集中供热系统的发展趋势

现代集中供热系统的发展趋势是由多个热源、带有泵站和热力站的热网（枝状网或环行网）并配置微机监控系统和有完善调控装置的用户所组成的复杂综合体。它能够可靠、经济、可控地按照需要把热能送到各个用户。

多热源联网供热指在供热过程中实施按能效高低排序调度各热源供热量。其核心内容是在保证用户供热质量的前提下，实现各热源的供热量能按需调度。真正意义的多热源联网是在综合运用循环泵调速和控制技术的基础上发展起来的先进热网联合运行技术，而不是简单地将各热源的管网用连通管相连。

多热源联网供热的优点如下：

（1）节约能源。多热源实施联网供热，可以根据负荷变化，保持低能耗的热源经常处于满负荷状态下工作，高能耗的热源只在其他热源不足时才投入，这样做可以实现最小的供热消耗。

（2）实现经济运行。多热源联网系统运行，当增加负荷时，依次投入热价低到热价高的热源；当减少负荷时，依次退出热价高到热价低的热源，实现经济运行。

（3）提高供热的可靠性。多热源联网供热系统，当其中某一个热源因故障而减少或停止供热时，其他热源可以增加并将其按需要送到各个用户。

**三、热化事业的发展**

1. 热化的优缺点

热化供热对国家既带来经济效益，也带来社会效益。

因热化用能合理，热化发电无冷源热损失而节煤，简称为联产（热化）发电节煤；热化集中供热采用大型高效率锅炉代替小型低效率锅炉，因供热集中，故热化相对热电分产节煤，简称为供热集中节煤。其节省燃料不仅表现在热电厂本身，而且也表现在地区的整个能量供应上。由于这两方面原因节省燃料，即热电联产的经济效益，因热化而节煤，国家燃料的开采、运输费用相应减少。城市的煤、灰运输量也减少，缓和了城市运输的紧张状况。大型高效锅炉代替分散小锅炉，减少了城市小锅炉房煤场、灰场所占用的土地，也节省了城市和工业供热小锅炉运行、维修、管理的人力和物力消耗。大锅炉也便于燃烧劣质燃料。

热电厂的大型高效锅炉采用高效率除尘设备和高烟囱，同时又因热电联产而节煤，使灰渣、烟尘和污水的排放量也减少，与分散小锅炉房供热比较，减轻了对城市环境的污染，改善了城市人民的卫生条件，提高了热电联产的社会效益。

采用集中供热，取消了单家独户采暖小炉灶，改善了环境条件，也提高了供热质量和用热舒适性，为实现现代文明城市创造了条件。

热化是集中供热的好形式，也是合理使用能源供热和发电的一种好方法。根据"以热定电"的原则，实行热电联产是电力工业发展的一个重要方向；但是热化也有一定的缺点，不能忽视。

热化的缺点如下：

（1）热电厂受供热半径所限，应建于热负荷集中地区的中心，因而选厂困难、供水条件可能差、燃料从远处运来而增加运输费，且征购土地和协调困难。

（2）热网投资占相当比重，故热电厂投资大。

（3）热电厂建设周期长。

（4）热电厂补给水量大，使水处理设备投资和运行费用增加，同时影响了对外供热能力和热力设备运行的安全可靠性。

（5）热电厂供热机组凝汽流发电的热经济性比代替凝汽机组（用以代替供热汽轮机凝汽流发电的纯凝汽式汽轮机组）发电热经济性差，有时还不如建区域锅炉房供热经济。

由此可见，发挥热化效益是有条件的，应该通过技术经济比较论证来确定。

2. 热化事业的发展

我国电力工业基础薄弱。第一个五年计划建设了一批中高参数热电厂，为我国热化奠定了基础。1959 年开始自制中小型供热机组，促进了我国热化事业的发展。20 世纪 60 年代热电厂的建设较缓慢，基本处于停止状态。到 1980 年底，全国部属供热机组装机容量为 9200MW，占火电机组装机容量的 10.7%，为满足国民经济发展的需要和节能事业的发展，在全国范围内先后建成一批中高参数单机容量为 25～100MW 供热机组的热电厂和集中供热锅炉房，并改装单机容量为 50～200MW 高参数和超高参数热电厂，能自行设计制造建设单机容量为 50～300MW 凝汽式供暖机组。

目前，我国的热化事业尽管取得了一定成绩，但热化发电量所占比例还很小，供热机组的参数和容量在世界上都处于比较落后的地位。因此，应在现有的基础上总结经验，继续努力，各方面采取积极措施，使热化事业得到应有的发展。

低碳经济给热电联产的发展带来前所未有的发展机遇。热电联产能大大降低碳排放。欧洲有关机构对热电联产的节能潜力的评估结果表明，仅热电联产一项技术可完成三分之一的欧盟减排任务，每年减少 $CO_2$ 排放 1 亿 t。实践证明，热电联产（包括热电冷联产）是提高能源利用率的重要措施。我国政府已将热电联产列为我国十大节能工程之一。在我国能源结构以煤为主的条件下，发展热电联产更具有特殊意义。根据 2008 年的统计资料，我国供热机组总容量为 11 583 万 kW，占火电装机容量的 19.21%，占全国发电装机总容量的 14.61%，按当前热电联产装机规模初步估算，每年可减少 $SO_2$ 排放 120 万 t，减少灰渣排放 1470 万 t。我国的热化事业将对进一步减排温室气体、保护环境作出较大的贡献。

### 四、热负荷特性

热负荷是指热电厂或集中供热系统通过热网向热用户供应的不同用途的热量。

热负荷特性是指热负荷与所需供热介质及其数量（热流量）、质量（温度和压力）以及它们随时间变化（或随室外温度变化）的规律。热负荷特性常用热负荷图来表示（见图6-3）。

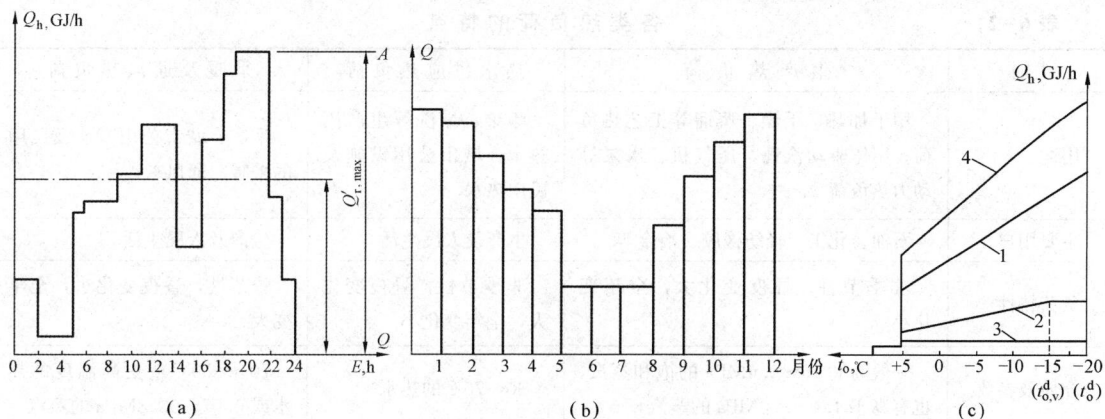

图6-3 热负荷时间图示例

(a) 全日热负荷图；(b) 年热负荷图；(c) 热负荷随室外温度变化图

1—供暖热负荷；2—冬季通风热负荷；3—热水供应热负荷；4—总热负荷

根据热用户用热载热质的种类及参数不同，热负荷大致可分为生产热负荷（包括工艺热负荷和动力热负荷）、热水负荷、采暖及通风热负荷。前两项为非季节性热负荷，采暖及通风热负荷为季节性热负荷。

1. 生产热负荷

生产热负荷包括工艺热负荷和动力热负荷。

工艺热负荷主要用于机械制造、冶金、石油、化工、轻纺、皮革、造纸、制药、食品等工业的某些工艺过程，如加热、干燥（烘干）、熨平、蒸馏、清洗等。

动力热负荷多用于蒸汽驱动压气机、风机、水泵、起重机、汽锤和锻压机，或用于企业内部发电等。

生产热负荷的大小、变化规律及其参数要求主要取决于工艺过程的生产性质、生产设备的型式、生产规模和生产组织。在全年和每昼夜中的变化规律大致相同，比较稳定，但在一昼夜间变动却比较大。

2. 热水供应热负荷

热水供应热负荷是供生产印染、漂洗等工艺用热水及生活用热水，如淋浴、厨房、洗涤等。生活用热水负荷全年都存在，各季节内变化比较平稳，在一昼夜和一周内热水供应相当不均匀，其变化情况主要取决于居民生活习惯和工作制度，深夜几乎减为零，白天负荷较低，早晨和大部分居民下班后出现高峰。随着人民物质文化生活水平的提高，生活福利设施健全，生活用热水供应的发展规模也将日趋扩大。

3. 采暖及通风热负荷

采暖热负荷是为了维持室内温度恒定所需的热量。采暖热负荷的大小主要取决于当地室内外的温差和房屋的结构，当房屋结构和采暖室内温度保持一定时，采暖负荷的大小主要取决于室外环境温度。

通风热负荷是采用强迫通风的系统才有的热负荷，它的主要任务是保持室内空气温度和清洁度符合规定的标准。通风热负荷，不仅全年是变化的，而且每昼夜也是变化的。

各类热负荷的特点见表6-2。

表6-2　　　　　　　　　　　　　　　各类热负荷的特点

| 类别 | 生产热负荷 | 热水供应热负荷 | 采暖及通风热负荷 |
|---|---|---|---|
| 用途 | 用于加热、干燥、蒸馏等工艺热负荷；用作驱动汽锤，压气机、水泵等动力热负荷 | 印染、漂洗等生产用热水；城市公用设施及民用热水 | 生产、城市公用事业及民用的采暖、通风 |
| 主要用户 | 石油、化工、轻纺橡胶、冶金等 | 生产及人民生活 | 生产及人民生活 |
| 负荷特性 | 非季节性，昼夜变化大，全年变化小 | 非季节性，昼夜变化大，全年变化小 | 季节性，昼夜变化小，全年变大 |
| 介质及参数 | 一般为0.15～0.6MPa的饱和蒸汽，也有高于1.4～3.0MPa的蒸汽 | 60～70℃的热水 | 70～150℃或更高温度的热水或0.07～0.28MPa的蒸汽 |
| 工质损失率 | 直接供汽：20%～100%<br>间接供汽：0.5%～2% | 100% | 水网循环水量的0.5%～2% |

4. 两个基本概念

(1) 同时率 $\Psi_i$。同时率是指区域的最大供热负荷与各热用户最大热负荷之和的比值，即

$$\Psi_i = \frac{\text{区域的最大供热负荷}}{\text{各热用户最大热负荷之和}} < 1 \qquad (6-1)$$

同时率根据用户三班连续生产与非连续生产取值，可使供热系统的设计和运行更接近实际情况，节约供热系统设备和投资。

(2) 负荷率 $\Psi_L$。负荷率是指某时间阶段（如年、月或季）区域的平均负荷与最大负荷之比，即

$$\Psi_L = \frac{\text{阶段平均热负荷}}{\text{阶段最大热负荷}} \qquad (6-2)$$

## 第二节　热电厂的热经济指标

### 一、热电厂总的经济指标

1. 热电厂的总效率 $\eta_{tp}$

热电厂同时生产电能 $P_{el}$ 和热能 $Q_h$，其总效率可表示为

$$\eta_{tp} = \frac{3600P_{el} + Q_h}{B_{tp}Q_{net,p}} = \frac{3600P_{el} + Q_h}{Q_{tp}} = \eta_{tp(e)}^{t0}(1 + R_h) \qquad (6-3)$$

式中　$Q_{tp}$——热电厂总热耗量，kJ/h；

　　　　$Q_h$——热电厂对外供热量，kJ/h；

　　　　$\eta_{tp(e)}^{t0}$——热电厂总热耗量只生产电能时的热效率；

$R_h$——供热机组的热电比，$R_h = \dfrac{Q_h}{3600 P_{el}}$。

式（6-3）中，是用热量单位按等价能量的数量直接相加得到输出能量，没考虑电能与热能质的差别，只能表明热电厂燃料有效利用程度，是反映量的指标。它在数量上等于汽轮机组只生产电能时的热效率乘以一个大于1的热电比系数（$1+R_h$），其值取决于供热机组的热电比 $R_h$。$R_h$ 越大，总效率就越高。因此在供热机组一定的情况下，尽可能增加热化供热量。

热电厂的总效率还与热电生产中各热力设备的效率有关，但与凝汽式电厂的效率不同，凝汽式电厂的热效率 $\eta_{cp} = \dfrac{3600 P_{el}}{B_{cp} Q_{net, p}}$。若燃用煤时，热效率 $\eta_{cp}$ 也是㶲效率，既是量的指标，也是反映质的指标，并可以表示为 $\eta_{cp} = \eta_b \eta_p \eta_t \eta_{ri} \eta_m \eta_g$。热电厂的总效率则不能这样表示，为区别两者，也称 $\eta_{tp}$ 为燃料利用系数。

$\eta_{tp}$ 不能用来比较两个热电厂的热经济性，仅可以用来估计热电厂的燃料消耗量，或用于与凝汽式电厂比较燃料利用程度。

2. 热化发电率 $\omega$

热化发电率 $\omega$ 是指供热汽流的热化发电量 $W_h$ 与供热汽流的热化供热量 $Q_{ht}$ 之间的比值，即

$$\omega = \frac{W_h}{Q_{ht}} \quad (kW \cdot h)/GJ \tag{6-4}$$

$$Q_{ht} = D_{ht}(h_h - \varphi h_{hm}) \times 10^{-6} \quad GJ/h \tag{6-5}$$

式中 $D_{ht}$——热化供汽量，kg/h；

$h_h$——热化供汽焓，kJ/kg；

$\varphi$——供热蒸汽凝结水返回水百分率，%；

$h_{hm}$——供热蒸汽凝结水返回水焓，kJ/kg。

由图6-4所示的供热循环给水回热系统图可以看出，供热汽流的热化发电量 $W_h$ 由两部分组成：①供热汽流在汽轮机内膨胀做功直接产生的热化发电量 $W_h^0$（外部热化发电量）；②各级回热抽汽加热供热循环给水所产生的回热热化发电量 $W_h^i$（称内部热化发电量），即

$$W_h = W_h^0 + W_h^i$$

$$W_h^0 = \frac{1}{3600} D_{ht}(h_0 - h_h)\eta_m \eta_g \tag{6-6}$$

$$W_h^i = \frac{1}{3600} \sum_{j=1}^{z} D_j^h(h_0 - h_j)\eta_m \eta_g \tag{6-7}$$

相应地热化发电率也应由两部分组成，即

$$\omega = \frac{W_h^0 + W_h^i}{Q_{ht}} = \omega_0 + \omega_i = \omega_0(1+e) \quad (kW \cdot h)/GJ \tag{6-8}$$

式中 $e$——相对热化发电份额，$e = \omega_i / \omega_0$；

$\omega_0$、$\omega_i$——外部、内部热化发电率，$(kW \cdot h)/GJ$。

$$\omega_0 = \frac{W_h^0}{Q_{ht}} = 278 \frac{h_0 - h_h}{h_h - \varphi h_{hm}}\eta_m \eta_g \quad (kW \cdot h)/GJ \tag{6-9}$$

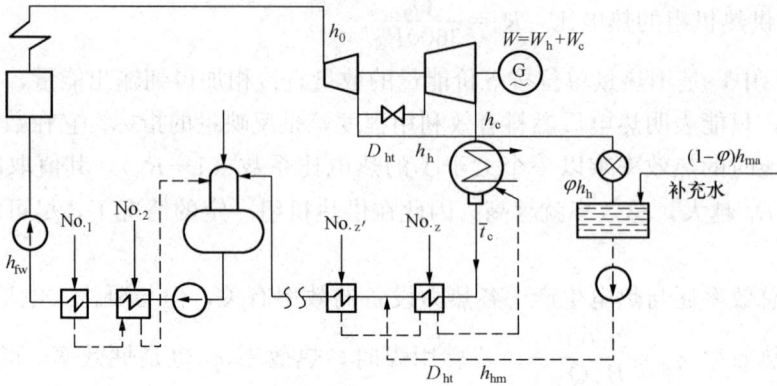

图 6-4　供热机组供热循环给水回热加热系统

$$\omega_i = \frac{W_h^i}{Q_{ht}} = 278 \frac{\sum\limits_{j=1}^{z'} D_j^h(h_0 - h_j)}{D_{ht}(h_h - \varphi h_{hm})} \eta_m \eta_g \quad (kW \cdot h)/GJ \qquad (6-10)$$

式中　278——单位换算系数，$278 \approx 10^6/3600$。

实际计算中，为了简化工程计算，往往不考虑内部热化发电量 $W_h^i$，即认为 $\omega \approx \omega_0$。

由以上计算式可知，热化发电率 $\omega$ 与机组型式、供热汽轮机的初参数、供热抽汽参数、机组完善程度和热力系统供热汽流返回水进入热力系统的地点、参数及回水率等因素有关。当蒸汽初参数及供热抽汽参数一定时，汽轮机热功转换过程越完善，不可逆损失越小，$\omega$ 就越高。所以热化发电率 $\omega$ 是用来评价热电厂供热汽轮机技术完善程度的质量指标，但不能用热化发电率 $\omega$ 来评价不同抽汽参数的供热机组的热经济性，更不能在热电厂和凝汽式电厂之间评价其热经济性，仅可以用来比较相同抽汽参数供热机组（或背压机组）的热经济性。如初参数和型式相同的两台供热机组，若两台机组的实际技术完善程度不一样，$\omega_1 > \omega_2$，在相同供热量 $Q_{ht}$ 下，则 1 号机与 2 号机发电量的相差值 $\Delta W_h = W_{h1} - W_{h2}$；在能量供应相等的原则下进行比较，2 号机组少发的电量必须由其他凝汽式汽轮机生产电量 $\Delta W_h$ 来补充，使燃料消耗量增加，故 2 号机热经济性比 1 号机差。

综上分析看出，$\eta_{tp}$ 和 $\omega$ 都不能既从数量又从质量全面评价热电厂生产的热经济性。目前还没有这样全面的总的热经济指标，而是利用分项的热经济指标来反映供热、供电的热经济性，用计算热电厂全年燃料绝对节煤量 $\Delta B$ 来评价热电厂的热经济性。

进行热电分项计算热经济指标时，首先必须将热电联产的总热耗量 $Q_{tp}$ 合理地分摊到生产热、电两种能量产品上去，然后再制订其相应的热经济指标。

**二、热电厂总热耗量的分配**

热电厂总热耗量 $Q_{tp}$（或总燃料量 $B_{tp}$）的合理分配，就是如何将 $B_{tp}$ 和 $Q_{tp}$ 分摊成供电、供热煤耗量 $B_{tp(e)}$、$B_{tp(h)}$ 或供电、供热热耗量 $Q_{tp(e)}$、$Q_{tp(h)}$。

对热电厂总热耗量 $Q_{tp}$ 分配方法的要求是：既要反映电、热两种产品的品位不同，又要能反映热电联产过程的技术完善程度，且计算简便合理，有利于促进热化事业的发展，节约能源。

目前国内外采用的分配方法有许多种，主要归纳三种典型的方法：热量法（好处归电法）、实际焓降法（好处归热法）和做功能力法（折中分配法）。无论哪种方法，分配时应满足下列关系：

$$Q_{tp} = B_{tp}Q_{net,p} = Q_{tp(e)} + Q_{tp(h)} \quad kJ/h \tag{6-11}$$

或

$$Q_{tp(e)} = Q_{tp} - Q_{tp(h)} \quad kJ/h \tag{6-12}$$

总然料消耗量

$$B_{tp} = \frac{Q_{tp}}{Q_{net,p}} = B_{tp(e)} + B_{tp(h)} \quad t/h \tag{6-13}$$

1. 热量法

热量法是建立在热力学第一定律基础上，将热电厂总热耗量 $Q_{tp}$ 按生产电、热两种能量的数量来分配。其中，供热方面的热耗量 $Q_{tp(h)}$ 包括对外供热量及其在锅炉、管道和供热设备中的热损失。

热电厂总热耗量

$$Q_{tp} = \frac{Q_0}{\eta_b\eta_p} = \frac{D_0(h_0 - h_{fw})}{\eta_b\eta_p} \quad kJ/h \tag{6-14}$$

式中　$D_0$——热电厂供热汽轮机汽耗量，$kg/h$。

供热方面的热耗以图 6-5 为例：

$$Q_{tp(h)} = \frac{Q_h}{\eta_b\eta_p} = \frac{D_h(h_h - h_{hm})}{\eta_b\eta_p} \quad kJ/h \tag{6-15}$$

故

$$Q_{tp(h)} = \frac{Q_h}{\eta_b\eta_p} = Q_{tp}\frac{D_h(h_h - h_{hm})}{D_0(h_0 - h_{fw})} \quad kJ/h \tag{6-16}$$

式中　$D_h$——对外供热汽流量，$kg/h$。

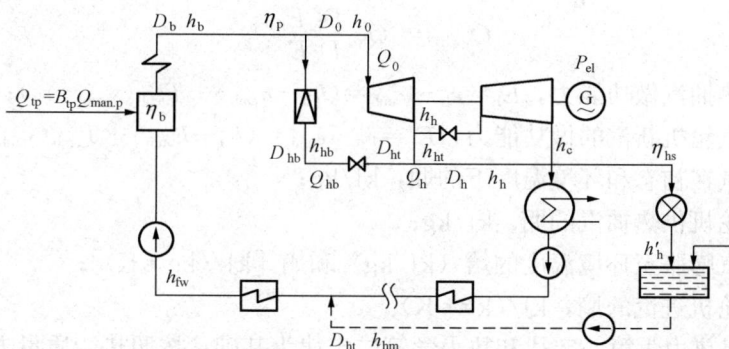

图 6-5　热电厂总热耗量分配

热量法是从热能数量利用的观点来分配总热耗量，不区别热能品质的高低。对热用户而言，不管供热蒸汽参数高低，只要热量相等，分摊的 $Q_{tp(h)}$ 是相同的。因而不利于鼓励用户在保证用热的情况下改进用热工艺过程和用热设备效率以降低用热蒸汽参数，不利于合理使用能量，将高位热能当低位热能用。

显然，按式（6-15）和式（6-16）计算的供热热耗量将冷源热损失和生产过程不可逆性引起的附加冷源热损失全归到供热方面。这样，热化发电的经济效益全部归发电方面（称好处归电法），而供热方面只分摊到以效率高的大锅炉取代了效率低的小锅炉的效益而节煤，即集中供热的好处。这不利于调动热电厂工作人员积极完善电力生产的技术过程，浪费能源。

## 2. 实际焓降法

实际焓降法是按照供热汽轮机供热抽汽 $D_{ht}$ 的实际焓降不足 $D_{ht}(h_h - h_c)$ 与新蒸汽 $D_0$ 的实际焓降 $D_0(h_0 - h_c)$ 的比例进行分配的，因此须将供热量 $Q_h$ 分为热化供热量 $Q_{ht}$ 和锅炉直接供热（分产供热）热量 $Q_{hb}$ 两部分，即 $Q_h = Q_{ht} + Q_{hb}$。

这种方法首先区别了热化供热和分产供热能量质量不等价。分产供热量 $Q_{hb}$ 可按 $Q_{tp(h)}^b = Q_{hb}/\eta_b\eta_p = D_{hb}(h_0 - h_{hm})/\eta_b\eta_p$ 计算，而热化供热量 $Q_{ht}$ 则需用实际焓降法对热电厂热耗量 $Q_{tp} = Q_0/\eta_b\eta_p$ 进行分配计算得出，即

$$Q_{tp(h)}^t = Q_{tp}\frac{D_{ht}(h_h - h_c)}{D_0(h_0 - h_c)} \tag{6-17}$$

这种分配方法的理论基础是热力学第二定律，它以热化供热汽流在汽轮机中未能做功的热量 $D_{ht}(h_h - h_c)$ 来分摊，这种方法考虑到供热蒸汽参数不同质量上的差别。供热蒸汽参数越低（即 $h_h$ 值越小），热化发电量越高、做功不足越小，供热分配热量 $Q_{tp(h)}^t$ 就越少。这种使高质供热多分摊、低质供热少分摊热耗量 $Q_{tp(h)}^t$ 的分摊方法，可以鼓励热用户降低用热蒸汽参数的积极性，能量得到合理利用，节约一次能源，对增加热化发电、提高热电厂经济效益有利，但这种分配方法的冷源热损失和生产过程不可逆性引起的附加冷源热损失全归到发电方面，因而使热电联产带来的好处都归于供热方面（称为好处归热法），影响了发电积极性，不利于热化事业的发展。

综上所述，热量法和实际焓降法是热电厂总热耗量分配的两个极端，都有不足之处。

## 3. 做功能力法

做功能力法是对热耗量 $Q_{tp} = Q_0/\eta_b\eta_p$ 按供热抽汽与新汽做功能力的比例进行分配，即

$$Q_{tp(h)}^t = Q_{tp}\frac{D_{ht}E_h}{D_0E_0} \tag{6-18}$$

式中　$E_h$——供热抽汽做功能力，$E_h = e_h - e_{amb} = (h_h - h_{amb}) + T_{amb}(s_{amb} - s_h)$；

　　　$E_0$——进汽轮机新汽的做功能力，$E_h = e_0 - e_{amb} = (h_0 - h_{amb}) + T_{amb}(s_{amb} - s_0)$；

　$e_0$、$e_{amb}$——蒸汽在初态和环境温度下的㶲，kJ/kg；

　　　$e_h$——汽轮机供热抽汽的㶲，kJ/kg；

$h_{amb}$、$s_{amb}$——蒸汽膨胀至环境温度的焓（kJ/kg）和熵［kJ/(kg·K)］；

　　　$s_0$——汽轮机进汽的熵，kJ/(kg·K)。

做功能力法以热力学第一定律和热力学第二定律为基础，按照热能质量方面的差别进行分配，这样使电能和热能生产都能得到热电联产带来的好处。它与实际焓降法相同，当供热蒸汽压力越低时，供热方面分摊到的热量 $Q_{tp(h)}$ 就越少，有利于鼓励热用户降低用热蒸汽参数，克服了热量法的缺点，这种分配方法在理论上比较合理。但是计算㶲比较麻烦而且环境㶲随地区的变化而变化，实际应用比较复杂。

在实际应用上既要有一定的合理性，又要简便可行。综合比较三种分配方法，热量法在实用上较为简单，我国热电厂常用热量法。

除上述三种典型的分配方法外，还有其他折中方法，如热泵法、能量等价法等。无论采用哪种分配方法，总热耗量分配的实质就是将热电联产所带来的经济效益如何在两种能量产品间分配的问题。总热耗量合理分配能促使热电联产经济性的提高，有利于发展热化事业。上面三种方法都有不足之处，如何将热电厂总热耗量合理分摊到热能和电能生产两方面去，

值得继续探讨。

通过对热电联产总热耗量 $Q_{tp}$ 的分配求出 $Q_{tp(h)}$、$Q_{tp(e)}$ 后，即可按下列公式求热电联产的燃料消耗量。

热电联产总的燃料消耗量为

$$B_{tp} = \frac{Q_{tp}}{Q_{net,p}} = \frac{Q_{tp(e)} + Q_{tp(h)}}{Q_{net,p}} = B_{tp(e)} + B_{tp(h)} \quad t/h \qquad (6-19)$$

式中　　$B_{tp(h)}$——供热方面的燃料消耗量，t/h；

　　　　$B_{tp(e)}$——发电方面的燃料消耗量，t/h。

### 三、热电分项计算的热经济指标

1. 发电方面的热经济指标

发电热效率

$$\eta_{tp(e)} = \frac{3600P_{el}}{Q_{tp(e)}} \quad \% \qquad (6-20)$$

发电热耗率

$$q_{tp(e)} = \frac{Q_{tp(e)}}{P_{el}} = \frac{3600}{\eta_{tp(e)}} \quad kJ/(kW \cdot h) \qquad (6-21)$$

发电标准煤耗率

$$b_{tp(e)}^{s} = \frac{B_{tp(e)}^{s}}{P_{el}} = \frac{3600}{Q_{ar,net}^{b}\eta_{tp(e)}} = \frac{0.123}{\eta_{tp(e)}} \quad kg/(kW \cdot h) \qquad (6-22)$$

式中　　$Q_{ar,net}^{b}$——标准煤的低位发热量，29 310kJ/kg。

2. 供热方面的热经济指标

供热热效率

$$\eta_{tp(h)} = \frac{Q}{Q_{tp(h)}} = \frac{Q}{\dfrac{Q}{\eta_b \eta_p \eta_{hs}}} = \eta_b \eta_p \eta_{hs} \qquad (6-23)$$

式中　　$Q$——热负荷。

供热标准煤耗率

$$b_{tp(h)}^{s} = \frac{B_{tp(h)}^{s}}{Q} = \frac{10^{6}}{29\ 310\eta_{tp(h)}} \approx \frac{34.1}{\eta_{tp(h)}} \quad kg/GJ \qquad (6-24)$$

### 四、总热耗量三种分配方法计算结果比较示例

【例 6-1】 以国产 C50-8.83/0.118 汽轮机为例。机组有关数据：额定功率为 50MW，新汽压力为 8.83MPa，新汽温度 535℃，抽汽参数：$p_h = 0.118$MPa，$h_h = 2620.52$kJ/kg，额定抽汽量 $D_h = 180$t/h，额定工况汽轮机进汽量 $D_0 = 266.6$t/h，汽轮机排汽 $h_c = 2390.7$kJ/kg，$h_c = 334.9$kJ/kg，取 $\eta_b = 0.90$，$\eta_p = 0.98$，$\eta_{hs} = 0.97$，$\eta_m \eta_g = 0.98$。抽汽凝结水回水率 $\varphi = 1$，回水焓 $h_{hm} = 334.9$kJ/kg。比较总热耗量三种不同分配方法在额定工况下热电厂供热方面、发电方面的标准煤耗率及发电热效率。

将计算结果列于表 6-3。

计算结果表明：三种分配方法中，热量法发电煤耗率最小，发电效率最高，而供热煤耗率最大，热电联产得益全归发电；实际焓降法与热量法正相反，热电联产得益全归供热；做功能力法的发电煤耗率、供热煤耗率和发电效率介于热量法和实际焓降法之间，热电联产得益两种能量生产均有所得，发电得益少于热能生产。

**表 6 - 3**　　　　　　　　**C50-8. 83/0. 118 型机组三种分配法计算结果表**

| 序号 | 项　　目 | 单位 | 分　配　方　法 | | |
| --- | --- | --- | --- | --- | --- |
| | | | 热量法 | 实际焓降法 | 做功能力法 |
| 1 | 热电厂电功率 $P_{el}$ | MW | 50 | | |
| 2 | 热电厂总热耗量 $Q_{tp}$ | GJ/h | 972.49 | | |
| 3 | 发电热耗 $Q_{tp(e)}$ | GJ/h | 506.05 | 833.71 | 701.46 |
| 4 | 热化供热热耗 $Q_{tp(h)}$ | GJ/h | 466.44 | 138.78 | 271.03 |
| 5 | 发电方面的标准煤耗率 $b_{tp(e)}^s$ | kg/(kW·h) | 0.345 | 0.569 | 0.477 |
| 6 | 供热方面的标准煤耗率 $b_{tp(h)}^s$ | kg/GJ | 39.86 | 11.86 | 23.16 |
| 7 | 热电厂发电热效率 $\eta_{tp(e)}$ | % | 35.6 | 21.6 | 25.7 |

### 五、热电厂燃料绝对节省量

热电厂全年生产燃料绝对节省量是指热电联产和分产两种不同生产方式在供应相同电和热的条件下所耗燃料的差值，如图 6 - 6 所示。

热电联产的燃料消耗量包括供热汽流发电煤耗、凝汽流发电煤耗、供热煤耗和调峰锅炉供热煤耗几个部分，即

$$B_{tp}^s = b_{eh}^s W_h + b_{ec}^s W_c + b_{tp(h)}^s Q + b_{pb}^s Q_{pb} \quad t/h \qquad (6 - 25)$$

热电分产燃料消耗量包括三部分，即

$$B_{dp}^s = b_{dp}^s W + b_d^s Q + b_d^s Q_{pb} \quad t/h \qquad (6 - 26)$$

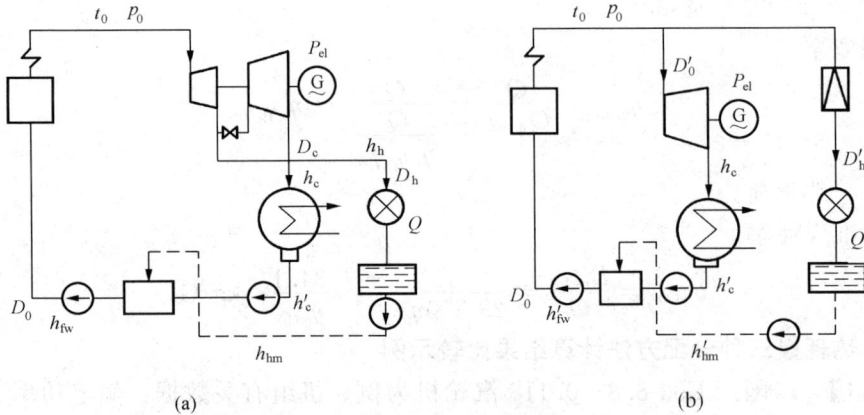

图 6 - 6　热电厂和代替凝汽式电厂系统
(a) 热电厂的系统；(b) 热电分产系统

供热汽流生产电能的煤耗率为 $b_{eh}^s = 0.123/\eta_b \eta_p \eta_{ih} \eta_m \eta_g$；供热机组凝汽流发电的煤耗率为 $b_{ec}^s = 0.123/\eta_b \eta_p \eta_{ic} \eta_m \eta_g$；热电分产汽轮机发电的煤耗率为 $b_{dp}^s = 0.123/\eta_b \eta_p \eta_i \eta_m \eta_g$；热电分产供热标准煤耗率 $b_d^s = 34.1/\eta_{b(d)} \eta_{p(d)}$；热电联产调峰锅炉供热标准煤耗率 $b_{pb}^s = 34.1/\eta_{b(pb)} \eta_{p(pb)}$；热电联产调峰锅炉对外供热量为 $Q_{pb}$。

因供热汽流 $\eta_{ih}=1$，又因供热汽轮机为调节热负荷而增加了配汽机构，使凝汽流受节流作用；热电厂供水条件可能较热电分产的凝汽式汽轮机差，以及供热机组偏离设计工况运行热经济性降低，故 $\eta_i > \eta_{ic}$，由于这三方面原因，不难看出 $\eta_{ih} > \eta_i > \eta_{ic}$，所以 $b_{eh}^s < b_{dp}^s < b_{ec}^s$。

燃料节省绝对量

$$\Delta B_{tp}^s = B_{dp}^s - B_{tp}^s$$
$$= b_{dp}^s W + b_d^s Q + b_d^s Q_{pb} - (b_{eh}^s W_h + b_{ec}^s W_c + b_{tp(h)}^s Q + b_{pb}^s Q_{pb})$$
$$= (b_{dp}^s - b_{eh}^s)W_h - (b_{ec}^s - b_{dp}^s)W_c + (b_d^s - b_{tp(h)}^s)Q + (b_d^s - b_{pb}^s)Q_{pb} \quad \text{t/h}$$

$$(6 - 27)$$

式中 $W_h$、$W_c$——供热汽流和凝汽汽流的发电量，$W = W_h + W_c$。

所以，热电联产燃料节省绝对量由四部分组成：

第一部分 $(b_{dp}^s - b_{eh}^s)W_h$ 表示热电联产供热汽流发电比代替电站凝汽式机组生产相同电量时因全无冷源热损失，煤耗率低带来联产发电燃料节省。

第二部分 $(b_{ec}^s - b_{dp}^s)W_c$，因前述三方面原因 $\eta_i > \eta_{ic}$，$b_{ec}^s > b_{dp}^s$，由此导致热电联产多耗煤，应在热电联产总的燃料节省中扣去这一部分。

第三部分 $(b_d^s - b_{tp(h)}^s)Q$ 是由于供热集中而节煤，热电联产供热较分产供热节煤。这部分是正是负，取决于热电厂高效锅炉取代低效锅炉的效率、热网效率和区域锅炉房锅炉效率。

第四部分 $(b_d^s - b_{pb}^s)Q_{pb}$ 是分产供热的集中供热锅炉的煤耗量与热电联产的调峰锅炉供热煤耗量的差值，或正或负，取决于两种锅炉的燃料消耗率或锅炉效率。

### 六、热电厂热化系数 $\alpha_{tp}$ 的概念

热化系数 $\alpha_{tp}$ 是指供热机组最大抽汽供热量 $Q_{ht(M)}$ 与热电厂最大热负荷 $Q_M$ 之比，即

$$\alpha_{tp} = \frac{Q_{ht(M)}}{Q_M} \quad (6 - 28)$$

热化系数 $\alpha_{tp}$ 是热电厂最重要的技术经济指标之一。热电厂供热机组的安装容量和燃料节省量都取决于它。对于已建成运行的热电厂，热化供热量越大越好，以充分利用供热机组的供热能力，节约燃料。对新建和扩建电厂，不能按 $\alpha_{tp}=1$ 选择供热机组容量和发电厂总装机容量，按 $\alpha_{tp}=1$ 选择不是最经济的，而按 $\alpha_{tp}<1$ 选择才是经济的。因采暖期室外最低温度时间不长，最大供热负荷持续时间短，若按最大热负荷 $Q_M$ 选择供热机组，一年中供热机组大部分时间抽汽达不到设计值，从而增大了其凝汽发电量，供热机组凝汽运行的燃料消耗量反而比同参数代替凝汽式汽轮机的燃料消耗量大。此外，供热机组造价高，热电厂安装容量增大，与凝汽式电厂相比，基建投资增加更多。

图 6 - 7 所示为某热电厂 C 型供热机组季节性热负荷持续时间图。图 6 - 7 说明：理论上是最佳热化系数若按 $\alpha_{tp}<1$ 选择供热机组容量，在最大热负荷时，其部分热负荷直接由锅炉供给，虽属热电分产，但这部分热量在热电厂全年供热量中所占比例很小，一般不超过 $15\% \sim 18\%$。

虽然 $\alpha_{tp}<1$ 经济，并不是 $\alpha_{tp}$ 越小越好，实际上 $\alpha_{tp}$ 小到某一个值时，地区能量供应系统节煤量 $\Delta B^s$ 不再增加，反而随 $\alpha_{tp}$ 减小而减

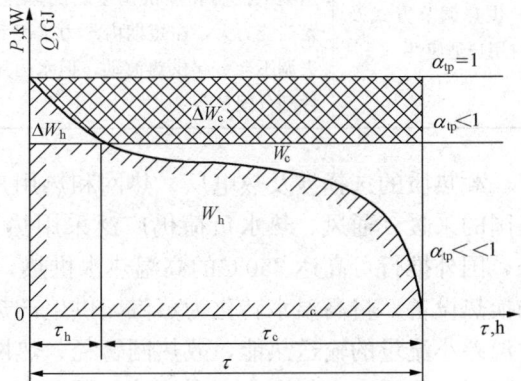

图 6 - 7 理论上热化系数最佳值的图解

小。因此，称节煤最大值时的 $\alpha_{tp}$ 值是理论上的热化系数最佳值。

热化系数最佳值主要取决于热负荷特性、地区的气象条件、热电厂与代替凝汽式电厂的初参数、调峰锅炉与区域集中供热锅炉的容量和参数。当供热机组供热能力的年利用小时数越小，最大热负荷持续时间越短，热化系数的最佳值就越小；供热机组的初参数与电网中主力凝汽式机组的初参数越接近，热化系数就越高一些。我国采暖热负荷 $\alpha_{tp}=0.5\sim0.55$；生产热负荷 $\alpha_{tp}=0.6\sim0.75$；超临界压力 250MW 采暖供热机的热电厂 $\alpha_{tp}=0.6\sim0.65$。因热电厂和凝汽式电厂的建设，还与建厂投资、周期、厂址选择、环境保护和运输等因素有关，故实际的热化系数还需通过技术经济比较论证确定。

## 第三节　热电厂的供热系统

### 一、热网载热质的选择

热电厂向热用户供暖的系统按其载热质不同有蒸汽和热水两种，分别称汽网和水网。载热质的选择主要取决于热负荷使用的要求、供热经济性和供热的调节性能。水网和汽网供热的特点列于表 6-4 中。

表 6-4　　　　　　　　　　　　　　水网和汽网供热比较

| 项　目 | 水　网 | 汽　网 |
|---|---|---|
| 载热质 | 130~150℃热水作为载热质向用户供热 | 蒸汽 |
| 凝结水回收率 $\varphi$ | $\varphi=100\%$，化学水处理设备容量小 | $\varphi=20\%\sim30\%$ 甚至为零，化学水处理设备容量大 |
| 供热温降、压降损失及供热半径 | 供热温降小，比汽网小 5%~10%，一般 1km 降 1℃，压损小，供热半径大于汽网，水温 150℃以下为 15~20km，最远 30km，150~250℃高温水为 30~40km | 热损失大，使供热机组抽汽压力提高；减少热化发电量。压损大，规定压损 0.098~0.118MPa/km，供热半径 5~7km，最大为 8~10km |
| 钢材及投资 | 管径比汽网小，投资和钢材省，输送耗电量大 | 管径比水网大，多耗钢材和投资，输送耗电小 |
| 供热调节方式及对用户适应性 | 可实行中央调节，易实现热电厂所有机组集中控制和经济调度。供热经济安全，蓄热能力大，在短期内水力工况和热工况失调不会引起供热波动，但水力工况稳定性和分配复杂 | 适用范围广，可用于所有热负荷，加热温度较高，生产反应快，蓄热能力小，因蒸汽温度和传热系数比水高，用户传热面积小，设备造价降低 |

载热质的选择涉及热电厂、热网和热用户处的设备、投资和运行特性，是较为复杂的。我国的采暖、通风、热水负荷仍广泛采用热水为载热质，工业热负荷用蒸汽为载热质。近来，国外推行可高达 250℃ 的高温热水供热，既可满足采暖通风用热，也可通过设在用户处的换热设备，将高温水转化为蒸汽，供生产热负荷之用，高温热水网的供热半径大，因为是大温差小流量的输送热能，故热网管径、热网水泵容量均可减小，管网的投资和运行费用相应降低。我国已在上海南市电厂等地试用高温热水供热。

### 二、汽网供汽系统

热电厂对外供汽的方式有直接供汽和间接供汽两种，工程上广泛采用直接供汽方式。

图 6-8 所示为汽网直接供汽方式的原则性热力系统图。利用供热汽轮机调整抽汽直接送入蒸汽热网，再由汽网把蒸汽送到各热用户。各热用户利用蒸汽热量后，蒸汽凝结成水返回热电厂，此凝结水称生产返回水。这种通过汽网直接将供热汽机的抽汽或排汽送给热用户的方式非常方便，但存在生产返回水率低，水处理设备庞大，供热蒸汽参数高等缺点，降低了电厂的热经济性。

间接供汽方式与直接供汽方式比较，供汽无工质损失，但多耗燃料 3%～5%，投资较直接供汽大，采用很少。

图 6-8 汽网直接供汽原则性系统

### 三、水网及其热力系统

1. 热网水设计温度 $t_{su}^d$、$t_{rt}^d$

改变热网送水温度，保持水网流量不变称质调节；反之，改变水网流量，保持热网送水温度为量调节。

采用质调节时，水网的送、回水设计温度，就是指热网中最高的送、回水温度。

显然，热网送回水温度选择是否合理，不仅影响热网供热的经济性，也影响着整个热电厂的经济性。质调节时，热负荷减小，可以降低送水温度，供热汽轮机抽汽压力相应降低，甚至不必要分别能量生产供热，使热电厂热化发电量增加，节约燃料。但用热设备的换热面积要加大，增加设备投资，因此要通过技术经济比较来确定。

对于采暖热负荷，住宅和公共建筑物最高供水温度限制在 95℃ 以内。地方采暖系统供水设计所允许的最高温度为 90℃ 或 95℃。热网越长，热网供水温度就越高。目前一般设计送水温度为 130℃，高温时水网可达 150、180℃ 或更高些。回水设计温度一般为 70℃。

2. 热网加热器的热力系统

热网加热器的热力系统直接影响着热电厂的热经济性和供热设备的投资。根据热负荷的特性来调节供热汽轮机的抽汽压力以提高热化发电量是设计热网加热器热力系统的关键。

在采用质调节的水网中，气温较低时的网水加热应采用多级加热方式，既尽量多地利用汽轮机低压抽汽，增大热化发电量以增加节煤量，又能保证供热数量和质量。因此热网加热器由基载加热器 BH 和峰载加热器 PH 串联组成。BH 的加热蒸汽由汽轮机的 0.118～0.245MPa 低压抽汽供给，PH 的加热蒸汽由汽轮机的 0.78～1.27MPa 高压抽汽或新蒸汽经减温减压后供给。基载加热器在整个采暖期内的全部时间里都在运行，若加热器端差以 10℃ 计，基载加热器出口的水温最高加热至 117℃。在温度最低的少数时间里，要再提高网水温度至 117℃ 以上时，需投入峰载加热器。峰载加热器入口水温度是基载加热器出口水温，其出口水温度是热网的送水温度 $t_{su}$。

热网加热器的疏水引入热力系统时，既要考虑系统简单可靠，还应注意热经济性，尽量减少做功能力损失。对于中参数电厂，PH 的疏水自流入 BH，而 BH 流出的疏水，用疏水泵升压送入使用同级抽汽的除氧器内。高参数热电厂（见图 6-9）正常工况 PH 的疏水引入使用同级抽汽的高压除氧器内，BH 疏水引入其有同级抽汽的大气式除氧器或表面式加热器

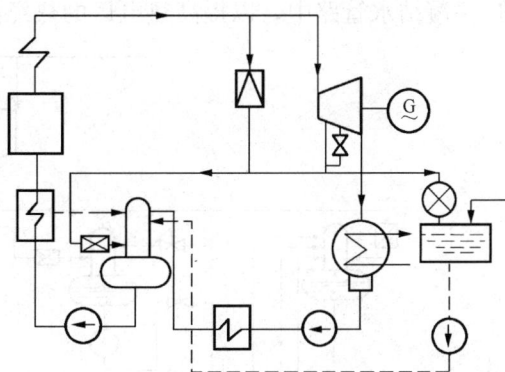

出口主凝结水管路中，以提高热电厂的热经济性。

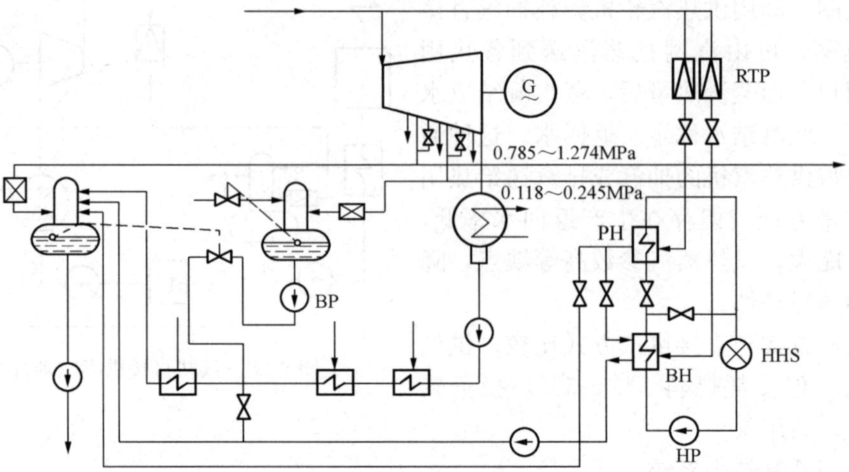

图 6-9 高参数热电厂热网加热器的热力系统

热网加热器不设备用，其容量选择应根据热负荷而定，一般当一台热网加热器停止运行时，其余的应能满足 60%～75% 热负荷的要求，严寒地区取上限。热网加热器的加热蒸汽汽源必须可靠，以保证供热的可靠性。因此基载、峰载加热器都配置用新蒸汽作为汽源的备用减温减压器，如图 6-9 中的 RTP 所示。

**四、减温减压器及其系统**

减温减压器 RTP 是用来降低蒸汽压力和温度的设备。

一般电厂都装有 RTP 作为备用汽源。母管制电厂锅炉的启动回收装置、直流锅炉的启动系统、再过热机组的旁路系统、高参数叠置电厂前置背压式汽轮机的备用汽源以及扩建电厂不同参数机组间的联系设备都要用 RTP。

在热电厂中，$\alpha_{tp}$ 总是小于 1，供热系统必须装 RTP。当热负荷最大时，汽轮机热化供热量不足且相差又不很大时，可由经减温减压后的蒸汽来补偿，当供热汽轮机事故时，由 RTP 供热。

RTP 产生的蒸汽是分别能量生产，其出口参数的选择不影响热化发电量，应该由给定的供热参数决定。首先确定压力，然后选择蒸汽温度。若用新蒸汽经减温减压后作 PH 的汽源，其出口蒸汽压力的选择由给定的热网水送水温度加上加热器端差来确定，同时还必须考虑到热网加热器运行时 PH 的疏水能借压力差自流入高压除氧器（但不能太高）。经减温减压后的蒸汽应保持 30～60℃ 的过热度。

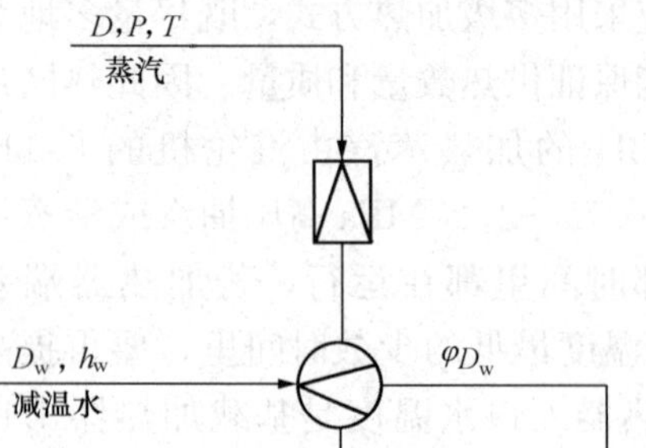

经常工作的 RTP 应有备用，并处于热备用状态，有的可配置快速自动投入装置。不经常工作的 RTP 不设备用。

图 6-10 所示为减温减压设备的原则性热力系统图，根据它的已知数据可进行 RTP 的热力计算，其

图 6-10 减温减压器原则性热力系统图

目的是确定进减温减压器的蒸汽量 $D$ 和所需要的减温水量 $D_w$。

图 6-11 所示为减温减压器全面性热力系统图。

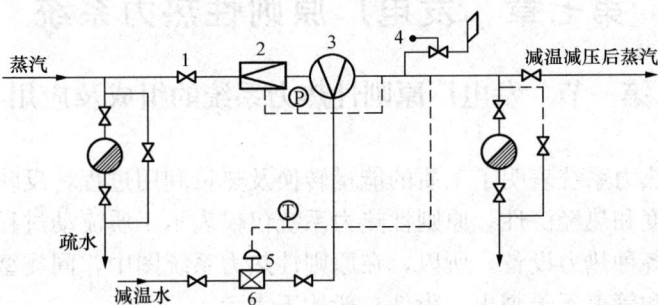

图 6-11　减温减压器全面性热力系统
1—截止阀；2—减压阀；3—减温器；4—排气阀；5—调节阀

# 思 考 题

6-1　什么是热电分产？什么是热电联产？为什么说热电联产较热电分产经济性好？

6-2　画出调整抽汽式汽轮机系统和背压式及凝汽式汽轮机并列系统图。

6-3　集中供热有哪几种类型？热负荷的类型有哪几种？

6-4　为什么热化节省燃料不仅表现在热电厂本身，也体现在地区整个能量供应上？

6-5　有电热负荷就可建热电厂吗？热电厂具备什么条件在经济上才是合适的？

6-6　何谓热化发电率？为什么说热化发电率是用来评价热电厂供热汽轮机技术完善程度的质量指标？

6-7　为什么说用热量法分配热电厂总热耗量是将好处归电，而实际焓降法则是将好处归热？

6-8　为什么热化系数 $\alpha_{tp} = 1$ 是不经济的？

6-9　试画出汽网直接供汽原则性系统图。

6-10　试述水网和汽网的供热特点。

6-11　简述基载加热器 BH 和峰载加热器 PH 的作用。

# 第七章　发电厂原则性热力系统

## 第一节　发电厂原则性热力系统的组成及应用

发电厂原则性热力系统表明了工质的能量转换及热量利用过程,反映了发电厂能量转换过程的技术完善程度和热经济性。原则性热力系统仅仅表示工质流动过程发生压力和温度变化时所必须流经的各种热力设备。所以,在原则性热力系统图中,同类型同参数的设备只表示一个,备用设备和管道不予画出,附件一般均不表示。

原则性热力系统主要由下列各局部热力系统组成:锅炉、汽轮机、主蒸汽及再热蒸汽管道和凝汽设备的连接系统,给水回热系统,给水除氧系统,补充水系统,辅助设备(抽气器、轴封冷却器及其他冷却器等)系统,废热回收系统及供热机组的对外供热系统等。

原则性热力系统是绘制全面性热力系统的基础。通过对原则性热力系统的计算可以确定各设备的汽水流量及电厂的热经济指标,合理地拟定、正确地分析和论证原则性热力系统是发电厂设计和技术改造中的一项重要内容。

## 第二节　原则性热力系统的拟定

### 一、发电厂型式和容量的确定

根据国民经济发展计划和电力系统的发展规划与要求以及上级下达的任务,研究确定发电厂的型式和容量,即在几个地区(或指定地区)分别调查各地可能建厂的条件,研究电力规划的要求、电网结构、燃料资源与供应、交通运输、供水条件、地质地形、占地拆迁、水文气象、灰渣处理以及有关设备的规范,并经过全面的综合性的技术经济分析论证和多方案的比较,推荐具体厂址及建厂规模,根据厂址所在地区环境的现状,结合当地气象、地形地貌和电厂煤、灰、水等条件及国家环境保护的有关规定进行综合分析,提出拟采取的环境保护及治理措施的初步设想。

地区只有电负荷,可建凝汽式电厂。若地区还兼有热负荷,为了节约能源,充分发挥其经济效益,经全面的技术经济论证合理时,才考虑建热电厂。

发电厂热力部分设计通常分为两个阶段,即初步设计阶段和施工设计阶段。初步设计阶段就是根据选定的厂址及规定的建厂时间,对发电厂各部分的设计提出原则性方案,并论证其技术可行性和经济合理性,提出电厂投资概算和初步的经济效益分析测算。施工设计阶段,即在批准的初步设计的基础上,对每一具体方案做施工图。

### 二、汽轮发电机组和锅炉的选择

在发电厂热力部分初步设计中,先要选择发电厂的主要设备。锅炉、汽轮机和发电机是火力发电厂的三大主要设备,合理地确定三大主机的参数、容量是极其重要的。发电厂的汽轮机、锅炉容量应按下列原则确定。

在发电厂的型式和总装机容量已确定的情况下,确定汽轮发电机组单位容量和台数,应考虑电力负荷增长速度、发电厂主要设备投资、电力系统的备用容量以及电网结构等因素的影响，尽可能选用较大容量的机组，通常单机容量取电网总容量的 8%～10%。为了简化电厂热力系统和设备布置，减少备品备件，便于生产管理和运行维护，通常在一个发电厂中最好能采用同一制造厂的同一型式的汽轮机，其配套设备的型式也应尽量一致。同一厂房内的机组台数以不超过六台、机组容量等级以不超过两种为宜。

发电厂内各主要设备及辅助设备均是一次规划、分期连续建成的。汽轮发电机组选定后，也就确定了锅炉参数。

对新建发电厂，最好选同一型式和相同容量的锅炉，以便可以互换。由于大容量锅炉设备的单位容量投资小，因此，选择锅炉时通常宜采用数目较少、容量较大的锅炉。

对非母管制凝汽式发电厂宜一机配一炉，不设备用锅炉。锅炉的最大连续蒸发量应与汽轮机最大进汽量工况相匹配。通常为汽轮机额定进汽量的 108%～110%。

部分机组汽轮机、锅炉参数及容量配置情况见表 7-1。

**表 7-1**                     **部分机组汽轮机、锅炉参数及容量配置情况**

| 汽 轮 机（凝汽式） | | | 锅 炉 | | |
|---|---|---|---|---|---|
| 型 号 | 容量 (MW) | 参数 $p/t$ (MPa/℃) | 型 号 | 容量 (t/h) | 参数 $p/t$ (MPa/℃) |
| N125-13.24/550/550 | 125 | 13.24/550 2.29/550 | SG400/13.73/555 | 400 | 13.73/555 2.45/555 |
| N200-12.75/535/535 | 200 | 12.75/535 2.26/535 | HG670/13.73-4 | 670 | 13.73/540 2.50/540 |
| N300-16.18/550/550 | 300 | 16.18/550 3.11/550 | SG1000/16.67/550 | 1000 | 16.67/550 3.24/550 |
| N600-16.18/535/535 | 600 | 16.18/535 3.21/535 | HG2050/16.67-1 | 2050 | 16.67/540 3.27/540 |
| N660-25/600/600 | 660 | 25/600 4.72/600 | 超临界压力直流炉 | 2060 | 26.15/605 4.9/605 |

当发电厂扩建装机台数较多且主蒸汽管采用母管制系统时，可能会出现锅炉总的最大连续蒸发量与汽轮机最大进汽量工况所需蒸汽量不相匹配的情况，有时两者相差较大，此时，选择锅炉容量应连同原有部分全面考虑，以节约投资费用。

装有供热式机组的发电厂，当一台容量最大的蒸汽锅炉停用时，其余锅炉（包括可利用的其他可靠热源）应满足：

（1）热力用户连续生产所需的生产用汽量；

（2）冬季采暖、通风和生活用热量的 60%～75%，严寒地区取上限；

（3）此时允许减少一部分发电出力。

锅炉的数目和容量选定之后，就可以进一步选择锅炉的构造型式，锅炉即选择自然循环汽包炉或直流锅炉。

锅炉的燃烧方式应根据锅炉容量和煤种特性选择。通常大、中容量锅炉均采用煤粉炉，锅炉排渣方式视煤的软化温度而定。根据煤中含硫量的多少，考虑是否设暖风器。

### 三、原则性热力系统拟定及计算

在确定了发电厂的生产任务和选定了主要设备之后，机组的初、终参数和再热参数、抽汽参数、回热级数、最终给水温度以及各级加热器的型式都已经确定了。在这种情况下，拟定原则性热力系统主要解决下列问题：给水回热及其系统疏水方式，给水除氧系统和给水泵连接系统的选择、除氧器型式、工作压力及运行方式的选择；蒸汽冷却器和疏水冷却器的连接系统；补充水系统；锅炉连续排污利用系统的选择；辅助换热设备（抽气冷却器、轴封冷却器、暖风器等）及其连接方式的选择；烟气脱硫等。对于热电厂还要确定载热质，确定供汽方式，供热设备及其连接系统的选择。

经济上合理，技术上可行的热力系统，必须经过全面综合分析和技术经济比较才能最后确定。对拟定好的原则性热力系统进行计算，求得各处汽水流量、参数和发电厂的热经性指标。

### 四、汽轮机车间辅助设备的选择

汽轮机车间有部分辅助设备是和一定型式的汽轮机配套的，并由制造厂同汽轮机一起供应，不需要再选择。但对不成套供应的辅助设备，在发电厂设计时进行选择，并对成套供应的部分设备也要校核是否可用。

汽轮机车间辅助设备的选择（或校核）时，应以 DL/T 5000—2000《火力发电厂设计技术规程》（以下简称"设计规程"）的规定为依据，并根据原则性热力系统计算结果进行选择。

1. 凝结水泵

凝结水泵的型式有卧式和立式两种。目前，我国小容量机组的凝结水泵均采用卧式离心泵，大容量机组的凝结水泵则多采用立式离心泵。

凝结水泵容量及台数按照下列原则进行选择：

（1）凝汽式机组。每台凝汽式机组宜装设两台凝结水泵，每台泵容量为最大凝结水量的110%；大容量机组也可装设三台凝结水泵，每台容量为最大凝结水量的55%。

最大凝结水量应考虑：汽轮机最大进汽工况时的凝汽量；进入凝汽器的经常疏水量；当低压加热器疏水泵无备用时，可能进入凝汽器的事故疏水量。

（2）供热式机组。工业抽汽式汽轮机或工业、采暖双抽汽式汽轮机，每台宜装设两台凝结水泵，每台容量为最大凝结水量的55%或110%；采暖抽汽式汽轮机可装设三台凝结水泵，每台容量为最大凝结水量的55%。

最大凝结水量：当补给水正常不补入凝汽器时，按纯凝汽工况计算，其方法与凝汽式汽轮机相同，当补给水正常补入凝汽器时，应按最大抽汽工况计算，计入补给水量后与按纯凝汽工况计算值比较取较大值。

确定凝结水泵的压头时必须考虑：从凝汽器热井到除氧器凝结水入口（包括喷雾头）的介质总阻力 $H_t$（按最大凝结水量计算），另加 10%～20%的裕量；除氧器凝结水入口与凝汽器热井最低水位间的水柱静压差 $H_s$；除氧器最大工作压力另加 15%裕量；凝汽器的最高真空，如果装有除盐设备还必须考虑凝结水流经除盐设备的流动

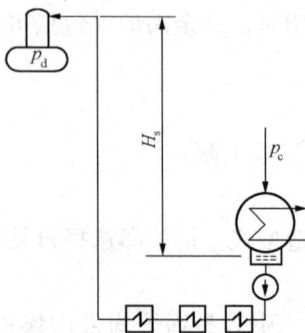

图 7-1 凝结水泵连接系统简图

阻力。

凝结水泵所必需的压头如图 7-1 所示，可表示为

$$H_{cw} = H_s + (p_d - p_c) + H_t \quad Pa \tag{7-1}$$

式中　$p_d - p_c$——克服除氧器与凝汽器内压力差所必须的压力，Pa。

凝结水泵所需的功率为

$$P_c = \frac{G_{cw} H_{cw}}{3600 \eta_{pu} \times 10^3} \quad kW \tag{7-2}$$

式中　$G_{cw}$——凝结水泵流量，$m^3/h$；

　　　$H_{cw}$——凝结水泵扬程，Pa；

　　　$\eta_{pu}$——凝结水泵效率。

2. 主给水泵的容量和压力选择

主给水泵是热力发电厂主要辅助设备之一，它的任务是在任何情况下，保证不间断地供给锅炉给水。

(1) 主给水泵的容量选择：根据 DL/T 5000—2000 规定，125～200MW 机组的主给水泵宜采用电动调速给水泵；300～600MMW 机组宜装设汽动给水泵作为运行给水泵，其启动用给水泵可采用电动调速给水泵。

对于母管制给水系统，给水泵的总容量及台数应保证在其中一台容量最大的给水泵停用时，其余给水泵能满足系统内部锅炉在最大连续蒸发量时所需的给水量。凝汽式电厂一般取 110%。

对单元制的给水系统，给水泵应不少于两台，其中一台备用。给水泵出口额定总容量，汽包炉为锅炉最大连续蒸发量的 110%，直流炉为 105%，因直流炉没有连续排污，也无汽包水位调节等要求，故容量裕度比汽包炉小。

备用给水泵的流量应根据主给水泵运行的稳定性、可靠性、在全年中可用小时数及该给水泵所连接机组在电网中的作用而定。如主机在系统中带基本负荷，主给水泵的安全可靠性高，备用给水泵的容量可适当减小。

(2) 主给水泵的压力选择。汽包锅炉给水泵的扬程可按图 7-2 所示系统计算。

给水泵总扬程应为下列各项之和：①除氧器给水箱出口到省煤器进口工质流动总阻力（按锅炉最大连续蒸发量计算）$H_t$；汽包炉应另加 20% 裕量；直流炉则另加 10% 裕量。②锅炉正常水位与除氧器给水箱正常水位间的水柱静压差 $H_s$；直流炉则为锅炉水冷壁炉水汽化始终点标高的平均值与除氧器给水箱正常水位间的水柱静压差。③锅炉最大连续蒸发量时，省煤器入口的进水压力 $p_i$。④除氧器额定工况下的工作压力（取负值）$p_d$。因此，给水泵总扬程可表示为

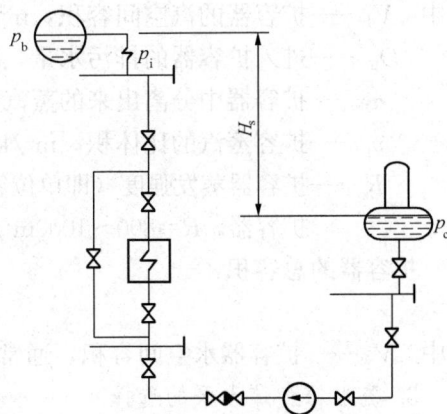

图 7-2　给水泵连接系统简图

$$H_{fw} = H_s + (p_i - p_d) + H_t \quad Pa \tag{7-3}$$

对于超高参数以上机组，为了保证高转速主给水泵不发生汽蚀，通常在主给水泵之前另

配置一台低转速（约 1500r/min）水泵，称为前置泵。

当装有前置泵时，在给水泵扬程计算中还应考虑前置泵的扬程。

3. 除氧器及给水箱

除氧器的总容量应根据最大给水消耗量来选择，通常每台机组宜配一台除氧器。高压及中间再热凝汽式机组宜配一级高压除氧器；高压供热式机组或中间再热供热机组，在保证给水含氧量合格的条件下，可采用一级高压除氧器；否则，应考虑采用两级除氧器。

给水箱的有效总容量：200MW 及以下机组为 10～15min 的锅炉最大连续蒸发量时的给水消耗量；200MW 以上机组为 5～10min 的锅炉最大连续蒸发量时的给水消耗量。

4. 扩容器的计算与选择

(1) 锅炉连续排污扩容器。对汽包锅炉适宜采用一级连续排污扩容系统。对于高压热电厂的汽包锅炉，鉴于补充水量大，可考虑采用两级连续排污扩容系统。100MW 及以下机组，适宜两台锅炉共设一套排污扩容系统；125MW 及以上机组，宜每台锅炉设一套排污扩容系统。连续排污扩容器的容量按锅炉连续排污水量及有关参数计算。

(2) 定期排污扩容器。由于电厂中每台锅炉定期排污时间不尽一致，所以全厂锅炉可公用一个定期排污扩容器，其容量应考虑锅炉事故放水的需要，通常按全厂最大容量锅炉的定期排污量计算，并考虑一定的富裕量。定期排污水量很难得到精确数值，一般按锅炉额定蒸发量的 0.5%～1.1% 选用。

(3) 疏水扩容器。疏水扩容器的扩容水量应考虑到各种不同参数的放水和设备的不同运行方式，一般可按一台机组在启动时的启动疏水量和其他机组运行时的经常疏水量的总和来考虑。在设计时，可按典型设计或用同类机组的疏水量取用。

连续排污扩容器、定期排污扩容器、疏水扩容器的工作原理和扩容器容积的计算方法都是相同的，现以连续排污扩容器为例，介绍扩容器容积的计算方法。

扩容器的汽空间容积计算：

$$V_f = \frac{D_{bl} \alpha_f v_f}{R} \quad m^3 \qquad (7-4)$$

式中　$V_f$——扩容器的汽空间容积，$m^3$；

　　　$D_{bl}$——进入扩容器的排污水量，kg/h；

　　　$\alpha_f$——扩容器中分离出来的蒸汽占排污水量的百分数，%；

　　　$v_f$——扩容蒸汽的比体积，$m^3/kg$；

　　　$R$——扩容器蒸发强度（即单位容积允许产生的蒸汽量），对于连续排污扩容器和疏水扩容器，$R=800～1000m^3/(m^3 \cdot h)$，对定期排污扩容器，$R=2000m^3/(m^3 \cdot h)$。

扩容器的总容积：

$$V = V_f + V_w \qquad (7-5)$$

式中　$V_w$——扩容器水空间容积，通常取 $V_w = (0.2～0.3)V_f$。

5. 疏水箱和疏水泵的选择

主蒸汽采用母管制系统的发电厂，宜装设两个疏水箱，其总容量为 30～60m³。疏水泵应采用两台，每台疏水泵的容量，按在半小时内将一个疏水箱的存水全部打出的要求选择。当机组台数较多时，可考虑第二组疏水设施。

中间再热机组或主蒸汽采用单元制系统的高压凝汽式发电厂，由于其高温高压机组及中间再热机组在运行中疏水量很少，并且对汽水品质要求非常严格，常因水质不合格而废弃不用，所以可以不设疏水箱和疏水泵。

6. 低位水箱及低位水泵的选择

当主蒸汽采用母管制系统且低位疏水量较大、水质好，可以利用时，宜装设一个容量为 $5m^3$ 的低位水箱和一台低位水泵。低位水泵的容量应按在半小时内将低位水箱的存水全部打出的要求选择。

当机组台数较多时，可根据需要装设第二组低位疏放水设施。

7. 暖风器的选择计算

暖风器是用蒸汽加热空气的一种热交换器。其作用是解决锅炉因燃用高硫分的煤，或某些锅炉低负荷时（如调峰机组和中间负荷机组等），所造成的尾部烟道低温腐蚀及堵灰问题。

暖风器片可以水平、侧立或垂直安装，分别称为卧式、侧式或立式暖风器片。通常风道垂直地面时，可选用卧式暖风器片。风道水平布置时，可选用侧式或立式暖风器片。根据风道截面、风量和温升的不同，暖风器片可以串联或并联使用。暖风器的选择计算如下：

（1）计算空气达到预定温升所需热量 $Q$

$$Q = Gc_p(t_2'' - t_2') \quad \text{kJ/h} \tag{7-6}$$

式中　$G$——空气质量流量，kg/h；

$c_p$——暖风器进出口平均风温下的空气比定压热容，kJ/(kg·K)；

$t_2'$、$t_2''$——暖风器进、出口风温，℃。

（2）计算所需换热面积 $A_1$

$$A_1 = \frac{0.287Q}{K \cdot \Delta t_m} \quad \text{m}^2 \tag{7-7}$$

$$\Delta t_m = \frac{t_2'' - t_2'}{\ln \dfrac{t_s - t_2'}{t_s - t_2''}} \tag{7-8}$$

式中　$K$——暖风器传热系数，W/(m²·K)；

$\Delta t_m$——对数平均温压，K；

$t_s$——暖风器进口蒸汽的饱和温度，℃。

（3）实际选用换热面积 $A_2$

$$A_2 = \eta A_1 \quad \text{m}^2 \tag{7-9}$$

式中　$\eta$——安全系数，一般取 $\eta=1.20 \sim 1.28$。

（4）暖风器风侧阻力 $\sum \Delta p$

$$\sum \Delta p = n\Delta p \quad \text{Pa} \tag{7-10}$$

式中　$\Delta p$——每排管子的阻力，Pa；

$n$——暖风器管排总数。

为了节能，通常暖风器总阻力小于 490.3 Pa。

## 第三节　原则性热力系统举例

1. 国产 N200-12.75/535/535 型机组原则性热力系统

图 7-3 所示为国产 N200-12.75/535/535 型机组原则性热力系统。该系统配置 670/

13.73 型自然循环汽包锅炉。机组有八级不调整抽汽，系统为"三高四低一滑压除氧"。高压加热器 H1、H2 和低压加热器 H5 均设有内置式蒸汽冷却器，高压加热器 H2、H3 分别设有外置式疏水冷却器和外置式蒸汽冷却器。高压加热器疏水经疏水冷却器逐级自流入除氧器，这样使第三段抽汽增多，第二段抽汽减少，从而多发电约 210kW。低压加热器疏水逐级自流到低压加热器 H7，然后用疏水泵送入该加热器出口的主凝结水管道中。低压加热器 H8 的疏水单独设有一台疏水泵送往主凝结水管道。轴封加热器的疏水自流入凝汽器热井。

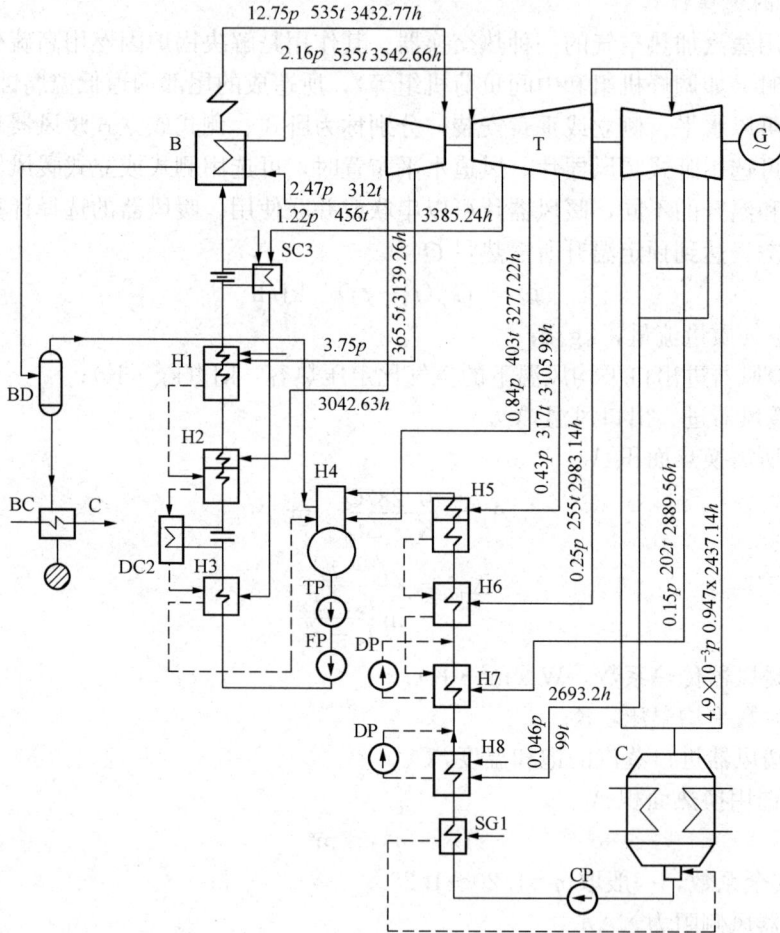

图 7-3　国产 N200-12.75/535/535 型机组原则性热力系统

锅炉设有单级连续排污利用系统，其扩容蒸汽送往除氧器，浓缩后的排污水经排污冷却器被化学补充水冷却后排入地沟。

2. 国产 N300-16.18/550/550 型机组原则性热力系统

图 7-4 所示为国产 N300-16.18/550/550 型机组原则性热力系统图。

该系统配置 SG-1000/16.67/555/555 型亚临界参数直流锅炉，机组有八级不调整抽汽作为八级回热加热器的加热蒸汽，高压加热器 H1、H2、H3 均设有内置式蒸汽冷却器和内置式疏水冷却器，低压加热器 H5 也配有内置式蒸汽冷却器，除氧器采用滑压运行方式，主

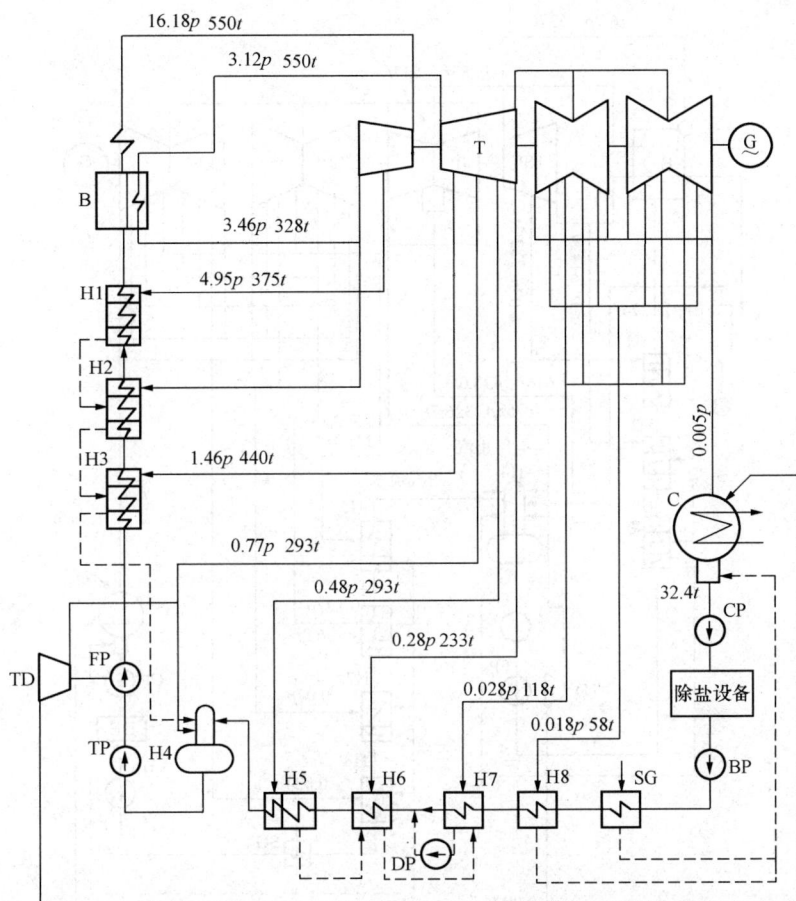

图 7 - 4　国产 N300-16.18/500/500 型机组原则性热力系统

给水泵由专门的小汽轮机驱动，正常工况时，其汽源取自第四段抽汽，小汽轮机排汽送往主凝汽器。

　　为保证锅炉的汽水品质，在凝结水泵出口设有除盐装置，其后设有凝结水升压水泵。

　　3. 引进技术国产 N600-16.67/537/537 型机组原则性热力系统

　　图 7 - 5 所示为国产 N600-16.67/537/537 型机组原则性热力系统图。该机组配 HG-2008/18.6 强制循环汽包锅炉，汽轮机组为单轴四缸四排汽反动式汽轮机，系统有八级不调整抽汽，三高四低一除氧。加热器均设有疏水冷却器，其疏水全部采用逐级自流方式。除氧器滑压运行，主给水泵由专门的小汽轮机驱动，正常工况时，小汽轮机汽源由第四段抽汽供汽，其排汽至主机凝汽器。系统也设除盐装置和凝结水升压水泵。

　　锅炉采用一级连续排污利用系统，其扩容蒸汽送往除氧器，浓缩后的排污水经排污冷却器冷却后排入地沟。

　　4. 进口美国 600MW 超临界压力机组原则性热力系统

　　图 7 - 6 所示为进口美国 600MW 超临界压力机组原则性热力系统。

　　该机组安装在上海石洞口二厂。锅炉为瑞士苏尔寿和美国 CE 公司设计制造的超临界压力一次再热螺旋管圈、变压启动的直流锅炉。汽轮机为瑞士 ABB 公司生产的单轴四缸四排

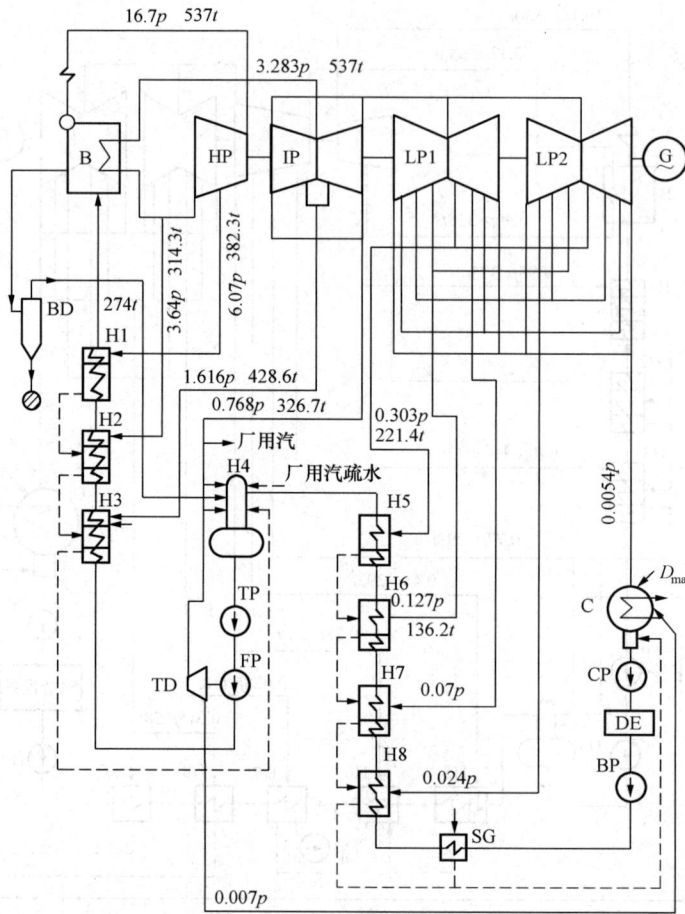

图 7-5  引进技术国产 N600-16.67/537/537 型机组原则性热力系统

汽一次再热反动式 Y454 型凝汽式汽轮机。机组为复合滑压运行，即在 40％～90％最大连续出力负荷区间为变压运行。该厂两台机组先后于 1992 年 6 月、12 月投运，是我国第一座投运超临界压力机组的大型火力发电厂。

5. 美国超临界压力两次再过热机组的原则性热力系统

该机组为燃煤超临界压力和超高温两次中间再热机组，其额定功率为 325MW，最大功率为 360MW，双轴，高压轴发电功率为 145MW，低压轴为 180MW。

图 7-7 所示为该机组的发电厂原则性热力系统图。它有八级不调整抽汽，回热系统为"五高两低一除氧"。给水采用两级升压系统，五台高压加热器的水侧压力降低，有助于提高其工作可靠性。小汽轮机 TD 为背压式。其正常工况汽源为第一次再热前的蒸汽，排汽引至第四级抽汽。主凝水系统还串联水气换热器（暖风器）WAH 和低压省煤器 ECL，装 ECL 的作用是回收锅炉排烟余热利用于热力系统，以降低锅炉排烟温度，提高锅炉效率。

6. 1300MW 双轴凝汽式机组原则性热力系统

图 7-8 所示为美国 1300MW 双轴凝汽式机组的原则性热力系统，该机组配直流锅炉，为超临界压力、一次再热、双轴六缸八排汽凝汽式机组，两轴功率相等。高压轴配有分流高压缸、两个分流低压缸和发电机，低压轴配有分流中压缸、（两个）低压缸和发电机。

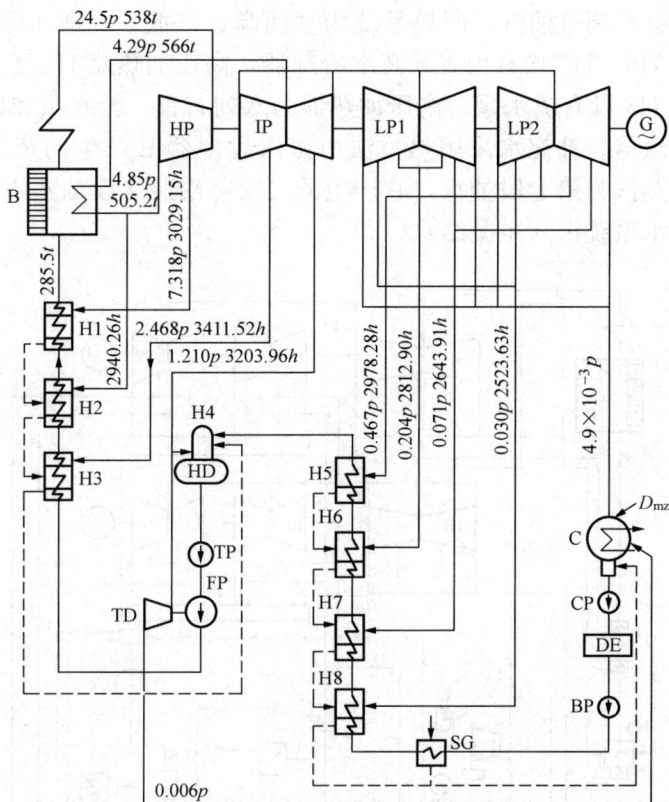

图 7-6　进口美国 600MW 超临界机组原则性热力系统

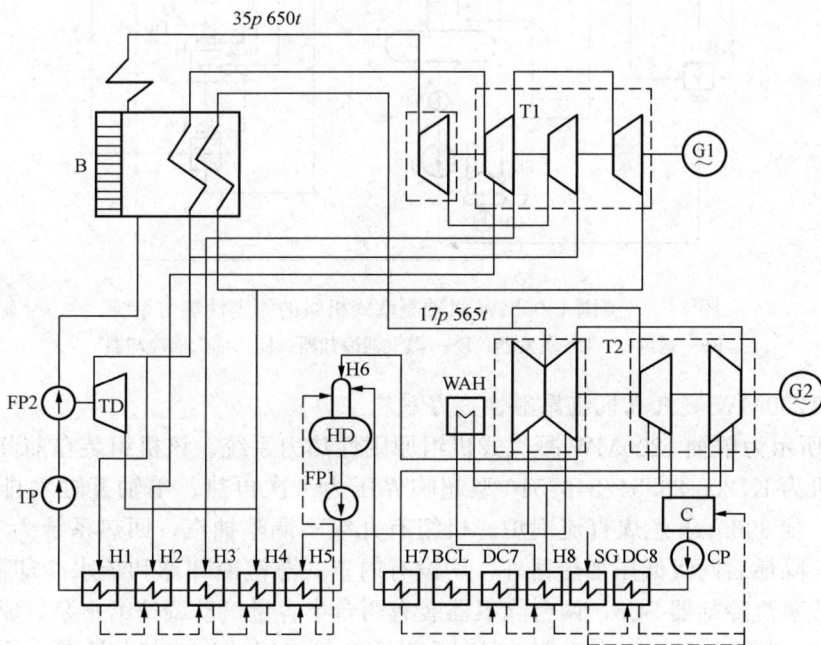

图 7-7　美国超临界压力 325MW 两次再过热机组的原则性

该系统设有八级不调整抽汽,回热系统为"四高、三低、一滑压除氧"。所有高压加热器和低压加热器 H6、H7 均有内置式疏水冷却器,高压加热器 H1 还设有内置式蒸汽冷却器,低压加热器 H8 设有疏水泵。高压加热器为双列布置。给水泵和风机均为小汽轮机驱动,且配有小凝汽器。补充水采用热力法由蒸汽发生器 E 产生的蒸馏水来补充。蒸发器的一次(加热)蒸汽为第七段抽汽,它产生的二次蒸汽经专设的蒸汽冷却器 ES 冷却为蒸馏水,再通过疏水系统汇入主凝结水。

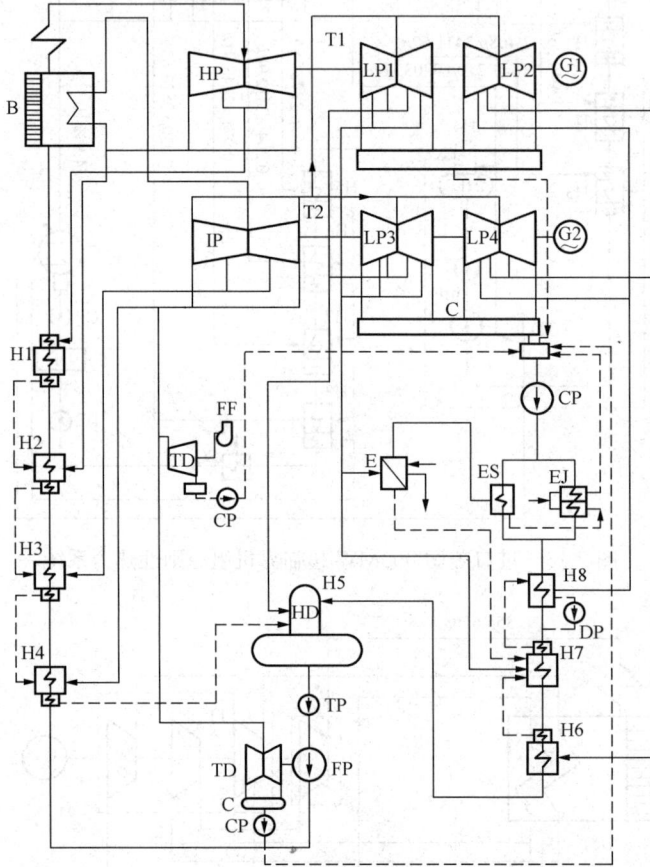

图 7 - 8　美国 1300MW 双轴凝汽式机组的原则性热力系统
FF—送风机;E—蒸发器;ES—蒸发器冷却器;EJ—抽汽器冷却器

**7. 单轴 1200MW 凝汽式机组原则性热力系统**

图 7 - 9 所示为单轴 1200MW 凝汽式机组原则性热力系统。该机组装在前苏联科斯特罗电厂。汽轮机为 K1200-23.54/540/540 型超临界压力一次再热、单轴五缸六排汽冲动式凝汽式汽轮机,配 3960t/h 燃煤直流锅炉。机组有九级不调整抽汽,回热系统为三高、五低、一滑压除氧。除最后两级低压加热器外,均设有内置式蒸汽冷却器和疏水冷却器,H3 还设有一台外置式蒸汽冷却器 SC3,两台除氧器装有两台半容量汽动调速给水泵,驱动小汽轮机 TD 为凝汽式,功率为 25MW,正常工况时汽源引自第三级抽汽,其前置泵由小汽轮机同轴带动。第五段抽汽还供厂内采暖和暖风器用汽,厂内采暖由第六、五两级抽汽分级加热,以提高其热经济性。为防止暂态过程给水泵汽蚀和降低除氧器布置高度,除设置低速前置给水

泵 TP 外，还设有在暂态工况时才投入的给水冷却器 FC，以加速"冷水"进入前置泵。补充水进入凝汽器，凝结水要全部通过除盐装置 DE 精处理。

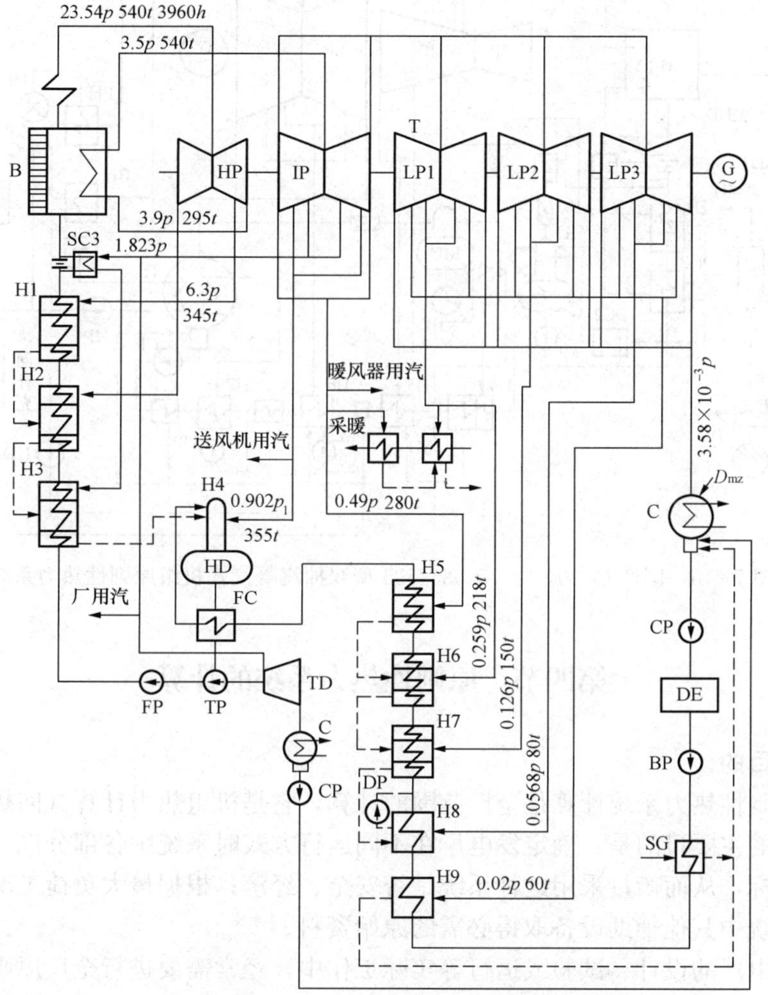

图 7 - 9　单轴 1200MW 凝汽式机组原则性热力系统图

8. 国产 CC200-12.75/535/535 型双抽汽凝汽式机组热电厂的原则性热力系统

图 7 - 10 所示为国产 CC200-12.75/535/535 型双抽汽凝汽式机组热电厂的原则性热力系统图。该机组配 HG-670/13.7（140）-YM9 型自然循环汽包炉，系统有八级回热抽汽：其中第三、六级为调整抽汽，其调压范围分别为 0.78～1.27MPa 和 0.118～0.29MPa。前者对工艺热负荷 HIS 直接供汽和峰载热网加热器 PH 的汽源，后者作为基载热网加热器 BH 和大气压力式除氧器 MD 的汽源；高压加热器 H1 和高压除氧器 HD 均设有外置式蒸汽冷却器；高压加热器 H2 设有外置式疏水冷却器；两级除氧均为定压运行，大气压力除氧器 MD 是热电厂补充水除氧器；锅炉采用了两级连续排污利用系统，其扩容蒸汽分别引至两级除氧器 HD、MD。

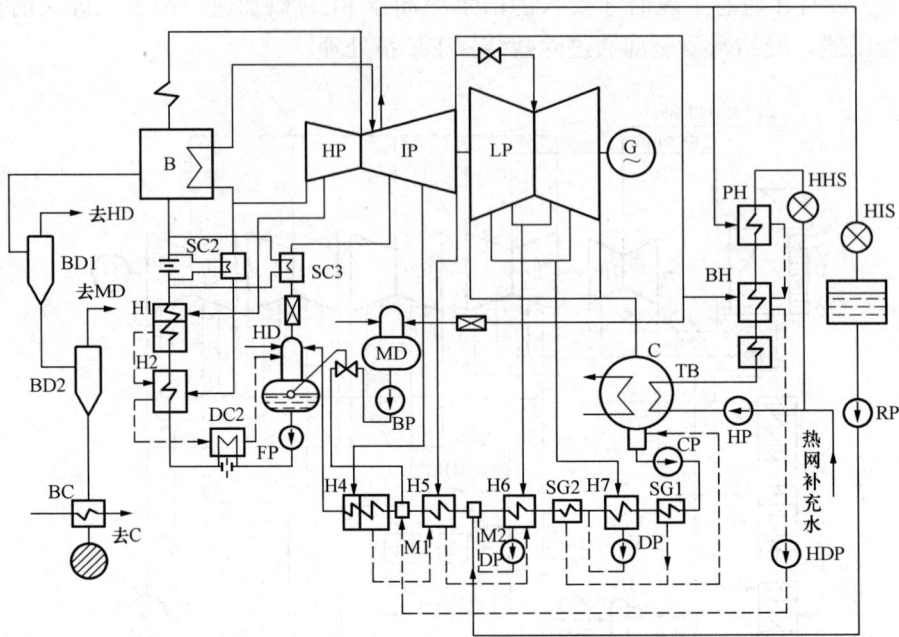

图 7 - 10 国产 CC200-12.75/535/535 型双抽汽凝汽式机组原则性热力系统

## 第四节 原则性热力系统的计算

### 一、计算目的

发电厂原则性热力系统计算是全厂范围的计算，它是机组热力计算（回热系统计算）的扩展，其计算的主要目的是：确定发电厂在不同运行方式时系统中各部分汽、水流量及其参数和热经济指标，从而衡量采用这种系统是否安全、经济；根据最大负荷工况计算结果，为选择锅炉及系统中其他辅助设备取得必需的原始资料。

在热力发电厂的设计、试验或运行等实际工作中，经常需要进行全厂原则性热力系统的计算，例如：

(1) 论证发电厂原则性热力系统的新方案；

(2) 新型汽轮机本体的定型设计；

(3) 设计电厂采用非标准设备时或制造厂未能提出参考资料时；

(4) 对设备制造厂提出的原则性热力系统作较大变更时；

(5) 运行电厂中对原有热力系统作较大变更时；

(6) 扩建电厂设计中新旧设备合并使用时的热力系统。

### 二、计算的原始资料

原则性热力系统计算时，必须具备下列资料：拟定的发电厂原则性热力系统图；给定的电厂工况；锅炉、汽轮机的技术特性资料等。

汽机特性资料包括：汽轮机形式，容量，汽轮机初、终参数，再热参数，回热抽汽参数，机组的相对内效率，汽轮发电机组的机械效率和发电机效率。

锅炉特性资料包括：锅炉形式、容量、参数、汽包压力、锅炉效率、排污率等。

此外，还应提供下列资料：进入和离开水处理系统（包括除盐装置）的水温；化学补充水的资料；锅炉和蒸发器的连续排污量。热电厂还应提供有关供热方面的资料，如送汽参数及其回水率、回水温度、热水网的温度调节图等。

对于凝汽式发电厂，一般只计算最大电负荷和平均电负荷两种工况。如果在夏季中发电厂的负荷仍然很高，而且同时冷却水源中的水温升高很多或者水质变得很坏，因而供水条件变得困难的时候，还必须计算夏季工况。最大电负荷工况的计算结果用于选择设备，而平均电负荷工况计算的目的在于确定设备检修的可能性。

对于仅有全年性工艺热负荷的热电厂，一般也只计算最大工况（即电、热负荷均为最大）和平均工况（即最大电负荷和平均热负荷）。对于有采暖热负荷的热电厂还要计算夏季工况（即最大电负荷和夏季工况时的热负荷）。

### 三、计算方法与计算步骤

发电厂原则性热力计算和机组热力计算的基本原理和基本方程式是一样的，其计算的实质都是联立求解多元一次线性方程组。

发电厂原则性热力系统计算与机组热力计算不同之处在于计算范围不同。发电厂原则性热力系统计算包括了机组在内的全厂范围的计算，需要合理地选取锅炉效率，还包括了驱动汽轮机、经常工作的减温减压器、抽气器、轴封加热器、暖风器等辅助设备的汽耗量，以及锅炉连续排污量、汽水工质的泄漏损失等。

原则性热力系统计算的基本步骤如下：

（1）应用已知条件在焓—熵图上绘出蒸汽在汽轮机中的工作过程线，以确定各抽汽点的汽、水参数，并综合成汽水参数汇总表。

（2）列出各换热设备中的汽、水物质平衡式和热量平衡式，并联立求解，计算出各汽水流量的份额。

为了便于计算，厂内工质泄漏损失都看做是集中在新汽管道的损失，其数值按《电力工业技术管理法规》所规定的允许值取。抽汽器及轴封用汽量、补充水量均可采用一给定数值或者表示为汽轮机汽耗量的百分数。

热平衡式求解顺序视发电厂的形式和热力系统的特点而定，通常是"由外到内"、"从高到低"的计算顺序，即先从供热设备（热网加热器、蒸发器）、水处理设备、锅炉连续排污扩容器等开始，然后计算内部的回热系统。

（3）利用汽轮机的功率方程式，计算机组汽耗量及部分汽、水流量，并进行校核计算。

校核计算包括汽轮机功率校核（即汽轮机各段抽汽量和凝汽量在汽轮机内的做功量之和应约等于电功率）；除氧器抽汽份额和凝汽份额的校核（根据已求出的有关汽水流量代入除氧器或凝汽器的物质平衡式来进行校核），其误差应在所采取的计算方法与计算工具的允许范围内。否则，必须进行一些必要的修正，重新计算，直到误差在允许范围为止。

（4）求出机组的或全厂的热经济指标，包括热耗量、热耗率、汽耗率、标准煤耗率及全厂效率等。

### 四、原则性热力系统计算例题

【例 7-1】　国产 N300-16.18/535/535 型机组的发电厂原则性热力系统计算（其热力系统如图 7-11 所示）。

原始资料：

1. 汽轮机形式和参数

机组形式　　N300-16.18/535/535

初参数　　　$p_0=16.18\text{MPa}$，$t_0=535℃$

再热参数　　冷段压力 $p'_{rh}=3.4114\text{MPa}$

　　　　　　冷段温度 $t'_{rh}=330℃$

　　　　　　热段压力 $p''_{rh}=3.037\text{MPa}$

　　　　　　热段温度 $t''_{rh}=535℃$

排汽压力　　$p_c=0.005\,24\text{MPa}$

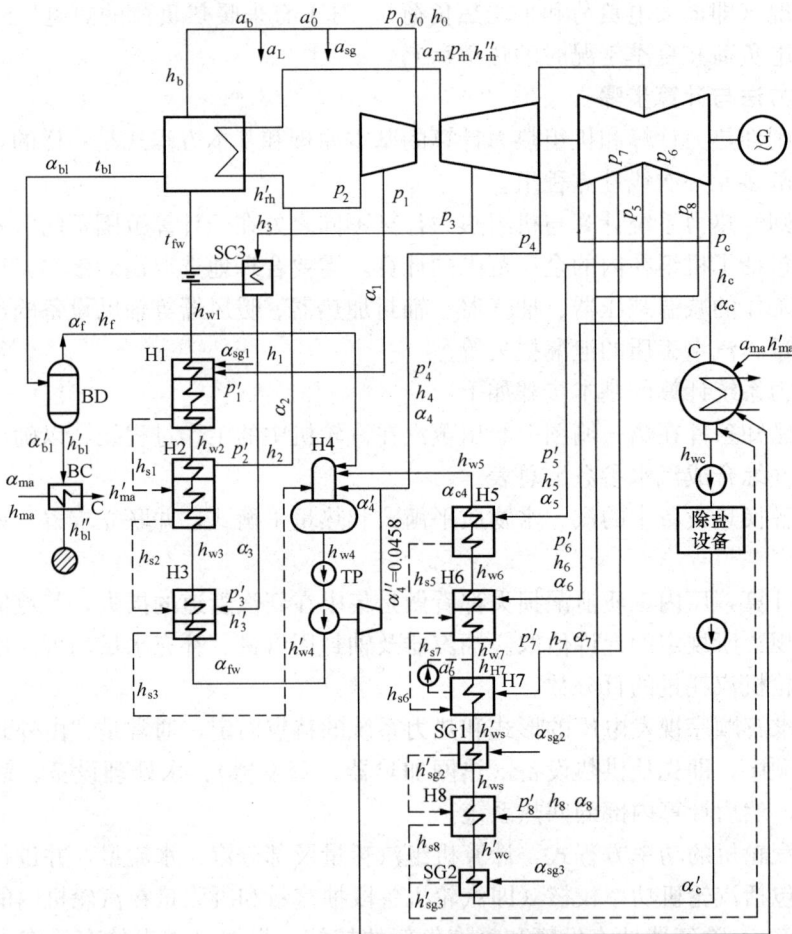

图 7-11　N300-16.18/535/535 型机组原则性热力系统图

2. 回热参数

该机组有八级不调整抽汽，额定工况时其抽汽参数见表 7-2。

表 7-2　　　　　　　　　　　N300-16.18/535/535 型机组回热抽汽参数

| 项目 | 单位 | 一 | 二 | 三 | 四 | 五 | 六 | 七 | 八 |
|---|---|---|---|---|---|---|---|---|---|
| 抽汽压力 | MPa | 5.0676 | 3.4114 | 1.3357 | 0.8369 | 0.5155 | 0.2469 | 0.1235 | 0.052 53 |
| 抽汽焓 | kJ/kg | 3141.43 | 3051.38 | 3293.76 | 3169.58 | 3058.83 | 2916.56 | 2788.78 | 2653.47 |

3. 锅炉形式及参数

锅炉形式　国产1000t/h自然循环汽包炉

锅炉压力　16.76MPa

锅炉温度　540℃

锅炉效率　91.68%

汽包压力　18.62MPa

4. 计算中选用的数据

(1) 小汽水流量

全厂汽水损失　$D_L = 0.005\ 075D_b$

锅炉排污量　$D_{b1} = 0.0051D_b$

小汽机用汽　$D_4'' = 0.0458D_0$

轴封用汽量　$D_{sg} = 0.0052D_0$

其中：$\alpha_{sg1} = 0.0014$，$h_{sg1} = 3396.00$kJ/kg；$\alpha_{sg2} = 0.0025$，$h_{sg2} = 3078.05$ kJ/kg，$h_{sg2}' = 402.58$kJ/kg；$\alpha_{sg3} = 0.0013$，$h_{sg3} = 3052.68$ kJ/kg，$h_{sg3}' = 402.58$kJ/kg。

(2) 各种效率

机械效率 $\eta_m = 0.985$；发电机效率 $\eta_g = 0.99$；排污扩容器效率 $\eta_f = 0.975$，换热器效率 $\eta_h = 0.98$。

计算额定工况时各项热经济指标。

**解**

1. 在焓熵图上作汽轮机的汽态线

取新汽压力损失为5%，故

$p_0' = (1 - 0.05)p_0 = 0.95 \times 16.18 = 15.37$MPa，

$$t_0' = 532℃，$$

$$h_0 = 3396\text{kJ/kg}$$

已知再热后蒸汽压力 $p_{rh}'' = 3.037$MPa，$t_{rh}'' = 535℃$，则 $h_{rh}'' = 3536$kJ/kg

已知 $p_c = 0.005\ 24$MPa，则 $h_c = 2384.8$kJ/kg，$h_{wc} = 140.63$kJ/kg。

在焓图上绘制该机组的汽态线，如图7-12所示。该机组各计算点的汽水参数见表7-3。

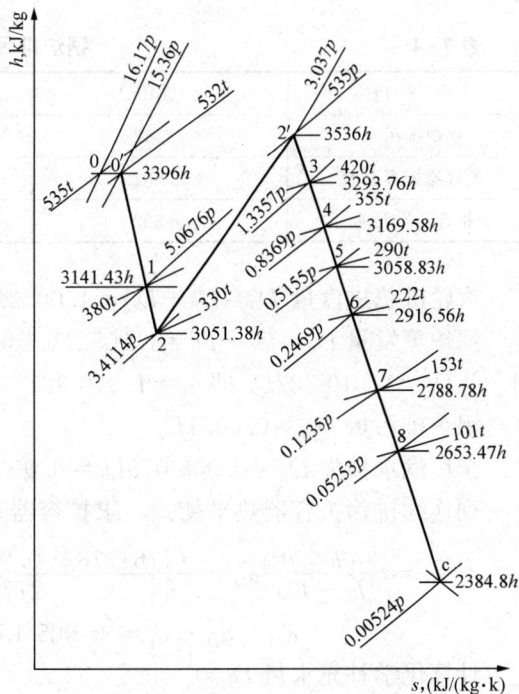

图7-12　N300-16.18/535/535型机组汽态线

**表7-3**　　　　　　　　**N300-16.18/535/535型机组各计算点的汽水参数表**

| | 项　　目 | H1 | H2 | H3 | H4 | H5 | H6 | H7 | SG1 | H8 | SG2 |
|---|---|---|---|---|---|---|---|---|---|---|---|
| 汽侧 | 抽汽压力 $p$（MPa） | 5.0676 | 3.4114 | 1.3357 | 0.8369 | 0.5155 | 0.2469 | 0.1235 | | 0.052 53 | |
| | 抽汽焓 $h$（kJ/kg） | 3141.43 | 3051.83 | 3293.76 | 3169.58 | 3058.83 | 2916.56 | 2788.78 | 3078.05 | 2653.47 | 3052.68 |
| | 抽汽压损 $\Delta p$（%） | 6 | 4 | 6 | 8 | 8 | 8 | 8 | | 6 | |
| | 加热器压力 $p'$（MPa） | 4.7653 | 3.2749 | 1.2556 | 0.8034 | 0.4743 | 0.2272 | 0.1136 | 0.0882 | 0.0494 | 0.0882 |

续表

| 项　目 | | H1 | H2 | H3 | H4 | H5 | H6 | H7 | SG1 | H8 | SG2 |
|---|---|---|---|---|---|---|---|---|---|---|---|
| 汽侧 | 加热器饱和水温，（℃） | 260.92 | 238.80 | 190.34 | 170.63 | 149.89 | 124.33 | 103.25 | | 82.77 | |
| | 加热器饱和水焓（kJ/kg） | 1139.31 | 1032.72 | 807.55 | 721.80 | 631.87 | 522.22 | 432.79 | 402.58 | 346.54 | 402.58 |
| | 疏水器出口水焓（kJ/kg） | 1085.47 | 859.55 | 795.04 | | | | | | | |
| | 抽汽放热量 $q$（kJ/kg） | 2055.96 | 2191.83 | 2498.72 | 2447.78 | 2426.96 | 2394.34 | 2355.99 | 2675.47 | 2306.93 | 2650.1 |
| 水侧 | 加热器出口水焓，（kJ/kg） | 1141.49 | 1035.23 | 809.31 | 722.14 | 623.00 | 518.24 | 420.98 | 336.37 | 327.66 | 145.66 |
| | 加热器进口水焓（kJ/kg） | 1035.23 | 809.31 | 749.56* | 623.00 | 518.24 | 422.11 | 336.37 | 327.66 | 145.66 | 140.63 |
| | 给水焓升 $\tau$（kJ/kg） | 106.26 | 225.92 | 59.75 | 99.111 | 104.76 | 96.13 | 84.61 | 8.71 | 182.00 | 5.03 |

　* 已考虑给水泵泵功供给水泵焓升后的数值。

## 2. 锅炉排污系统计算

锅炉汽包压力为 18.62MPa，锅炉连续排污扩容器的压力为 0.882MPa，其汽水参数见表 7 - 4。

表 7 - 4　　　　　　　　　　　锅炉排污系统汽水参数

| 项　目 | $p$（MPa） | $t$（℃） | $h$（kJ/kg） |
|---|---|---|---|
| 锅炉排污水 | 18.62 | 359.76 | 1761.78 |
| 扩容器扩容蒸汽 | 0.882 | 174.53 | 2771.46 |
| 扩容器排污水 | 0.882 | 174.53 | 739.29 |

汽轮机总进汽量 $D_0' = D_0 + D_{sg} = 1.0052D_0$　$\alpha_0' = 1.0052$

锅炉蒸发量 $D_b = D_0' + D_l = 1.0052D_0 + 0.005\,075D_b$

则　　$D_b = 1.010\,327D_0$ 即 $\alpha_b = 1.010\,327$

锅炉排污量 $D_{bl} = 0.0051D_b$

全厂汽水损失 $D_L = 0.005\,075D_b = 0.005\,127D_0$

列连续排污扩容器热平衡式，求扩容器蒸汽份额 $\alpha_f$，取扩容器效率 $\eta_f = 0.975$。

$$\alpha_f = \frac{h_{bl}\eta_f - h_{bl}'}{h_f - h_{bl}'}\alpha_{bl} = \frac{(1761.78 \times 0.975 - 739.29) \times 0.005\,153}{2771.46 - 739.29} = 0.002\,481$$

$$\alpha_{bl}' = \alpha_{bl} - \alpha_f = 0.005\,153 - 0.002\,481 = 0.002\,672$$

计算化学补充水量 $D_{ma}$

$$D_{ma} = D_{bl}' + D_L$$
$$= 0.002\,672D_0 + 0.005\,075D_b$$
$$= (0.002\,672 + 0.005\,127)D_0$$
$$= 0.007\,799D_0$$
$$\alpha_{ma} = 0.007\,799$$

锅炉给水量 $D_{fw} = D_b + D_{bl} = 1.015\,480D_0$，$\alpha_{fw} = 1.015\,480$

取 $t_{ma} = 10℃$，排污冷却器端差为 8℃，则

$$h_{ma'} - h_{ma} = h_{bl}'' - 18 \times 4.1868 = h_{bl}'' - 75.36$$

由排污冷却器热平衡式求 $h_{bl}''$

$$\alpha_{ma}(h'_{ma}-h_{ma})=\alpha'_{bl}(h'_{bl}-h''_{bl})\eta_1$$

$$h''_{bl}=\frac{\alpha'_{bl}h'_{bl}\eta_1+75.36\alpha_{ma}}{\alpha_{ma}+\alpha'_{bl}\eta_1}=\frac{0.002\,672\times739.29\times0.98+75.36\times0.007\,799}{0.007\,799+0.002\,672\times0.98}$$

$$=242.25(kJ/kg)$$

$$h'_{ma}=h''_{bl}-8\times4.1868=208.76(kJ/kg)$$

**3. 高压加热器组的计算**

**(1) H1 的计算**

由 H1 的热平衡式求 $\alpha_1$

$$\alpha_1 q_1\eta_r+\alpha_{sg1}(h_{sg1}-h_{s1})\eta_r=\alpha_{fw}\tau_1$$

$$\alpha_1=\frac{\alpha_{fw}\tau_1-\alpha_{sg1}(h_{sg1}-h_{s1})\eta_r}{q_1\eta_r}$$

$$=\frac{1.015\,480\times106.26-0.001\,4\times(3396-1085.47)\times0.98}{2055.96\times0.98}$$

$$=0.051\,982$$

$$\alpha_{s1}=\alpha_1+\alpha_{sg1}=0.051\,982+0.0014=0.053\,382$$

**(2) H2 的计算**

由 H2 的热平衡式求 $\alpha_2$

$$\alpha_2 q_2\eta_r+\alpha_{s1}(h_{s1}-h_{s2})\eta_r=\alpha_{fw}\tau_2$$

$$\alpha_2=\frac{\alpha_{fw}\tau_2-\alpha_{s1}(h_{s1}-h_{s2})\eta_r}{q_2\eta_r}$$

$$=\frac{1.015\,48\times225.92-0.053\,382\times(1085.47-859.55)\times0.98}{2191.83\times0.98}$$

$$=0.101\,303$$

$$\alpha_{1\sim2}=\alpha_{s1}+\alpha_2=0.053\,382+0.101\,303=0.154\,685$$

$$\alpha_{rh}=1-\alpha_1-\alpha_2=1-0.051\,982-0.101\,303=0.846\,715$$

**(3) H3 的计算**

由 H3 的热平衡式求 $\alpha_3$

$$\alpha_3 q_3\eta_r+\alpha_{1\sim2}(h_{s2}-h_{s3})\eta_r=\alpha_{fw}(h_{w3}-h'_{w4})$$

$$\alpha_3=\frac{\alpha_{fw}(h_{w3}-h'_{w4})-\alpha_{1\sim2}(h_{s2}-h_{s3})\eta_r}{q_3\eta_r}$$

$$=\frac{1.015\,48\times(809.31-749.56)-0.154\,685\times(859.55-795.04)\times0.98}{q_3\times\eta}$$

$$=0.023\,722$$

$$\alpha_{1\sim3}=\alpha_{s1}+\alpha_2+\alpha_3=0.178\,407$$

对加热器 H3 的外置式蒸汽冷却器列热平衡式求给水 $h_{fw}$

$$\alpha_3(h_3-h'_3)\eta_r=\alpha_{fw}(h_{fw}-h_{w1})$$

$$h_{fw}=\frac{\alpha_3(h_3-h'_3)\eta_r+\alpha_{fw}h_{w1}}{\alpha_{fw}}$$

$$=\frac{0.023\,722\times(3293.76-2984.35)\times0.98+1.015\,48\times1141.48}{1.015\,48}$$

$$= 1148.57(\text{kJ/kg})$$

（4）$H_4$ 的计算

由除氧器的物质平衡式求 $\alpha_{c4}$

$$\alpha_{\text{fw}} = \alpha'_4 + \alpha_\text{f} + \alpha_{1\sim3} + \alpha_{c4}$$

$$\alpha_{c4} = \alpha_{\text{fw}} - \alpha'_4 - \alpha_\text{f} - \alpha_{1\sim3} = (1.015\,48 - 0.002\,481 - 0.178\,407) - \alpha'_4$$

所以

$$\alpha_{c4} = 0.834\,592 - \alpha'_4$$

由除氧器热量平衡求 $\alpha'_4$

$$(\alpha'_4 h_4 + \alpha_{1\sim3} h'_{s3} + \alpha_\text{f} h_\text{f} + \alpha_{c4} h_{\text{w5}})\eta_\text{r} = \alpha_{\text{fw}} h_{\text{w4}}$$

$$\alpha'_4 = \frac{1}{h_4 - h_{\text{w5}}}\left(\frac{\alpha_{\text{fw}} h_{\text{w4}}}{\eta_\text{r}} - \alpha_{1\sim3} h_{s3} - \alpha_\text{f} h_\text{f} - 0.834\,592 h_{\text{w5}}\right)$$

$$= \frac{1}{3169.58 - 623}(1.015\,48 \times 722.14/0.98 - 0.178\,407 \times 795.04$$

$$- 0.002\,481 \times 2771.4 - 0.834\,592 \times 623)$$

$$= 0.031\,264$$

$$\alpha_4 = \alpha'_4 + \alpha''_4 = 0.031\,246 + 0.0458 = 0.077\,064$$

所以

$$\alpha_{c4} = 0.834\,592 - 0.031\,264 = 0.803\,328$$

**4. 低压加热器组的计算**

（1）$H_5$ 的计算

由 $H_5$ 的热平衡式求 $\alpha_5$

$$\alpha_5 q_5 \eta_\text{r} = \alpha_{c4} \tau_5$$

$$\alpha_5 = \frac{\alpha_{c4} \tau_5}{q_5 \eta_\text{r}} = \frac{0.803\,328 \times 104.76}{2426.96 \times 0.98} = 0.035\,383$$

（2）$H_6$ 的计算

由 $H_6$ 的热平衡式求 $\alpha_6$

$$[\alpha_6(h_6 - h_{s6}) + \alpha_5(h_{s5} - h_{s6})]\eta_\text{r} = \alpha_{c4}(h_{\text{w6}} - h'_{\text{w7}})$$

$$\alpha_6 = \frac{\alpha_{c4}(h_{\text{w6}} - h'_{\text{w7}}) - \alpha_5(h_{s5} - h_{s6})\eta_\text{r}}{(h_6 - h_{s6})\eta_\text{r}}$$

$$= \frac{0.803\,328 \times (518.24 - h'_{\text{w7}}) - 0.035\,83 \times (631.87 - 522.22) \times 0.98}{(2916.56 - 522.22) \times 0.98}$$

$$= 0.175\,803 - 0.000\,342\,4 h'_{\text{w7}} \tag{a}$$

$$\alpha_{s6} = \alpha_5 + \alpha_6$$

$$\alpha_{s7} = \alpha_{s6} + \alpha_7 = \alpha_5 + \alpha_6 + \alpha_7 = 0.035\,383 + (\alpha_6 + \alpha_7)$$

由混合器的热平衡式求 $h'_{\text{w7}}$

$$\alpha_{s7} h_{s7} + \alpha'_\text{c} h_{\text{w7}} = \alpha_{c4} h'_{\text{w7}}$$

$$\alpha'_\text{c} = \alpha_{c4} - \alpha_{s7}$$

$$h'_{\text{w7}} = h_{\text{w7}} + \frac{\alpha_{s7}}{\alpha_{c4}}(h_{s7} - h_{\text{w7}}) \tag{b}$$

$$= 420.98 + \frac{0.035\,383 + (\alpha_6 + \alpha_7)}{0.803\,328} \times (432.77 - 420.98)$$

$$= 421.500\,163 + 14.701\,342(\alpha_6 + \alpha_7)$$

（3）H7 的计算

将 H7 和 SG1 作为一整体计算，其热平衡式为

$$[\alpha_7 q_7 + \alpha_{sg2}(h_{sg2} - h'_{sg2}) + \alpha_{s6}(h_{s6} - h_{s7})]\eta_r = \alpha'_c \tau_7$$

$$\alpha'_c = \alpha_{c4} - \alpha_{s6} - \alpha_7$$

所以
$$\alpha_7 = \frac{\alpha_{c4}\tau_7/\eta_r - \alpha_{s6}(\tau_7/\eta_r + h_{s6} - h_{s7}) - \alpha_{sg2}(h_{sg2} - h'_{sg2})}{q_7 + \tau_7/\eta_r}$$

$$= \frac{1}{2355.99 + 84.61/0.98}\left[\frac{0.803\,328 \times 84.61}{0.98} - (0.035\,383 + \alpha_6) \right. \tag{c}$$

$$\left. \times \left(\frac{84.61}{0.98} + 522.22 - 432.79\right) - 0.0025 \times (3678.05 - 402.59)\right]$$

$$= 0.023\,113 - 0.071\,967\alpha_6$$

解（b）、（c）两式得

$$h'_{w7} = 421.839\,955 + 13.643\,331\alpha_6 \tag{d}$$

解（a）、（d）两式得

$$\alpha_6 = 0.031\,219$$

将 $\alpha_6$ 的值代入式（c）得

$$\alpha_7 = 0.020\,866$$

将 $\alpha_6$、$\alpha_7$ 的值代入式（b）得

$$h'_{w7} = 422.265\,882 \quad \text{kJ/kg}$$

所以
$$\alpha_{s6} = \alpha_5 + \alpha_6 = 0.035\,383 + 0.031\,219 = 0.066\,602$$

$$\alpha_{s7} = \alpha_{s6} + \alpha_7 = 0.066\,602 + 0.020\,866 = 0.087\,468$$

$$\alpha'_c = \alpha_{c4} - \alpha_{s7} = 0.803\,328 - 0.087\,468 = 0.715\,860$$

（4）H8 的计算

将 H8 和 SG2 作为一整体来计算，并忽略凝结水在凝结水泵中的焓升，则有

$$[\alpha_8 q_8 + \alpha_{sg2}(h'_{sg2} - h_{s8}) + \alpha_{sg3}(h_{sg3} - h'_{sg3})]\eta_r = \alpha'_c(h_{w8} - h_{wc})$$

$$\alpha_8 = \frac{1}{q_8}[\alpha'_c(h_{w8} - h_{wc})/\eta_r - \alpha_{sg2}(h'_{sg2} - h_{s8}) - \alpha_{sg3}(h_{sg3} - h'_{sg3})]$$

$$= \frac{1}{2306.93}[0.715\,86 \times (327.66 - 140.63)/0.98 - 0.0025$$

$$\times (402.58 - 346.54) - 0.0013 \times (3052.68 - 402.58)]$$

$$= 0.057\,667$$

$$\alpha_c = 1 - \sum\alpha_{1\sim8}$$

$$= 1 - 0.051\,982 - 0.101\,303 - 0.023\,722 - 0.077\,064 - 0.035\,383$$

$$- 0.031\,219 - 0.020\,866 - 0.057\,667$$

$$= 0.600\,794$$

由 $\alpha_c = \alpha'_c - (\alpha_{ma} + \alpha_{sg2} + \alpha_{sg3} + \alpha''_4 + \alpha_8)$ 验算 $\alpha_c$ 的值：

$$\alpha_c = \alpha'_c - (\alpha_{ma} + \alpha_{sg2} + \alpha_{sg3} + \alpha''_4 + \alpha_8)$$

$$= 0.715\,86 - (0.007\,799 + 0.0025 + 0.0013 + 0.0458 + 0.057\,667)$$

$$= 0.600\,794$$

验算 $\alpha_c$ 的计算结果无误。

5. 汽轮机汽耗量及各项汽水流量的计算

（1）做功不足系数的计算

$$\Delta q_{rh} = h'_{rh} - h''_{rh} = 3536 - 3051.38 = 484.62 (kJ/kg)$$

$$h_i^c = h_0 - h_c + \Delta q_{rh} = 3396 - 2384.8 + 484.62 = 1495.82 (kJ/kg)$$

$$Y_1 = \frac{h_1 - h_c + \Delta q_{rh}}{h_i^c} = \frac{3141.43 - 2384.8 + 484.62}{1495.82} = 0.829\ 812$$

$$Y_2 = \frac{h_2 - h_c + \Delta q_{rh}}{h_i^c} = \frac{3051.38 - 2384.8 + 484.62}{1495.82} = 0.769\ 611$$

$$Y_3 = \frac{h_3 - h_c}{h_i^c} = \frac{3293.76 - 2384.8}{1495.82} = 0.607\ 667$$

$$Y_4 = \frac{h_4 - h_c}{h_i^c} = \frac{3169.58 - 2384.8}{1495.82} = 0.524\ 649$$

$$Y_5 = \frac{h_5 - h_c}{h_i^c} = \frac{3058.83 - 2384.8}{1495.82} = 0.450\ 609$$

$$Y_6 = \frac{h_6 - h_c}{h_i^c} = \frac{2916.56 - 2384.8}{1495.82} = 0.355\ 497$$

$$Y_7 = \frac{h_7 - h_c}{h_i^c} = \frac{2788.78 - 2384.8}{1495.82} = 0.270\ 073$$

$$Y_8 = \frac{h_8 - h_c}{h_i^c} = \frac{2653.47 - 2384.8}{1495.82} = 0.179\ 614$$

各级抽汽份额 $\alpha_j$ 及其做功不足系数 $Y_j$ 之乘积 $\alpha_j Y_j$ 见表 7-5。

表 7-5             $\alpha_j$、$Y_j$ 和 $D_j$

| $\alpha_j$ | $Y_j$ | $\alpha_j Y_j$ | $D_j = \alpha_j D_0$ (kg/h) |
|---|---|---|---|
| $\alpha_1 = 0.051\ 982$ | $Y_1 = 0.829\ 812$ | 0.043 135 | 49 279.3 |
| $\alpha_2 = 0.101\ 303$ | $Y_2 = 0.769\ 611$ | 0.077 964 | 96 035.9 |
| $\alpha_3 = 0.023\ 722$ | $Y_3 = 0.607\ 667$ | 0.014 415 | 22 488.6 |
| $\alpha_4 = 0.077\ 064$ | $Y_4 = 0.524\ 649$ | 0.040 432 | 73 057.2 |
| $\alpha_5 = 0.035\ 383$ | $Y_5 = 0.450\ 609$ | 0.015 944 | 33 543.3 |
| $\alpha_6 = 0.031\ 219$ | $Y_6 = 0.355\ 497$ | 0.011 098 | 29 595.8 |
| $\alpha_7 = 0.020\ 866$ | $Y_7 = 0.270\ 073$ | 0.005 635 | 19 781.1 |
| $\alpha_8 = 0.057\ 667$ | $Y_8 = 0.179\ 614$ | 0.010 358 | 54 668.7 |
| $\sum \alpha_{1 \sim 8} = 0.399\ 206$ | $\sum \alpha_j Y_j = 0.218\ 981$ | | $\sum D_j = 378\ 449.9$ |
| $\alpha_c = 1 - \sum \alpha_{1 \sim 8} = 0.600\ 794$ | $1 - \sum \alpha_j Y_j = 0.781\ 019$ | | $D_c = \alpha_c D_0 = 569\ 556.7$ |

（2）汽轮机的汽耗量

该机组纯凝汽工况时的汽耗 $D_{co}$

$$D_{co} = \frac{3600 P_{el}}{h_i^c \eta_m \eta_g} = \frac{3600 \times 3 \times 10^5}{1495.82 \times 0.985 \times 0.99} = 740\ 411.23 (kg/h)$$

$$D_0 = D_{co} \frac{1}{1 - \sum \alpha_j Y_j} = 948\ 006.7 (kg/h)$$

根据 $D_0$ 求得各级回热抽汽量 $D_j$，见表 7-5。

校核凝汽量：

$$D_c = D_0 - \sum D_j = 948\,006.7 - 378\,449.9 = 569\,556.8(\text{kg/h})$$

$$D_c = \alpha_c D_0 = 0.600\,794 \times 948\,006.7 = 569\,556.7(\text{kg/h})$$

两者计算结果一致。根据 $D_0$ 计算各项汽水流量，见表 7 - 6。

表 7 - 6　　　　　　　　　　　各 项 汽 水 流 量

| 项　　目 | 符号 | $\alpha_x$ | $D_x = \alpha_x D_0$ (kg/h) | 项　　目 | 符号 | $\alpha_x$ | $D_x = \alpha_x D_0$ (kg/h) |
|---|---|---|---|---|---|---|---|
| 全厂汽水损失 | $\alpha_l$ | 0.005 127 | 4860.4 | 化学补充水 | $\alpha_{ma}$ | 0.007 799 | 7393.5 |
| 锅炉排污 | $\alpha_{bl}$ | 0.005 123 | 4885.1 | 再热蒸汽 | $\alpha_{rh}$ | 0.846 715 | 802 691.5 |
| 轴封用汽 | $\alpha_{sg}$ | 0.0052 | 4929.6 | 汽轮机总汽耗 | $\alpha_0'$ | 1.0052 | 952 936.3 |
| 小汽轮机用汽 | $\alpha_4''$ | 0.0458 | 43418.7 | 锅炉蒸发量 | $\alpha_b$ | 1.010 327 | 957 796.8 |
| 连排扩容蒸汽 | $\alpha_f$ | 0.002 481 | 2352.0 | 锅炉给水量 | $\alpha_{fw}$ | 1.015 48 | 962 681.8 |
| 扩容器排污水 | $\alpha_{bl}'$ | 0.002 672 | 2533.1 | | | | |

### 6. 汽轮机的功率核算

根据功率方程 $P_j = D_j(h_0 - h_j + \Delta q_{rh})\eta_{mg}/3600$ 计算，其中第一、二抽汽 $\Delta q_{rh} = 0$，其计算结果见表 7 - 7。误差在工程上允许的范围内，表明计算正确。

表 7 - 7　　　　　　　　　　　抽 汽 功 率 计 算

| 符　　号 | 数值（kW） | 符　　号 | 数值（kW） |
|---|---|---|---|
| $P_1$ | 3398 | $P_6$ | 7729 |
| $P_2$ | 8965 | $P_7$ | 5850 |
| $P_3$ | 3575 | $P_g$ | 18 172 |
| $P_4$ | 14071 | $P_c$ | 230 774 |
| $P_5$ | 7467 | $\sum P_j$ | 300 001 |

### 7. 热经济指标计算

（1）机组热耗量 $Q_0$，热耗率 $q_0$，机组绝对电效率 $\eta_{el}$

$$Q_0 = D_0'(h_0 - h_{fw}) + D_{rh}\Delta q_{rh} + D_f(h_f - h_{fw}) - D_{ma}(h_{fw} - h_{ma})$$

$$= 952\,936.3 \times (3396 - 1148.57) + 802\,691.5 \times 484.62 + 2352$$

$$\times (2771.46 - 1148.57) - 7393.5 \times (1148.57 - 208.75)$$

$$= 2\,527\,526\,462(\text{kJ/h})$$

$$q_0 = \frac{Q_0}{P_{el}} = \frac{2\,527\,526\,462}{300\,000} = 8425.09[\text{kJ/(kW} \cdot \text{h)}]$$

$$\eta_{el} = \frac{3600}{q_0} = \frac{3600}{8425.09} = 0.4273 = 42.73\%$$

（2）锅炉热负荷 $Q_b$ 和管道效率 $\eta_b$

若不考虑再热管道的能量损失，即 $\Delta q_{rh}' = \Delta q_{rh} = 484.62\text{kJ/kg}$，则 $Q_b$ 为

$$Q_b = D_b(h_b - h_{fw}) + D_{rh}\Delta q_{rh} + D_{bl}(h_{bl} - h_{fw})$$

$$= 957\,796.8 \times (3412 - 1147.04) + 802\,691.5 \times 484.62$$

$$+4885.10 \times (1761.78 - 1147.04)$$
$$= 256\ 137\ 4861(\text{kJ/h})$$

$$\eta_b = \frac{Q_0}{Q_b} = \frac{2\ 527\ 526\ 462}{2\ 561\ 374\ 861} = 0.9868 = 98.68\%$$

（3）全厂热经济指标

全厂效率 $\eta_{cp} = \eta_b \eta_p \eta_{el} = 0.9168 \times 0.9868 \times 0.4273 = 0.3866 = 38.66\%$

全厂热耗率 $q_{cp} = \dfrac{3600}{\eta_{cp}} = \dfrac{3600}{0.3866} = 9311.95\ [\text{kJ/(kW·h)}]$

标准煤耗率 $b^s = \dfrac{0.123}{\eta_{cp}} = \dfrac{0.123}{0.3866} = 0.3182\ [\text{kg/(kW·h)}]$

## 思 考 题

7-1　何谓原则性热力系统？其特点和作用是什么？

7-2　原则性热力系统是由哪些局部系统组成？其相应关系如何？

7-3　原则性热力系统拟定包括哪些内容？其要求如何？

7-4　简述原则性热力系统计算的目的，并比较它与回热系统计算的异同。

7-5　国产 N200-12.75/535/535 型（双排汽）机组原则性热力系统如图 7-13 所示。额定工况时各汽水参数见表 7-8。配自然循环汽包锅炉，过热器出口蒸汽参数 $p_b = 13.83\text{MPa}$，$t_b =$

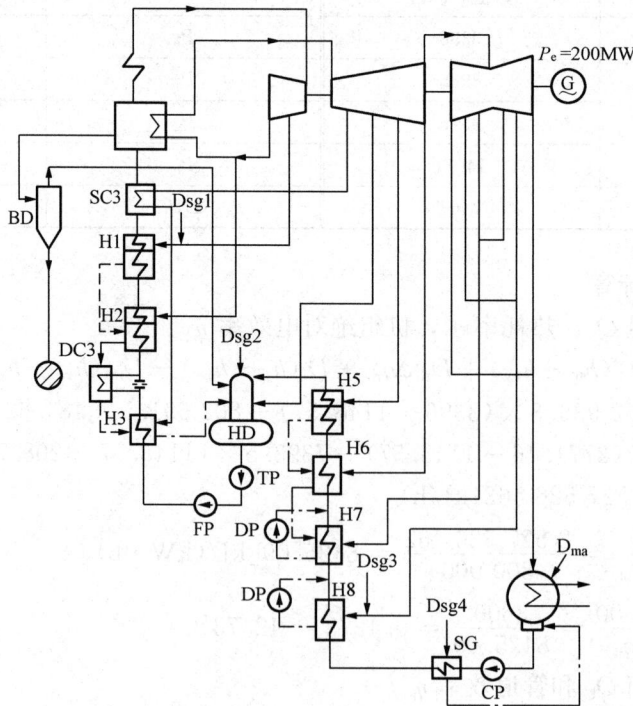

图 7-13　国产 N200-12.75/535/535 型（双排汽）机组原则性热力系统图

540℃，汽包压力 15.69MPa，$\eta_b=0.9168$，$\eta_m\eta_g=0.98$，换热设备效率 $\eta_h=0.99$。

**表 7-8　　　　　国产 N200-12.75/535/535 型（双排汽）机组额定工况汽水参数**

| 项　目 | $p_j$（MPa） | $t_j$（℃） | $h_j$（kJ/kg） | $h'_j$（kJ/kg） | $h_{wj}$（kJ/kg） | $h_{wj+1}$（kJ/kg） |
|---|---|---|---|---|---|---|
| 新蒸汽 | 12.75 | 535 | 3433 | | | |
| 第一级抽汽 | 3.75 | 363.3 | 3136 | 1048 | 1038 | 934 |
| 第二级抽汽 | 2.46 | 310 | 3038 | 822 | 934 | |
| 中压缸入口蒸汽 | 2.18 | 535 | 3543 | | | |
| 第三级抽汽 | 1.22 | 454.8 | 3383 | 785 | 785 | 698* |
| 第四级抽汽 | 0.6816 | 374.1 | 3220 | 678 | 678 | 597 |
| 第五级抽汽 | 0.4227 | 313.5 | 3100 | 601 | 597 | 512 |
| 第六级抽汽 | 0.2489 | 252.3 | 2978 | 521 | 512 | 443** |
| 第七级抽汽 | 0.1497 | 201.9 | 2884 | 456 | 441 | 308** |
| 第八级抽汽 | 0.0455 | 95 | 2684 | 321 | 306 | |
| 凝汽器 | 0.0054 | x=0.932 | 2437 | | | |

\*　考虑给水泵功使给水焓升。

\*\*　为进水处混合焓。

7-6　轴封汽至 H1 的 $\alpha_{sg1}=0.00495$，$h_{sg1}=3393$kJ/kg，至 H4 的 $\alpha_{sg2}=0.00754$，$h_{sg2}=3294$kJ/kg，至 H8 的 $\alpha_{sg3}=0.00295$，$h_{sg3}=3267$kJ/kg，至 SG 的 $\alpha_{sg4}=0.00262$，$h_{sg4}=3135$kJ/kg，其饱和水比焓 $h'_{sg4}=412$kJ/kg。第三级抽汽先引至外置式蒸汽冷却器 SC3，进入 H3 凝结段的蒸汽比焓为 2938kJ/kg，除氧器采用滑压运行方式。补水入凝汽器。求额定工况时的热经济指标。

# 第八章　发电厂全面性热力系统

## 第一节　概　　述

发电厂的全面性热力系统是以规定的符号表明全厂主辅热力设备，包括运行的和备用的，以及按照电能生产过程连接这些热力设备的汽水管道和附件的整体系统图。为适应机组启动、低负荷运行、变工况、正常运行、事故或停止运行时各种运行方式变化的需要，发电厂配备了各种不同作用的备用设备、备用管路、操作部件和安全保护部件等。全面性热力系统图是按发电厂设备的实际数量绘制的。

发电厂全面性热力系统反映整个发电厂能量的转换过程，是在发电厂初步设计中就应拟定的系统图。它按设备的实际数量进行绘制，并标明一切必须的连接管路及其附件。在发电厂设计工作中它是编制热力设备总表、各类管道及其附件汇总表的依据，也是发电厂各管道系统和主厂房布置的依据。

发电厂全面性热力系统图是发电厂设计、施工和运行中非常重要的技术资料，其型式的不同影响着发电厂的投资和钢材耗量、设计施工工作量的大小和工期的长短、运行中工质损失和散热损失的大小。从全面性热力系统图中还可了解在发电厂运行工况改变及设备检修时，进行各种切换的可能性及备用设备投入的可能性，从而可看出发电厂运行的安全可靠性、运行调度灵活性和生产的经济性。

拟定全面性热力系统的原则是：首先应保证发电厂生产安全可靠，其次是保证发电厂运行调度灵活方便；第三是要求系统布置简单明了、便于扩建，投资和运行费用少。全面性热力系统拟定是复杂而且专业技术性很强的工作，在设计中需要经过分析、计算和技术经济性比较后才能确定最佳方案。

拟定和绘制发电厂全面性热力系统时，应采用国家规定的或通用的火电厂热力系统管线、设备和阀门的图例，见表 8-1。

表 8-1　　阀门、管件和热力管线在系统图上的图形符号

| 名　称 | | 图形符号 | 名　称 | | 图形符号 |
|---|---|---|---|---|---|
| 阀门 | 闸阀 | | 阀门 | 电动 | Ⓜ |
| | 截止阀 | | | 电磁 | |
| 关断用阀门 球阀 | | | 阀门的控制及执行机构 | 气动 | |
| | 蝶阀 | | | 液动 | |
| | 旋塞 | | | 气动薄膜 | |
| | 隔膜阀 | | | 重锤执行机构 | |

| 名　称 | | | 图形符号 | 名　称 | | 图形符号 |
|---|---|---|---|---|---|---|
| 阀门 | 调节用阀门 | 节流阀 | | 阀门 | 浮子执行机构 | |
| | | 调节阀 | | | 连接件 | 自动主汽门 |
| | | 减压阀 | | | | 大小头 |
| | | 疏水器 | | | | 中间堵板 |
| | | 减压减温器 | | | | 管间盲板 |
| | 保护用阀门 | 止回阀 | | | | 法兰 |
| | | 安全阀 | 重锤式 | | 节流孔板 | 单级 |
| | | | 弹簧式 | | | 多级 |
| | | | 脉冲式 | | 过滤装置 | 滤水器 |
| | 阀门按介质流向分类 | 直通阀 | | | | 蒸汽或空气过滤器 |
| | | 角阀 | | | | 泵入口滤网 |
| | | 三通阀 | | | 水封装置 | 单级 |
| | | 四通阀 | | | | 多级 |
| | 排水 | 至排水管 | | | 流量测量装置 | 孔板 |
| | | 至排水沟 | | | | 喷嘴 |
| | | 漏斗 | | | 减温器 | |
| | 排汽或气 | 排大气 | | | 直接作用式调节阀 | 阀前 |
| | | 排汽消音器 | | | | 阀后 |
| | | 真空破坏阀 | | | 水封阀 | |
| | 高压加热器自动盘路 | | | | 弹簧式排汽阀 | |
| | | | | | 弹簧式泄水阀 | |
| 管线 | 主蒸汽管 | | | 管线 | 疏水、放水及溢水管 | |
| | 高温再热蒸汽管 | | | | 定期排污管 | |
| | 低温再热蒸汽管 | | | | 连续排污管 | |
| | 各级抽汽管道 | | | | 空气管 | |
| | 凝结水、给水及其他管道 | | | | 循环水管 | |
| | 减温水管 | | | | | |

绘制完成的全面性热力系统图中，至少要有一台锅炉、汽轮机及其辅助设备的有关汽水管道上需要标明公称压力、管径和管壁厚度。图的右侧通常附有该图的设备明细表，并标明设备名称、规范、型号单位及其数量和制造厂家或备注。本书作为教材，限于篇幅，在所涉及的全面性热力系统图中不再作以上标示，并对发电厂实际的全面性热力系统作了适当简化。

## 第二节　主蒸汽与再热蒸汽管道系统

### 一、主蒸汽和再热蒸汽系统型式

（一）主蒸汽系统型式及应用

发电厂主蒸汽管道系统包括锅炉与汽轮机之间连接的新蒸汽管道，以及由新蒸汽送往各辅助设备的用汽支管。

主蒸汽管道系统是发电厂重要的系统之一，影响着发电厂运行的安全性和经济性。主蒸汽管道由于长期处在高温高压下运行，热强度逐渐下降，蠕变量增大，管道容易老化。主蒸汽管道一旦爆破，不仅造成工质和热量的损失，而且还会威胁人身和设备的安全。主蒸汽管道所用钢材随单机容量增大和蒸汽初参数提高其质量和强度也逐渐提高，所以主蒸汽管道的投资在发电厂总投资中占有相当的比例。

发电厂对主蒸汽管道布置的要求是：系统简单、工作安全可靠；运行调度灵活、便于切换；方便安装、维修和扩建；投资和运行费用少。

1. 主蒸汽系统型式

发电厂应用的主蒸汽管道系统主要有集中母管制系统、切换母管制系统、单元制系统以及扩大单元制系统四种形式，如图 8-1 所示。

发电厂所有锅炉生产的蒸汽都集中引至一根蒸汽母管上，再由该母管引至汽轮机及各处用汽，称为集中母管制系统。为增加系统运行的可靠性，一般将集中母管分区段，如图 8-1 （a）所示。

图 8-1 （b）所示为切换母管制系统。发电厂每台锅炉与其对应的汽轮机组成一个单元，各单元之间设置联络母管，每个单元通过一段联络管和三个切换阀与蒸汽母管相连。机组经常按单元形式运行，当该单元的锅炉发生事故或检修时，即通过切换阀门由母管引来邻炉蒸汽，使停运锅炉所对应的汽轮机仍可处于运行状态。

单元制系统是指锅炉和汽轮机组成一个独立的单元，锅炉直接向所配用的一台汽轮机供汽，各单元之间无任何横向联系的蒸汽管道，如图 8-1 （c）所示。

扩大单元制系统是将单元制系统用一根蒸汽母管和隔离阀门相互连接起来的主蒸汽系统，如图 8-1 （d）所示。

2. 主蒸汽系统形式的比较和应用

主蒸汽系统形式主要从可靠性、灵活性、经济性、方便性四个方面来进行分析比较。

集中母管制系统中，当与母管连接的任一阀门故障时，全厂就要停运，可靠性差，虽然采用串联的两个关断阀将母管分段，也只是将事故范围局部化了。因此只有在机、炉容量和台数不相配合的情况下才采用这种系统。我国单机容量为 6MW 及以下的发电厂，其主蒸汽管道多采用集中母管制。

切换母管制系统运行灵活，而且机组的调峰性也较好。但其系统较复杂，管道长，阀门

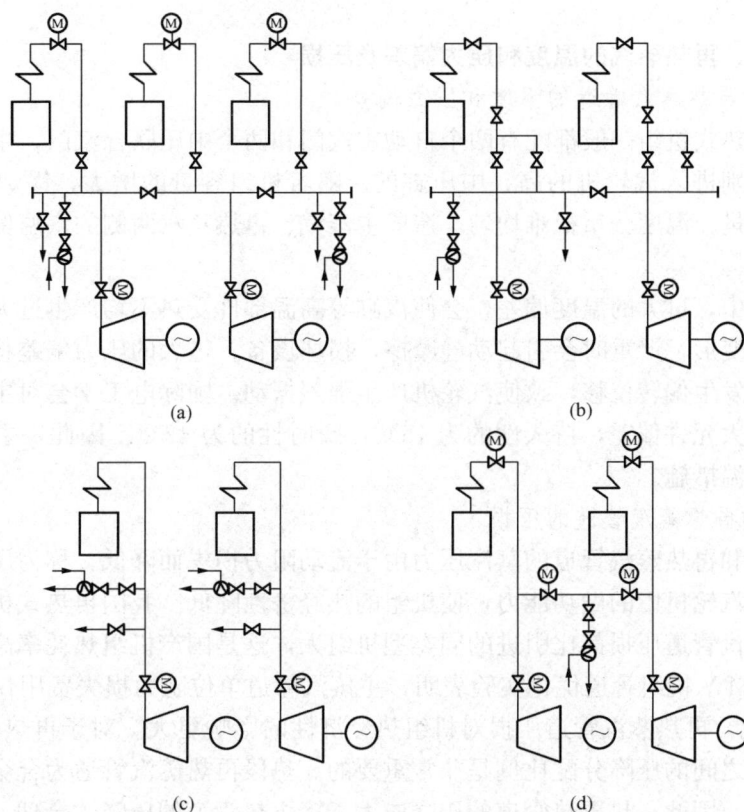

图 8-1　主蒸汽系统的形式
(a) 集中母管制；(b) 切换母管制；(c) 单元制；(d) 扩大单元制

多，投资大，事故可能性比较大，适用于工质参数不太高，机炉容量不完全匹配或装有备用锅炉的发电厂。

单元制系统没有蒸汽母管，管道也短，阀门及管道附件少、投资小；压力损失和散热损失小；事故范围只限于一个单元，事故可能性小；便于机炉电集中控制，运行费用少。但由于单元设备联系紧密，且相邻单元之间不能互相支援，机炉之间也不能切换运行，运行灵活性较差。现代大容量电厂，机、炉容量相匹配，为节省投资，同时便于机、炉、电的自动化控制，几乎都采用单元制主蒸汽系统。特别是采用蒸汽中间再热的机组，各机组间的再热蒸汽参数各有不同，不能切换运行，必须采用单元制系统。

扩大单元制系统的特点介于切换母管制和单元制之间，与切换母管制相比，系统阀门少，事故可能性减小；与单元制相比，机炉之间可切换运行，灵活性增强。我国一些高压凝汽式电厂的主蒸汽系统有采用这种型式的。

（二）再热蒸汽系统形式

再热蒸汽系统包括再热冷段和再热热段蒸汽系统，指从汽轮机高压缸排汽口经锅炉的再热器至汽轮机中压联合汽门前的全部蒸汽管道和分支管道。再热冷段蒸汽系统是指从汽轮机高压缸排汽口到锅炉再热器进口联箱的蒸汽管道及分支管道；再热热段蒸汽系统是指从锅炉再热器出口联箱至汽轮机中压缸进汽门之间的蒸汽管道及分支管道。

如前所述，由于各机组间的再热蒸汽参数各不相同，不能切换运行，因而再热蒸汽系统均采用单元制。

**二、主蒸汽、再热蒸汽的温度和压力偏差及压损**

1. 主蒸汽、再热蒸汽管道的温度和压力偏差

现代大型再热式机组一般都配有两个自动主汽门和两个中压联合汽门，主蒸汽及再热蒸汽均是分两侧分别进入汽轮机的高、中压缸的。随着机组容量的增大，锅炉炉膛宽度也加大，致使烟气流量、温度分布很难均匀，造成主蒸汽、再热蒸汽两侧的汽温偏差和压力偏差增大。

在机组运行中，过大的温度偏差，会使汽缸等高温部件受热不均产生过大热应力，造成汽缸等部件扭曲变形，严重时会引起动静摩擦，损坏设备；过大的压力偏差将会引起汽轮机机头因受力不均发生偏转位移，致使汽轮机产生强烈振动。国际电工学会对主蒸汽和再热蒸汽温度规定了最大允许偏差，持久性的为 15℃，瞬时性的为 42℃。因此，主蒸汽和再热蒸汽系统要求有混温措施。

2. 主蒸汽和再热蒸汽管道的压损

主蒸汽管道和再热蒸汽管道的蒸汽压力由于流动阻力损失而降低，称为压损。压损的存在降低了蒸汽在汽轮机中的做功能力，使机组的热经济性降低。我国再热式机组的主蒸汽管道压损和再热蒸汽管道压损都比引进的同类型机组大，这是国产机组热耗率高的主要原因之一。通过某 600MW 机组管道优化实验表明，主蒸汽管道单位阻力损失费用仅为再热蒸汽管道的 1/40，因此，再热蒸汽管道压损对机组热经济性的影响更大。对于再热蒸汽管道，冷、热再热蒸汽管道之间的压降分配比例是非常重要的。热段再热蒸汽管道为合金钢，冷段再热蒸汽管道为碳钢，因此，热再热管道的压降应大于冷再热管道的压降才合理。

现代大型机组都会采取一些相应的措施来降低主蒸汽管道和再热蒸汽管道的压损。例如对新机组的主蒸汽和再热蒸汽管道的管径及管路根数进行优化计算和合理选择；再如根据具体系统减少主蒸汽和再热蒸汽管上的管件以降低局部阻力损失；或者采取其他措施，如流量测量装置改用文丘里管，主蒸汽管、再热蒸汽管道上不装关断阀等。

**三、单元制主蒸汽系统**

（一）单元制主蒸汽系统特点

单元制主蒸汽系统有双管式系统、单管—双管式系统和双管—单管—双管式系统三种形式。不同形式间在系统布置上存在共同点，但也有不同之处。

通常主蒸汽管道上会装设弹簧式安全阀、电磁释放阀、流量测量装置、电动主闸阀、自动主汽门等附件。弹簧式安全阀用于汽包或过热器的超压保护。当设备压力超限时，安全阀动作进行放汽，确保安全运行。电磁释放阀为减少安全阀动作次数而设，其压力整定值小于安全阀，当锅炉超压时，电磁释放阀首先动作放汽。电动主闸阀起隔离作用，防止锅炉本体水压试验水因主汽阀关闭不严而进入汽轮机。电动主闸阀一般会并联两个手动截止阀，目的是减小电动主闸阀的预启力，同时也作为启动暖管用。自动主汽门的主要作用是在汽轮机故障或甩负荷时迅速切断汽轮机的进汽，也用于正常停机时切断主蒸汽。主汽门内装设有预启阀，用于机组冷态启动时汽轮机暖机，以及在主汽门开启之前平衡其阀座两侧的压力。在主汽门中还装有滤网，防止焊渣、杂物等进入汽轮机。

主蒸汽管道上一般装设以下蒸汽支管：①去给水泵小汽轮机的高压备用汽源管道；②汽轮机轴封蒸汽管道；③去汽缸夹层加热和法兰螺栓加热装置的供汽管道，以调整汽轮机在启

停过程中的金属胀差；④双管式系统两侧主汽门后，装设一根中间联络管，用来平衡汽轮机左右两侧蒸汽的温度偏差和压力偏差。

为防止主蒸汽管道中凝结水和水压试验的放水进入汽轮机，同时控制暖管温升率，系统还设有疏水、放水和疏汽管。

（二）单元制主蒸汽系统举例

1. 双管式主蒸汽系统

双管式系统可以避免采用管壁厚、管径大的管道及大口径阀门，投资少，内部蒸汽流速在允许范围内，蒸汽压降小，国产中间再热式机组广泛采用此种形式。图8-2所示为某300MW机组上采用的双管式主蒸汽系统。主蒸汽从锅炉过热器出口联箱两端引出两根对称的管道，至汽轮机左右两侧进入高压缸。该系统在电动主闸阀前和主汽门前的管道低位点，均设有疏水点。自动主汽门前设置疏汽管，用于机组启动初期汽轮机冲转前，电动闸阀和自动主汽门之间的管段的暖管。

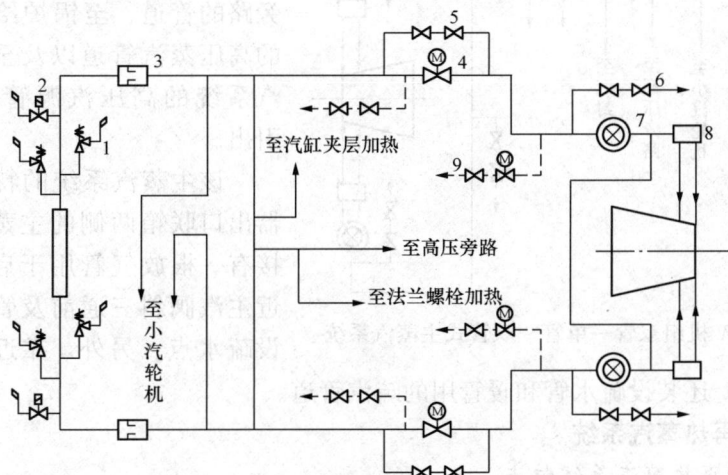

图8-2　300MW机组双管式主蒸汽系统

1—弹簧式安全阀；2—电磁释放阀；3—流量测量装置；4—电动主闸阀；
5—电动主闸阀旁路阀；6—疏汽管；7—自动主汽门；8—调节汽阀；9—疏水管

2. 单管—双管式主蒸汽系统

图8-3所示为某机组所采用的单管—双管式主蒸汽系统。主蒸汽从锅炉过热器的出口联箱经一根主管道引出，在靠近汽轮机处用一只斜三通再分为两根管道分别进入汽轮机高压缸的左右侧主汽阀，系统简单，投资小。由于主蒸汽从锅炉过热器由单管引出，有利于消除进入汽轮机的主蒸汽两侧的温度偏差和压力偏差。

该系统主蒸汽管道上不安装流量测

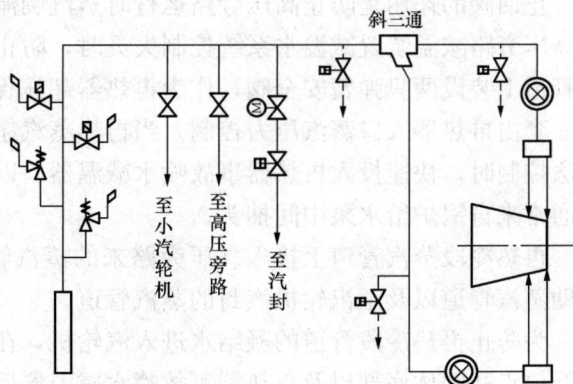

图8-3　300MW机组单管—双管式主蒸汽系统

量装置及电动主闸阀，既减少了主汽管道上的压强损失，又减少了运行维护费用。各项用汽支管在单管部分引出，管道连接相对简单；为防止主汽轮机及小汽轮机进水，在主蒸汽单管末端靠近斜三通处、主汽阀前、去锅炉给水泵小汽轮机高压汽源管道的低位点及小汽轮机的高压汽门前，均设有疏水点。

3. 双管—单管—双管式主蒸汽系统

图 8-4 所示为某引进技术国产 600MW 机组上采用的双管—单管—双管式主蒸汽系统。过热器出口联箱两侧各引出一根蒸汽管道，经斜三通后汇集成一根单管，到主汽阀前再经斜三通分成两根管道进入汽轮机高压缸。

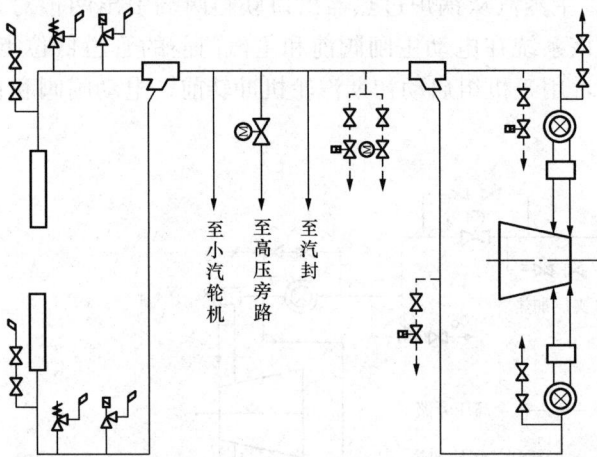

图 8-4　600MW 机组双管—单管—双管式主蒸汽系统

与单管—双管式主蒸汽系统类似，由于中间部分采用单管，蒸汽能够很好地混合，减小了进入汽轮机的蒸汽温度偏差和压力偏差。至汽轮机高压旁路的管道、至锅炉给水泵小汽轮机的高压蒸汽管道以及至汽轮机轴封蒸汽系统的高压汽源管道由单管部分引出。

该主蒸汽系统的特点还有在过热器出口联箱两侧的主蒸汽管道上，各接有一根放气管用于启动放气。在靠近主汽阀斜三通前及管道的低位点均设疏水点。另外，靠近主汽阀前两侧的主蒸汽管道上，还装设疏水管和暖管用的疏汽管道。

**四、单元制再热蒸汽系统**

（一）单元制再热蒸汽系统特点

单元制再热蒸汽系统分为冷段蒸汽系统和热段蒸汽系统。单元制再热蒸汽系统与单元制主蒸汽系统一样，也有双管式系统、单管—双管式系统和双管—单管—双管式系统三种形式。

再热冷段蒸汽管道上一般装设高压缸排汽止回阀、安全阀及再热器事故喷水减温器等附件。止回阀的作用是防止高压旁路运行时蒸汽倒流入汽轮机，以及当再热器事故喷水减温器或高压旁路减温装置减温水系统控制失灵时，防止水倒流入汽轮机。再热器进口联箱前的冷段管道上装设两只弹簧安全阀，作为再热器超压保护。一套由汽轮机高压缸排汽压力控制，另一套由再热器入口蒸汽压力控制。当再热蒸汽超温，并且通过调整锅炉燃烧及微量喷水又无法控制时，快速投入再热器事故喷水减温器，以维持再热器出口蒸汽温度。再热蒸汽减温水通常来自锅炉给水泵中间抽头。

再热冷段蒸汽管道上接入高压旁路来的蒸汽管道；引出至高压加热器 H2 的抽汽管道、辅助蒸汽管道以及至汽轮机汽封的蒸汽管道。

为防止再热冷段管道的凝结水进入汽轮机，在再热冷段蒸汽管道上的止回阀前、后的管道低位点和阀体底部以及再热器事故喷水减温器后的管道上，均设有疏水点。

再热热段蒸汽管道上一般装设安全阀、水压试验堵板、中压联合汽门等附件。类似自动主汽阀，中压联合汽门也装设有预启阀，用于平衡联合汽门开启时阀座两侧的压力，同时内部还装有滤网，防止杂物进入汽轮机。

再热热段蒸汽管道上引出低压旁路装置管道。

再热蒸汽压力相对较低，容积流量大，所以再热热段蒸汽管道管径大、管壁厚，在机组启动时有较多的凝结水需要排除，同时为控制暖管温升率和再热蒸汽温度，在中压联合汽门前所有管道的低位点，均设有疏水装置。

（二）单元制再热蒸汽系统举例

1. 双管式再热蒸汽系统

图 8-5 所示为某国产 300MW 机组上采用的双管式再热蒸汽系统。汽轮机高压缸排汽从两侧排汽口通过两根再热冷段管道进入再热器进口联箱。热再热蒸汽经再热器出口联箱两侧的再热热段管道引至汽轮机基座下部，然后经四根导汽管，分别通过汽轮机中压缸的四只联合汽门进入汽轮机。

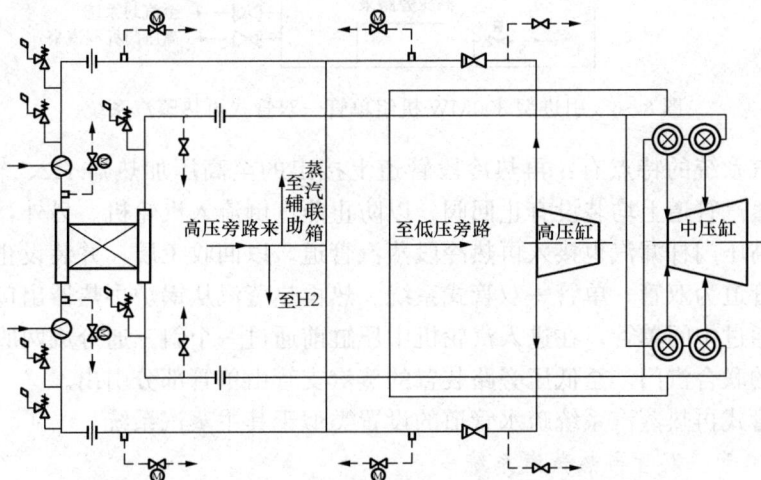

图 8-5　国产 300MW 机组双管式再热蒸汽系统

除具备上述再热蒸汽系统的共性外，该系统还有以下特点：

（1）再热冷段蒸汽管道上安装水压试验堵板，其作用是当再热器水压试验时隔离汽轮机。水压试验结束，应拆除堵板，并用与堵板等长、与冷段管道内径相等的钢制垫环代替，以便通流。

（2）至高压加热器 H2 的抽汽管道和至辅助蒸汽管道由高压旁路之后而进入再热冷段管道之前引出，这样布置的优点是在机组启动初期，只要旁路系统投入运行，同时蒸汽参数又能满足要求时，上述各种用汽均可投入工作。

（3）为严防汽轮机进水，止回阀前、后采用了疏水量大且自动化水平高的疏水罐疏水控制方式。

（4）在再热器出口水压试验堵板前的管道低位点，还装设有放水管，以便在再热器水压试验完毕后，将管内存水放净。

2. 单管—双管式再热蒸汽系统

图 8-6 所示为某引进型机组上采用的再热蒸汽管道系统，其再热冷段蒸汽管道是单管—双管式。高压缸排汽从汽轮机的排汽口经一根管道通往锅炉，在靠近锅炉再热器进口，分成

两根管道分别接入再热器入口联箱的两侧。

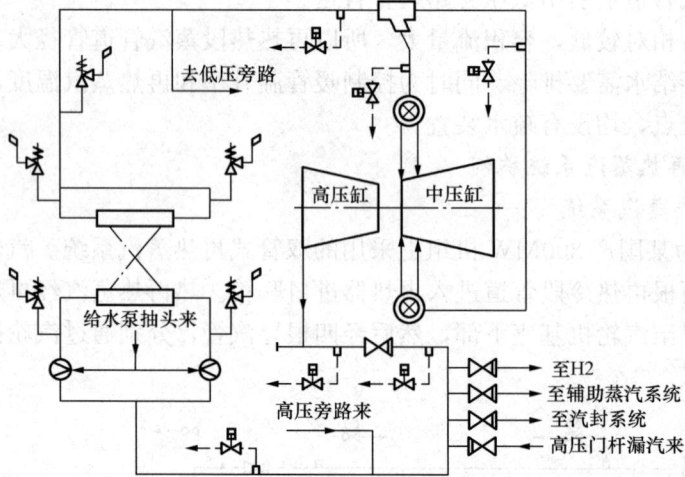

图 8-6 引进型 300MW 机组单管—双管式再热蒸汽系统

该再热蒸汽系统的特点有：再热冷段管道上接出的至高压加热器 H2、辅助蒸汽系统、汽轮机汽封的蒸汽管道上均装设有止回阀，以防止蒸汽倒流入汽轮机。另外，汽轮机主汽阀及调速汽门的高压门杆漏汽也接入再热冷段蒸汽管道，以回收工质，并装设止回阀。

再热热段管道为双管—单管—双管式系统。热再热蒸汽从锅炉再热器出口联箱经两根蒸汽管道，然后通过中间单管，在进入汽轮机中压缸前通过一个斜三通分成两股接到汽轮机中压缸的左右侧的联合汽门。至低压旁路装置的蒸汽支管由单管部分引出。

单管—双管式再热蒸汽系统疏水管道的设置类似于其主蒸汽系统。

3. 双管—单管—双管再热蒸汽系统

图 8-7 所示为某 600MW 机组的再热蒸汽系统，其冷段蒸汽管道和热段蒸汽布置均为双管—单管—双管的形式。热段管道系统在锅炉侧双管并成单管和汽轮机侧单管分成双管处均

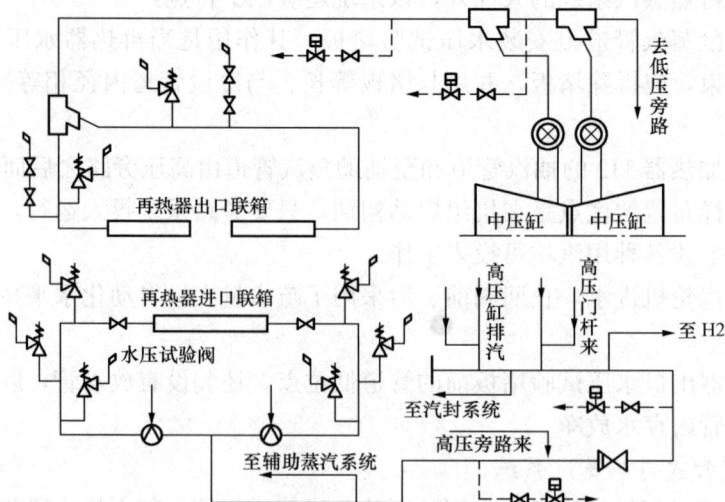

图 8-7 双管—单管—双管式再热蒸汽系统

使用了斜三通，并且在靠近汽轮机中压联合汽门处串联了两只斜三通，它们的斜插支管分别引至对称布置的中压缸汽门，后一只斜三通直通至低压旁路装置。

来自高压门杆的漏汽，接入靠近汽轮机高压缸排汽口两侧的再热冷段管道上。在单管的止回阀前，接有去高压加热器 H2 及汽轮机汽封系统的管道；单管的止回阀后引出至辅助蒸汽系统的管道。高压旁路来的蒸汽接入止回阀后的单管上；在再热器进口联箱之前的两根冷段管道上，各装有三只弹簧式安全阀和一只再热器水压试验阀。

该系统止回阀前、后均设有疏水点到凝汽器；在再热器出口联箱引出的双管上，各装设放气管和一只弹簧式安全阀；其他疏水管道的设置类似于其主蒸汽系统。

# 第三节　旁　路　系　统

## 一、旁路系统的概念

蒸汽中间再热机组的再热器布置在锅炉烟道中，当机组启、停和甩负荷工况时，再热器中由于无蒸汽通过进行冷却，有可能被烧坏。为保证机组启、停和事故工况下再热器运行的安全性，以及使再热机组有较好的负荷适应性，再热机组都设置一套旁路系统。

汽轮机旁路系统是与汽轮机并联的蒸汽减温减压系统，即蒸汽不进入汽缸的某些通流部分，而是绕过汽轮机并经过减温减压后，到参数较低的蒸汽管道或凝汽器去的连接系统，包括高压旁路（或Ⅰ级旁路）、低压旁路（或Ⅱ级旁路）以及整机旁路（或一级大旁路），如图 8-8 所示。

高压旁路是指主蒸汽不进入汽轮机高压缸，而是经减温减压后直接进入再热冷段蒸汽管道的系统。再热后的蒸汽不进入汽轮机的中压缸，而是经减温减压后直接排入凝汽器的系统称为低压旁路。主蒸汽绕过整个汽轮机，经减温减压后直接排入凝汽器的系统称为整机旁路。再热机组的旁路系统均是三种旁路的不同形式的组合。

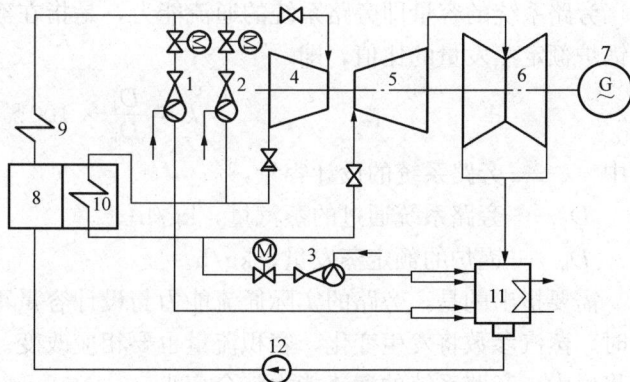

图 8-8　再热机组旁路系统
1—整机旁路装置；2—高压旁路装置；3—低压旁路装置；
4—高压缸；5—中压缸；6—低压缸；7—发电机；
8—锅炉；9—过热器；10—再热器；11—凝汽器；12—水泵

## 二、旁路系统的作用

再热机组的旁路系统是机组在启、停或事故工况下的一种调节和保护系统。其作用有四方面。

1. 保护锅炉再热器

锅炉再热器布置在较高的烟温区。在机组正常运行时，汽轮机高压缸的排汽通过再热器，使再热器得到充分冷却。但在锅炉点火、汽轮机冲转前或停机不停炉、电网事故或甩负荷等工况下，汽轮机高压缸则无排汽，再热器因无蒸汽流过或流量不够，就有超温烧坏的危险。设置旁路系统，使经过减温减压后的新蒸汽流过再热器，可以达到冷却保护再热器的目的。

## 2. 协调启动参数和流量，缩短启动时间，延长汽轮机使用寿命

再热式单元机组结构复杂，机组启动时对蒸汽温度和温升率要求很高，以控制胀差和振动在允许范围之内。由于单元机组普遍采用滑参数启动方式，为适应这种启动方式，锅炉应在整个启动过程中不断地调整汽压、汽温和蒸汽流量，以满足汽轮机在启动过程中暖管、冲转、暖机、升速、带负荷等不同阶段对蒸汽参数的要求。如果单纯通过调整锅炉燃烧或蒸汽压力，很难达到上述要求，尤其在热态启动时更难实现。采用旁路系统可以改善启动条件，能很快地提高新蒸汽和再热蒸汽的温度，缩短启动时间，延长汽轮机使用寿命。

## 3. 提高锅炉在电网故障或机组甩负荷时的运行稳定性

电网故障或汽轮机甩负荷时，有大量剩余蒸汽，旁路系统快速投入，使锅炉维持在最低稳燃负荷下运行，或机组空负荷运行，或带厂用电运行，实现停机不停炉。在故障消除后可快速恢复发电，从而减少了机组的停机时间和锅炉的启、停次数，改善了机、炉的启动状态，有利于系统的稳定。

## 4. 回收工质、消除噪声

机组在启、停过程中，锅炉的蒸发量大于汽轮机的汽耗量；在负荷突降或甩负荷时，机组同样有大量的蒸汽需要排出。多余的蒸汽若直接排入大气，将造成大量的工质损失和严重的排汽噪声，这是不允许的。设置旁路就可以达到回收工质和消除噪声的目的。

另外，在机组负荷突降或甩负荷时，利用旁路系统排放蒸汽，可以减少锅炉安全门的动作次数。

### 三、旁路系统的容量

旁路系统的容量即旁路系统的通流能力，是指在额定参数下旁路系统能够通过的蒸汽量与锅炉额定蒸发量的比值，即

$$k = \frac{D_1}{D_b} \times 100\%$$

式中　　$k$——旁路系统的设计容量，%；

$D_1$——旁路系统通过的蒸汽量，kg/h；

$D_b$——锅炉的额定蒸发量，kg/h。

需要指出的是，旁路的实际通流能力与设计容量不一定相同。因为机组在不同工况下运行时，蒸汽参数将发生变化，容积流量也要相应改变。例如当蒸汽压力变低时，蒸汽的比体积将增大，旁路系统的通流能力就会变小。

旁路系统容量的选择是个复杂的工作，影响因素很多，比如机组在系统中承担的负荷性质、锅炉燃料种类、再热器的材料和布置、旁路系统的投资等因素都影响着旁路系统容量的大小。现代大型机组大都承担系统调峰的任务，旁路系统通流量需满足保护再热器，以及机组在启、停过程中或负荷突降，甩负荷时蒸汽流过的要求，因此，旁路系统的容量选择一般在 30%～100% 之间。

### 四、旁路系统的形式

#### 1. 两级串联旁路系统

如图 8-9 所示，两级串联旁路系统由高、低压旁路串联组成。高压旁路的设置可以确保在任何工况下对再热器的保护。通过两级串联旁路的协调，可以满足机组在各种运行状态下对蒸汽参数的要求。

为保证凝汽器的安全经济运行，在凝汽器喉部装有膨胀扩容式减压减温装置，经低压旁路的蒸汽，在进入凝汽器之前再进行一次减压减温。所以，两级串联旁路系统实际上是三级减压减温。

两级串联旁路系统，由于阀门少，系统简单，又能够保护再热器，被广泛地应用于再热机组上。

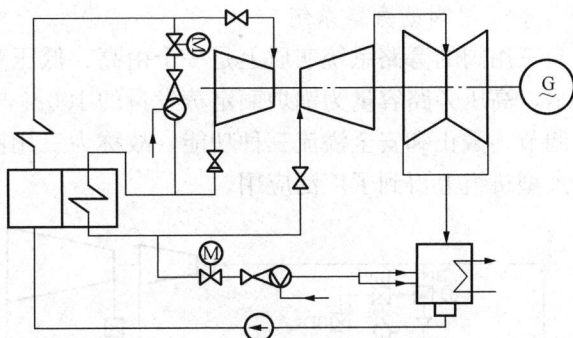

图 8-9　两级串联旁路系统

2. 整机旁路

如图 8-10 所示，整机旁路即一级大旁路，由锅炉来的新蒸汽，绕过全部汽轮机，经减压减温后排入凝汽器。

整机旁路系统优点是系统简单、投资小和便于操作，但是在机组启动或甩负荷时再热器得不到保护。因此若采用整机旁路，再热器的布置需要采取特殊的技术措施，如将再热器布置在锅炉内的低烟温区或再热器采用耐高温材料，并允许短时间干烧。整机旁路系统的缺点还有在机组低负荷运行或热态启动时，再热汽温的调节不方便。因此，需要在汽轮机中压联合汽门前装有对空排汽阀，必要时阀门动作用于调节再热蒸汽温度。

3. 两级并联旁路系统

如图 8-11 所示，两级并联旁路系统由高压旁路和整机旁路并联组成，并在再热热段管道上设置对空排汽阀。高压旁路主要用于保护再热器，以及在机组启动时用于暖管。整机旁路的作用是在机组启、停或甩负荷时，将多余的蒸汽排入凝汽器；当锅炉超压时，起到安全阀的作用，以减少安全阀的动作次数。

这种系统虽能适应机组各种工况和启动的要求，也能保护再热器，但在热态启动时通过再热器热段上的对空排汽来提高再热汽温，有工质和热量损失，并造成环境和噪声污染。

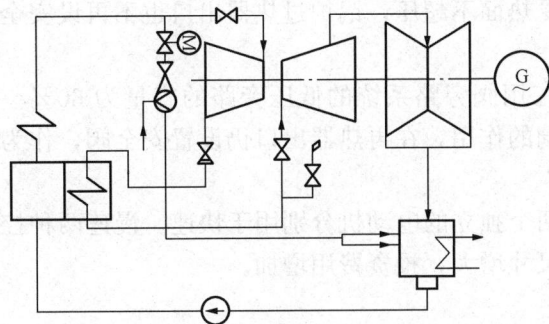

图 8-10　整机旁路系统

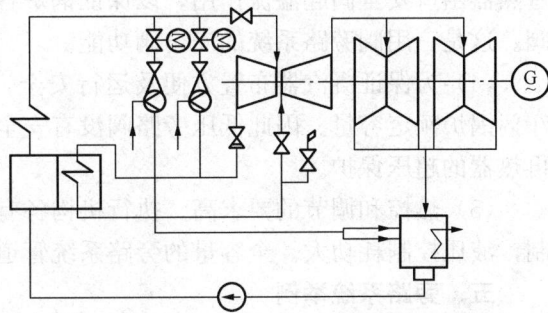

图 8-11　两级并联旁路系统

4. 三级旁路系统

如图 8-8 所示，三级旁路系统由高、低压两级串联旁路和整机旁路组成。高、低压两级串联旁路用于满足机组各种工况对蒸汽参数的要求，同时保护再热器；整机旁路使锅炉可以维持最低负荷稳燃，多余蒸汽排往凝汽器。

三级旁路系统功能最齐全，但系统最为复杂，旁路装置多，投资和运行费用高，布置困难，运行不便。因此，这种系统较少采用。

5. 三用阀的旁路系统

三用阀的旁路系统实质上是一个由高、低压旁路组成的两级串联旁路系统。如图 8-12 所示，高压旁路容量为锅炉额定蒸发量的 100%，低压旁路为 60%~70%。其三用阀具有启动调节、截止和安全溢流三种功能，故称为三用阀。这种系统是目前较为先进的旁路系统，在大型机组上得到了广泛应用。

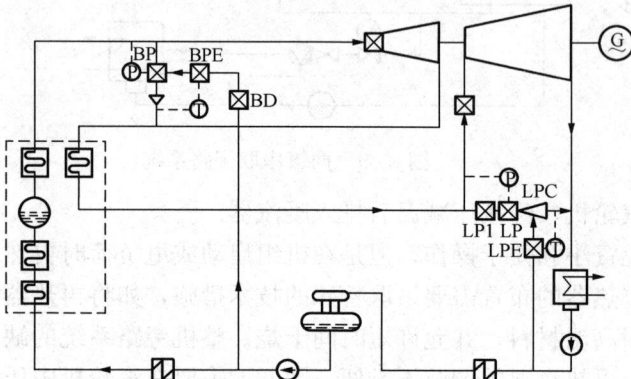

图 8-12　三用阀的旁路系统
BP—高压旁路调节阀；LP1—低压隔离阀；
BPE—高压旁路减温水调节阀；LP—低压调节阀；
BD—减温水减压隔离阀；LPE—低压旁路减温水调节阀；
LPC—低压旁路减温器

三用阀的旁路系统具有以下特点：

（1）从锅炉点火开始，高压旁路始终呈调节状态，协调锅炉产汽量与汽轮机用汽量的供求矛盾以及保护再热器，并使蒸汽参数满足汽轮机要求。与此同时，低压旁路也会适时投入进行调节，以维持再热汽温满足负荷要求。该系统能适应各种工况的启动。当外界电网故障时，能保证机组带厂用电运行；当汽轮机掉闸甩负荷时，可保证停机不停炉。这是三用阀旁路系统的启动调节功能。

（2）当锅炉产汽量与汽轮机用汽量相平衡以后，高压旁路阀作为截止阀将主蒸汽系统与再热蒸汽系统隔离，使整个汽水系统处于正常运行状态。这是三用阀旁路系统的截止阀功能。

（3）高压旁路容量为 100%，并且在事故工况下能在 1~3s 内迅速开启，完全可以代替过热器出口安全阀起溢流作用，以保证锅炉各受热面不超压，锅炉过热器出口也不再设安全阀。这是三用阀旁路系统的安全阀功能。

（4）为保证凝汽器布置方便及运行安全，三用阀旁路系统的低压旁路的容量为 60%~70%锅炉额定容量。因此低压旁路阀没有安全阀的作用，在再热器出口仍设置安全阀，作为再热器的超压保护。

（5）热控和调节的要求高。执行机构各有两个独立的电动机分别用于快速、慢速两种控制，液压控制耗功大。全容量的旁路系统管道尺寸增大，投资费用增加。

**五、旁路系统举例**

300MW 及以上容量机组广泛采用由高、低压旁路组成的两级串联旁路系统。

旁路系统的执行机构主要有液动和电动两种，不论哪种控制方式，旁路装置都要具有快速开启的功能，当汽轮机事故工况如甩负荷时旁路系统能在 1.5s 内投入运行，在 5s 内全开。

图 8-13 所示为某引进型 300MW 机组上采用的两级串联旁路系统。

高压旁路系统管道上设置高压旁路阀，用于旁路动作调节；高压旁路蒸汽减温水来自给水泵的出口母管，减温水供水管路上设置高压喷水调节阀和隔离阀。高压旁路在机组正常运行时，应处于热备用状态，并要求旁路阀入口处的温度比主蒸汽温度低 100~150℃。若高于此温度，当旁路阀快速开启时，热冲击太大；而低于此温度则容易积聚凝结水，有引起汽水冲击的危险。

低压旁路系统管道上设置低压旁路阀，低压旁路蒸汽减温水通常来自主凝结水系统。与高压旁路类似，减温水供水管路上设置低压喷水调节阀和隔离阀。

为使高压旁路在机组正常运行时处于热备用状态，在高压旁路阀前、后各引出一根通汽预热管。高压旁路阀前的预热管接至汽轮机主汽阀前的管道上。由于主蒸汽管上高压旁路接口处与预热管接入汽轮机进汽管接口处蒸汽压力不同，少量蒸汽会在预热管内缓慢流动，加热高压旁路阀的阀体及阀前管道，同时回收该

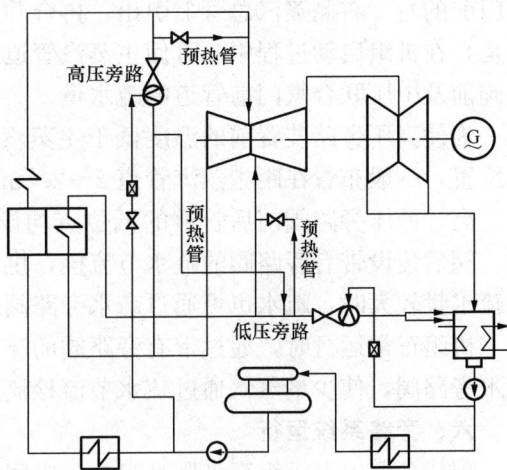

图 8 - 13　引进型 300MW 机组旁路系统

部分蒸汽进入汽轮机高压缸做功，保证机组的热经济性。高压旁路阀后的预热管接至低压旁路蒸汽管道减压阀前，保证从高压旁路阀后至高压旁路与再热冷段蒸汽管道接口处这段管道在高压旁路备用期间有蒸汽流过进行加热。

另外，自低压旁路阀前也引出一根预热管接至中压联合汽门前的再热蒸汽管道上，利用蒸汽压差使适量蒸汽在预热管内缓慢流动，以加热这段盲管和低压旁路阀，并回收蒸汽进入中压缸做功。

为保证旁路投入时的安全运行，避免水冲击事故发生，高压旁路阀前、低压旁路阀前后均设有疏水点，疏水排入凝汽器。各疏水阀门在旁路暖管、备用期间关闭。

图 8 - 14 所示为某国产机组上采用的两级串联旁路系统。由于该机组主蒸汽及再热蒸汽管道均为双管制，旁路的引出管道为两根，中间合并之后再分开进入低压蒸汽管道或不合并接入凝汽器。由图可知，高压旁路从靠近汽轮机侧的两根主蒸汽管上接出后合并成一根管道再接至高压旁路阀进口，之后再分两根进入冷再热蒸汽管道；低压旁路蒸汽管道从中压联合

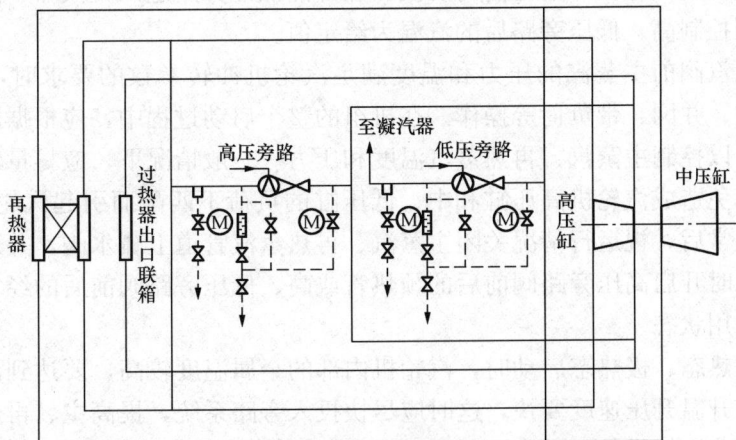

图 8 - 14　国产 300MW 机组的两级串联旁路系统

汽门前的左、右侧蒸汽总管上引出，再合并成一根管道接到低压旁路阀进口。这种布置的优点是，在机组启动过程中，可使主蒸汽管道及再热蒸汽管道得到充分的暖管，并可以减少主汽阀前及中压联合汽门前管道的疏水量。

为使高压旁路装置前的温度低于主蒸汽温度 100～150℃，必须合理地选择旁路阀的安装位置，一般布置在距主蒸汽管道 2～2.5m 处。

高、低压旁路阀前后管道的低位点均设疏水装置，阀前疏水管道上设置疏水电动隔离阀，阀后装设带有旁路阀的疏水节流栓，供经常疏水和暖管疏水用。在旁路系统投运前，暖管疏水量较大时，疏水也可通过疏水旁路阀疏至阀后蒸汽总管。

机组正常运行时，通过带有旁路阀的疏水节流栓装置使旁路系统处于备用状态，即关闭疏水旁路阀，使少量蒸汽通过疏水节流栓流至旁路阀后对蒸汽管道缓慢加热。

**六、旁路系统运行**

现代大型火电机组都采用高参数、中间再热式热力系统，采用一机一炉的单元配置。在这种机组中，一台锅炉只向一台汽轮机供汽，这就要求锅炉的产汽量与汽轮机的汽耗量保持平衡。而实际上汽轮机的空载流量仅为汽轮机额定蒸汽流量的 2%～5%，远远小于锅炉的最低稳定燃烧蒸发量（30%～50%），这就需要在机组启动或停运过程中投入旁路系统作为锅炉的负载，承担其余的蒸汽流量；否则，锅炉在更低的燃烧率下，主、再热蒸汽管道及其附件因蒸汽流量低，管壁温度高，在高温蠕胀或交变的温差热应力的作用下，容易产生裂纹而损坏。另外，当事故工况下，汽轮机甩负荷或停机时，大量的多余蒸汽必须通过旁路阀门排入冷凝器，减少锅炉安全门动作，同时避免大量蒸汽排入大气。

机组冷态启动时，当凝汽器真空达到汽轮机冲转要求后锅炉开始点火。此时机、炉和蒸汽管道的金属温度较低，应注意开启主蒸汽管道上的所有疏水阀进行暖管，同时关闭喷水阀及喷水调节门。在暖管过程中，需要监视管道的内外壁温差不能太大，以避免管道因热胀不均而引起裂纹，并控制管壁温升率在规定的范围内。

锅炉点火后产生蒸汽，当烟气温度达到再热器的温度极限时，则需要投入高、低压旁路系统。投入旁路的原则是可同时开启高、低压旁路，或先投低压旁路，再投高压旁路，不允许颠倒操作，以免损坏旁路装置。低压旁路开启后，需要开启再热热段蒸汽管道疏水阀进行疏水暖管。从点火到汽轮机冲转之前的阶段，全部蒸汽经旁路进入凝汽器，并通过调节旁路减温水量，分别控制高、低压旁路后的汽温为给定值。

当汽轮机主汽阀前主蒸汽的压力和温度满足汽轮机冲转参数的要求时，汽轮机进行冲转、暖机、升速、并网、带负荷等操作。在机组的整个启动过程中，应根据启动曲线调整旁路系统的开度，以控制主蒸汽、再热蒸汽温度和压力。一般情况下，应尽量使高、低压旁路的流量接近，以免造成汽轮机高压缸和中、低压缸的负荷不匹配而引起汽轮机胀差的变化。汽轮机带负荷正常后，视运行情况关闭主蒸汽、再热蒸汽管道上疏水阀，并适时关闭高、低压旁路装置。同时开启高压旁路阀前后的预热管或高、低压旁路阀前后的经常疏水阀，使旁路系统处于热备用状态。

机组温态、热态、极热态启动时，汽轮机内部的金属温度较高，要达到汽轮机冲转的条件，要求锅炉的升温升压速度要快，这时应尽快投入旁路系统，提高主、再热蒸汽温度，同时控制主、再热蒸汽管道的温升率不超过允许值。

机组正常运行时，旁路系统应处于热备用状态，以便需要时及时投入。此时应将高、低压旁路投入自动，其连锁保护也相应投入，加强监视，防止误动。

在机组停运过程中，锅炉蒸发量通常大于汽轮机的汽耗量，此时投入旁路系统，将多余的蒸汽排入凝汽器，可以协调机、炉停运，并回收工质。为了使汽轮机温差、胀差不超限，应严格控制主、再热蒸汽的温降率在允许值内，并保证主蒸汽有不小于50℃的过热度。

若停机检修或机组长时间停运，应放尽管道内的积水，并对管道进行防腐保护。

在机组出现故障情况时，如汽轮机带厂用电或空载运行或停机不停炉的情况下，锅炉维持最低稳燃负荷运行，在这些运行工况下，应尽快投入旁路系统，并投入旁路系统减温水，以保持高、低压旁路后汽压、汽温，特别是排至凝汽器的汽温不超限。此时旁路系统动作，排放多余蒸汽，可避免锅炉安全阀动作。若遇破坏真空紧急停机，凝结水泵故障不能运行时，凝汽器真空低，只能投用高压旁路，严禁使用低压旁路，并应开启再热器对空排汽阀进行排汽。在锅炉故障停机停炉的情况下，投入旁路系统运行，也可避免锅炉安全阀动作或减少动作安全阀的个数，同时回收工质。

## 第四节　给 水 管 道 系 统

### 一、给水管道系统形式

1. 给水管道系统的作用及特点

从除氧器给水箱经前置泵、给水泵、高压加热器到锅炉省煤器之间的全部管道，同时包括给水泵的再循环管道、各种用途的减温水管道以及管道阀门附件等，统称为发电厂的给水管道系统。

给水管道系统的主要作用是将除氧器水箱中的主凝结水通过给水泵提高压力，经过高压加热器利用抽汽进一步加热后，输送到锅炉的省煤器入口，作为锅炉的给水。此外，给水管道系统还提供高压旁路减温水、过热器减温水及再热器减温水等。

给水管道输送的工质流量大、压力高，对全厂的安全、经济运行影响很大。给水管道系统事故会使锅炉给水中断，造成紧急停炉或降负荷运行，甚至使锅炉发生严重事故以致长期不能运行。因此，要求给水管道系统在发电厂任何运行方式下，都能保证不间断地向锅炉供水。

2. 给水管道分类

根据给水泵前后的压力不同，给水管道系统通常分为低压给水系统和高压给水系统。

低压给水系统承受的给水压力比较低，由除氧器给水箱经下水管至给水泵进口的管道、阀门和附件等组成。低压给水系统一般采用管道短、管径大、阀门少、系统简单的管道系统，以减小流动阻力，防止给水泵汽蚀。

高压给水系统承受的给水压力很高，由给水泵出口经高压加热器到锅炉省煤器之间的管道、阀门和附件等组成。高压给水系统输送水压高，设备多，对机组的安全经济运行影响很大。

3. 给水管道型式

给水管道系统有集中母管制、切换母管制、扩大单元制和单元制四种形式，如图8-15和图8-16所示。

集中母管制给水系统和切换母管制给水系统均设置锅炉给水母管和吸水母管，并在锅炉

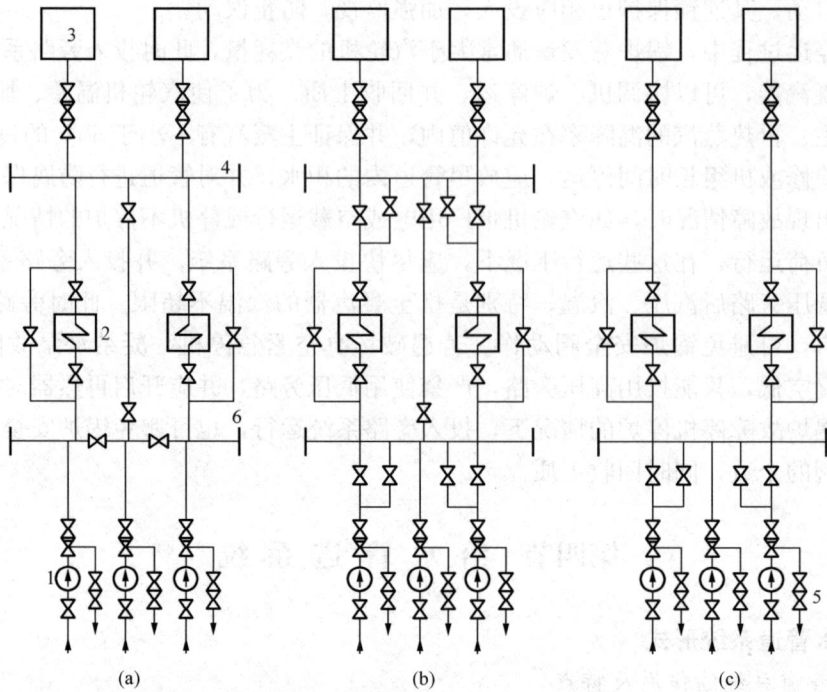

图 8-15　高压给水管道的形式

（a）集中母管制；（b）切换母管制；（c）扩大单元制

1—给水泵；2—高压加热器；3—锅炉；4—给水母管；5—给水再循环管；6—吸水母管

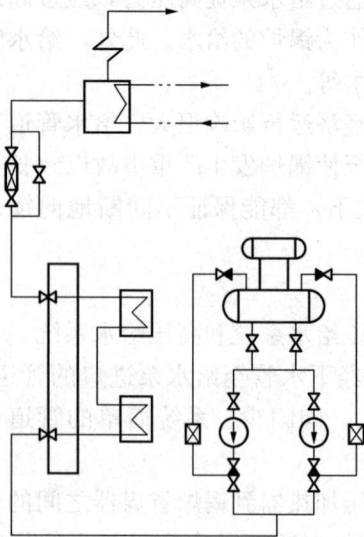

图 8-16　单元制给水系统

给水母管和吸水母管之间设置直通的"冷供管"，作为高压加热器故障停用或锅炉启动时向锅炉供水。另外，高压加热器设给水旁路，当高压加热器故障停用时，可通过旁路向锅炉供水。为保证低负荷时有足够的水量流过给水泵，防止给水泵汽蚀，在各给水泵的出口止回阀前接出再循环管。所不同的是切换母管制给水系统锅炉给水母管和出水母管为切换制，具有更好的灵活性。

扩大单元制给水系统利用热给水母管即出水母管将单元之间联系起来，使机组间给水量可以相互协调，运行灵活性增加。

这三种形式的给水管道系统，由于运行灵活、可靠，且能减少备用泵的台数，在我国超高参数以下机组中普遍采用。其缺点是系统复杂，管道、阀门较多，钢材耗量多，投资大。

当机组的主蒸汽管道系统采用单元制时，锅炉给水母管就失去了作用，这时给水管道系统均应采用单元制。单元制给水系统具有管道短，阀门少，阻力小，可靠性高，便于集中控制等优点，是现代发电厂中最为理想的给水系统，在300MW 及以上容量机组中得到了广泛的应用。

### 二、给水泵与前置泵

#### 1. 给水泵的配置

对于单元制给水系统，一般给水泵设置应不少于两台，其中一台备用。300MW 及以上容量机组多采用三台给水泵，在机组正常运行时，两台运行，一台备用。

给水泵的驱动方式常用的有电动机驱动和小汽轮机驱动两种。电动机驱动给水泵系统简单、投资小。然而，随着机组参数的提高和单机容量的增大，给水泵的压力和功率都在急剧增加，若仍采用电动给水泵，不仅泵的级数增加很多，使泵的长度和重量增加，而且泵轴的扰度增大，容易造成给水泵振动大，严重影响泵的安全运行；同时，电动泵还受电动机容量和允许启动电流的限制。所以，200MW 以上容量的机组，作为经常运行的给水泵都以小汽轮机驱动来取代电动机驱动方式。

相对于电动泵，小汽轮机驱动给水泵方式运行安全可靠，当系统故障或全厂停电时，汽动泵仍可保证不间断地向锅炉供水。汽动给水泵可采用变速调节方式，以适应机组滑参数启停和滑压运行的要求，更主要的是它能满足大型给水泵所需功率的要求，而不受原动机功率的限制。

汽动泵的缺点是汽水管路复杂，启动时间长，需考虑备用汽源，从而加大了锅炉容量或需增设启动锅炉，这都使汽动泵投资增加。

#### 2. 前置泵的配置

为使高转速的给水泵安全运行，防止滑压运行时泵的汽蚀，在给水泵之前通常都加装一台较低转速的水泵，称为前置泵。

前置泵与给水泵的连接方式有两种：一种是前置泵、给水泵同轴连接，即共用一台电动机，经液力联轴节和调速器来带动；另一种是前置泵、给水泵不同轴，分别采用电动机和小汽轮机来驱动，如图 8 - 17 所示。

### 三、单元制给水系统举例

以图 8 - 18 某 300MW 机组为例来说明单元制给水系统的组成。

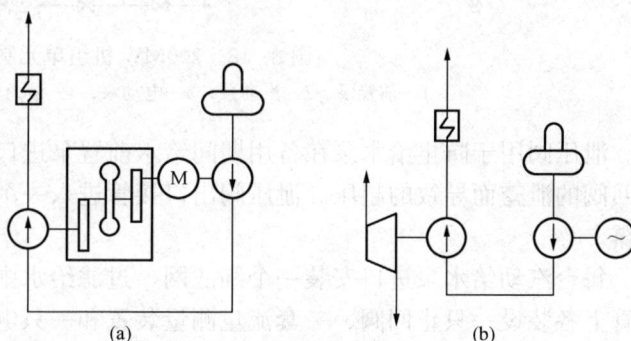

图 8 - 17　前置泵与给水泵的连接方式
(a) 同轴串联连接系统；(b) 不同轴串联连接系统

如图 8 - 18 所示，该给水系统配备了两台汽动给水泵、一台电动给水泵，每台泵均设置一台前置泵。正常运行中，两台汽动给水泵运行，电动给水泵备用。给水进入锅炉省煤器之前设有给水操作平台，由两只并联的电动给水阀和电动闸阀组成。运行中主要通过调节汽轮机转速实现对锅炉给水流量的控制，给水操作平台只作为给水流量的辅助调节手段。

#### 1. 汽动给水泵组

系统设置两台汽动给水泵及其前置泵。汽动给水泵的容量均为 50%，由两台容量为 6000kW 的汽轮机变速驱动，每台汽动泵单独运行时，能供给锅炉 60% 的额定给水量，其前置泵由电动机单独驱动。

汽动给水泵的前置泵进口管道处装设一只手动闸阀、一个粗滤网和一只泄压阀，滤网可分离在安装、检修期间可能积聚在给水箱或给水管内的焊渣、铁屑，从而保护水泵的工作安

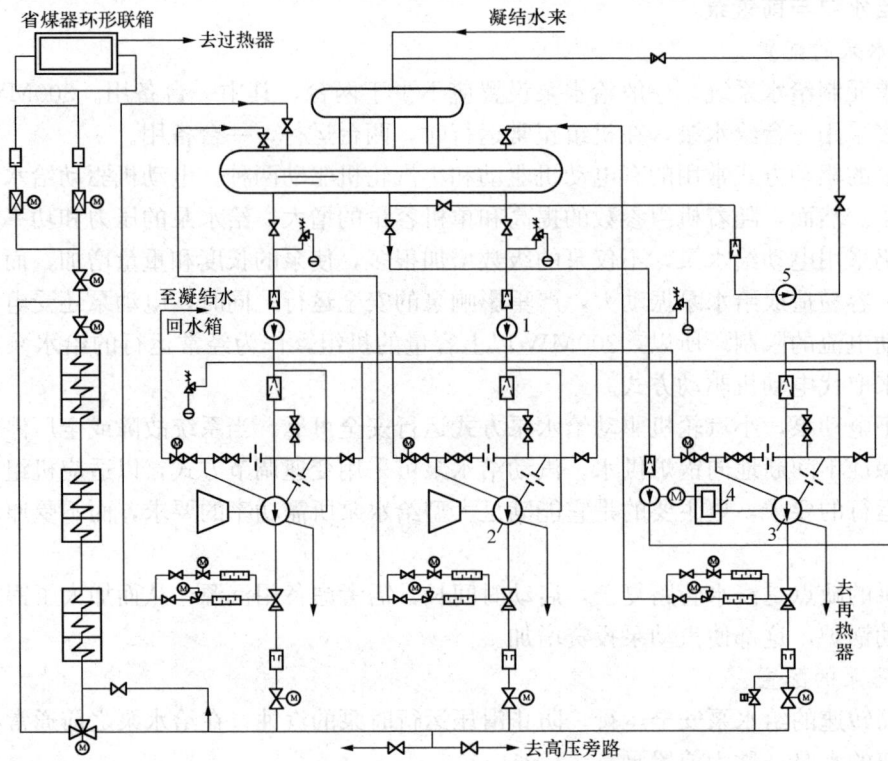

图 8-18　300MW 机组单元制给水系统
1—前置泵；2—汽动泵；3—电动泵；4—液力联轴器；5—除氧循环泵

全。泄压阀用于防止给水泵在备用期间给水前置泵进口阀门关闭时，进水管因为备用给水泵止回阀的泄露而导致的超压。泄压阀出口接管进入一个敞开的漏斗，便于运行人员监视有无泄露。

　　每台汽动给水泵进口安装一个细滤网，过滤给水中杂质，保护水泵工作安全。给水泵出口管上各装设一只止回阀、一套流量测量装置和一只电动闸阀。给水泵的平衡水管接至细滤网之前的给水泵入口管道上。为防止水泵汽蚀，每台给水泵出口止回阀前引出最小流量再循环管，保证给水泵出力不小于额定流量的 30%。再循环管上装有一套最小流量调节装置，它由多级节流孔板、电动角式调节阀和隔离阀组成，其调节信号取自给水泵出口流量计。正常情况下，最小流量调节阀后的隔离阀锁定在开启位置，以免误操作引起再循环不畅。为防止最小流量调节装置在运行中发生故障，另装设旁路装置作为备用，旁路管上装有一个多级节流孔板和两只串联的常闭隔离阀。

　　2. 电动给水泵组

　　系统设置一台电动给水泵及其前置泵，两泵之间通过液力联轴器同轴连接。电动给水泵的容量也为 50%。电动给水泵组给水管道上的阀门、附件及给水泵再循环管道设置与汽动给水泵组设置完全相同。在机组启、停期间或汽动给水泵故障时，电动给水泵投入使用。机组正常运行时，电动给水泵处于热备用状态。

　　3. 高压加热器水侧管路

　　三台给水泵出水管道汇集成一根给水总管与高压加热器水侧相连。给水总管与高压加热器 H3 之间设有注水管道，其上安装一只隔离阀（又称注水阀），用于高压加热器启动时预热。为保证高压加热器故障时锅炉顺利上水，三台高压加热器设置一套带三通快关阀的给水自动旁路保护系统。高压加热器 H1 出口管道上装设一只电动闸阀，闸阀后管道与高压加热器旁路管汇合后引至锅炉的给水操作平台。

4. 减温水支管

每台给水泵中间抽头引出一根去再热器减温的喷水管道，其上各安装一只止回阀和两只截止阀，以防止抽头水倒流，同时有利于给水泵的检修。三台泵的抽头管道合并成一根总管至锅炉再热器。

汽动、电动给水泵出口管合并成一根给水母管，其上引出支管向汽轮机高压旁路装置的减温器提供减温水。

在省煤器环形进水联箱上，引出一根至过热器的减温水管。

5. 暖泵管路

给水系统启动过程中，若温度较高的除氧水直接进入泵体，将会使泵壳上下出现温差产生热应力，造成热变形，引起动静摩擦。因此，给水泵启动前必须充分暖泵，采取的方法是设置正、反暖泵管路。

当所有给水泵都停运时，利用除氧器水箱内的热水暖泵，称为正暖。此时除氧器水箱内的热水在除氧器压力和给水箱静压的作用下，经前置泵、给水泵入口泵体，再从泵出口端排至装设有两只截止阀的凝结水排水母管。三台给水泵共用一根排水母管接至凝结水回收水箱。

当一台或两台给水泵处于热备用状态时，利用运行前置泵出口的热水暖泵，称为倒暖。此时运行前置泵出口的热水从备用给水泵出口端两侧底部接入，流过泵体，经给水泵入口、前置泵再返回除氧器给水箱。每台前置泵出口供暖管上装设截止阀、止回阀各一只，止回阀后分成两路：一路至匹配的给水泵暖泵系统；另一路经一只截止阀至暖泵水母管向邻泵供水。在两端的反向暖泵供水管上均装有一个节流孔板，以控制暖泵水流量。为防止误操作引起暖泵水系统超压，在联通母管上还装设了一只弹簧安全阀。

引进型机组给水系统的设置与上述系统设置基本相同，但也有不同之处。例如：有些机组为简化系统，不设给水操作平台，只在省煤器入口联箱前设置一个电动截止阀和止回阀，锅炉给水量的调节全部依靠改变给水泵转速来实现；也有些机组过热器减温水不从省煤器环形联箱引出，而是取自给水泵出水母管。

**四、驱动锅炉给水泵小汽轮机的热力系统**

（一）小汽轮机的汽源及其切换

1. 小汽轮机的汽源

小汽轮机的任务是驱动给水泵，并保证汽动给水泵转速满足锅炉给水的要求。小汽轮机至少准备两路供汽的汽源，即高压汽源和低压汽源。在机组正常运行时，一般由主汽轮机的抽汽作为小汽轮机的汽源，即低压汽源。当机组运行负荷较低（小于 $75\%$MCR）时，汽轮机抽汽压力相应降低，小汽轮机产生的动力将不能满足给水泵耗功的要求。此时由于小汽轮机进汽阀没有过负荷的流通面积不能再开大或小汽轮机的进汽量受主汽轮机最大允许抽汽量的限制，仅仅依靠主汽轮机抽汽已不能保持小汽轮机动力与给水泵耗功相平衡，必须另设高压汽源，通常选择高压新汽母管或高压缸排汽来的高压蒸汽作为小汽轮机的高压汽源。

## 2. 小汽轮机汽源切换方式

小汽轮机汽源的切换有两种方式，即高压蒸汽外切换和新蒸汽内切换。

高压蒸汽外切换系统如图8-19所示，高压缸排汽作为小汽轮机高压汽源。高压蒸汽管道上设置蒸汽减压阀A，对高压蒸汽进行节流降压；低压抽汽管道上设置止回阀B，用于切断小汽轮机低压抽汽供汽；小汽轮机只设一个蒸汽室。当主汽轮机负荷降到低压抽汽不能满足小汽轮机的需要时，高压蒸汽管道上的减压阀A开启，高压蒸汽进入小汽轮机。与此同时，低压抽汽管道的止回阀B动作，低压蒸汽立即停止进入汽轮机。

高压蒸汽外切换方式系统简单，操作方便，但因其经济性低、热冲击大、机组低负荷时小汽轮机功率与给水泵不匹配等诸多缺点，这种切换方式已基本不再采用。

新蒸汽内切换系统如图8-20所示，主蒸汽管道上的新蒸汽作为小汽轮机的高压汽源，低压汽源为中压缸抽汽或排汽。小汽轮机设置两个独立的蒸汽室，并各自配置相应的主汽阀和调节汽阀。高压主蒸汽经高压主汽阀、调节汽阀后进入汽缸下部喷嘴室；低压蒸汽则经低压主汽阀、调节汽阀后进入汽缸上部的喷嘴室。

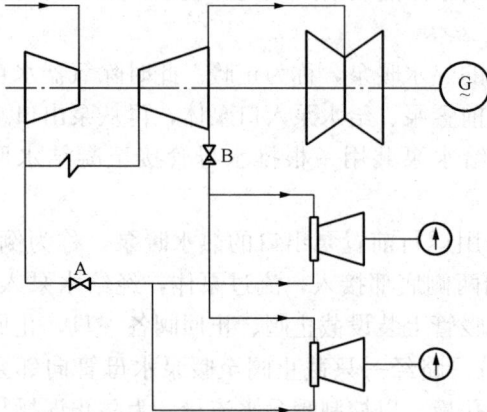

图8-19 高压蒸汽外切换系统　　　　图8-20 新蒸汽内切换系统

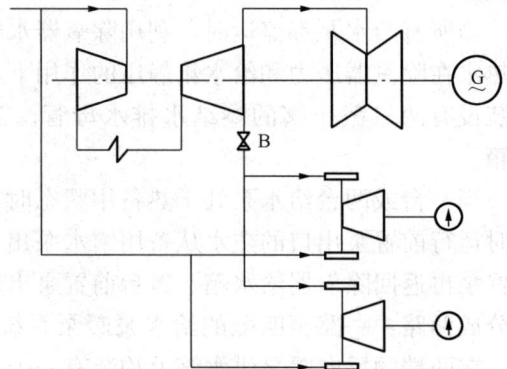

当主汽轮机负荷降低到低压汽源不能满足小汽轮机需要时，高压调节汽阀开启，高压蒸汽开始进入小汽轮机中。此时，低压汽阀仍保持全开状态，高压和低压两种蒸汽分别进入各自的喷管组膨胀，在调节级做功后混合。随着主汽轮机负荷的不断下降，高压蒸汽量不断增加，调节级后混合蒸汽压力也不断提高；同时，低压蒸汽压力随主汽轮机负荷的减少而不断下降，这样使小汽轮机上部低压喷管组前后蒸汽压差降低，低压蒸汽的进汽量逐渐减小。当低压喷管组前后的压力相等时，低压蒸汽不再进入小汽轮机，此时低压调节汽阀仍全开，而装在低压蒸汽管道上的止回阀B自动关闭，以防止高压蒸汽通过低压汽源的抽汽管道倒流入主汽轮机。

新蒸汽内切换方式系统设置虽然复杂，但在汽源切换过程中，低压抽汽逐渐被高压新蒸汽取代，对小汽轮机热冲击小，汽轮机调节系统工作比较稳定；不设减压阀节流损失小，机组低负荷时的热经济性也好；同时也可保证在主汽轮机负荷很低的工况下，甚至主汽轮机停运时，仍有汽源供给小汽轮机以驱动给水泵，因此新蒸汽内切换方式得到了广泛的应用。

（二）小汽轮机的蒸汽管道系统

小汽轮机的蒸汽管道系统如图 8-21 所示。

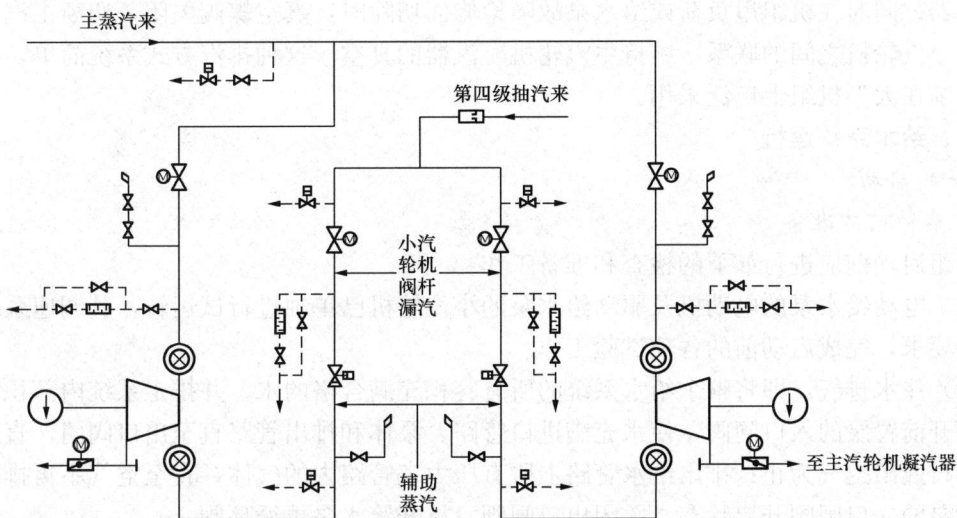

图 8-21　600MW 机组小汽轮机的蒸汽管道系统

该小汽轮机蒸汽系统高压汽源为高压新蒸汽，低压汽源（正常汽源）为主汽轮机第四级抽汽，小汽轮机设置两个蒸汽室，两种汽源各自配置相应的主汽阀和调节汽阀，汽源间采用新蒸汽内切换。

从主汽轮机的主蒸汽管道上引出的高压蒸汽管道即新蒸汽管道分成两路进入高压主汽阀，再经调节汽阀进入小汽轮机。高压蒸汽汽源管道上设一只电动隔离阀。电动隔离阀后、高压主汽阀前的管道低位点设有带节流栓的疏水装置，用于暖管疏水，并保证高压蒸汽管道停用时处于热备用状态。在低压汽源管道止回阀后还接入辅助蒸汽汽源管道，作为小汽轮机的调试用汽。

自主汽轮机抽汽管上引出的低压汽源管道同样分成两路进入低压主汽阀，并经低压调节汽阀进入小汽轮机。低压蒸汽汽源管道上设一只电动隔离阀、一只气动止回阀。止回阀用于防止由低压汽源切换至高压汽源时，高压蒸汽倒流入抽汽管道，造成抽汽管超压及主汽轮机超速。在电动隔离阀与气动止回阀之间的管道低位点，设置一套带节流栓的疏水装置，用于低压汽源管道启动暖管，并使低压汽源在停用时处于热备用状态，以便及时投入。在电动隔离阀和主汽阀前，分别装设一只气动疏水阀，供暖管和汽轮机超速保护。另外，小汽轮机高压主汽阀和调节汽阀的高压门杆漏汽接入电动隔离阀后管道，回收工质。

高压和低压蒸汽管道上均设有放气阀，作启动放气用；在蒸汽管道上所有疏水回收进入凝汽器疏水扩容器或疏水集管。

（三）小汽轮机的排汽方式

小汽轮机有两种排汽方式。一种是乏汽排至专门为小汽轮机设置的凝汽器，这种方式的优点是布置灵活，但因为需设置单独的凝结水泵将小汽轮机的凝结水打入主凝结水泵出口调节阀后的主凝结水管道中，使这种排汽方式系统复杂，投资增加，厂用电消耗和运行维护费用增加，因此新型机组上已不再采用。

另一种排汽方式是乏汽直接排入主汽轮机的凝汽器。如图 8-21 所示，通常在排汽管道上装设一只真空阀，以保证汽轮发电机组正常运行时小汽轮机的乏汽能通畅地排入主汽轮机的凝汽器；同时在机组甩负荷或给水泵故障检修而切除时，真空蝶阀关闭，切断主汽轮机凝汽器与小汽轮机之间的联系，维持主汽轮机凝汽器的真空。这种排汽方式系统简单，安全可靠，目前在大型机组上广泛采用。

**五、给水系统运行**

**（一）启动**

**1. 启动前的准备**

泵组启动前应进行如下的检查和准备工作：

（1）电动给水泵的电动机及驱动给水泵的小汽轮机已单独进行试运转，其调速系统的性能符合要求，完成启动前的各项试验工作。

（2）注水排气，即将整个给水系统的所有容积充满合格的水，并排走系统内部积存的空气。打开前置泵的入口闸阀，使水充满进口管路、泵体和排出管路直至出口阀门，直到排气管路不再逸出空气为止；排出给水管路上所有压力表管路内的气体，直至空气不再排出。保证前置泵的入口闸阀开启状态，关闭出口闸阀，打开给水泵再循环阀。

（3）清洗。为满足锅炉对给水品质的要求，高压给水系统在停运或大小修后再次投运前，必须进行给水管路清洗。启动电动给水泵运行，对给水管道和高压加热器水侧进行冲洗，同时对高压加热器进行充水查漏工作。然后对锅炉省煤器及水冷壁进水冲洗。锅炉排放冲洗水质合格后，进行循环清洗。循环清洗水质合格后方可投入给水系统。

（4）投运油系统。油系统包括工作油系统和润滑油系统。检查给水泵的油系统和电动给水泵液力联轴器油系统的工作性能（如油压和轴承温度）是否符合设计要求，对于汽动给水泵还要投入小汽轮机的润滑油系统且检查油压正常，投入小汽轮机盘车及轴封蒸汽系统，打开相关的疏水阀。

（5）暖泵，即向冷态中的给水泵注入热水进行预热。暖泵时间取决于泵的尺寸大小、级数、圆筒壁厚度、端盖厚度以及环境温度、泵的初始状态等因素。当给水泵的上下壳温差小于 10℃时，暖泵结束。暖泵过程需要全开泵的吸入口阀门，暖泵热水必须流到泵的各个部位，并且连续不断。

（6）投运泵体密封水及密封水的冷却水系统，检查前置泵机械密封处的泄漏量应符合要求，检查给水泵轴封节流衬套的注入水系统应工作正常。

**2. 启动**

（1）电动给水泵启动。启动电动给水泵时，其前置泵入口闸阀全开，给水泵的出口电动闸阀全关，液力耦合器指令至 10%，启动电动给水泵运行，并检查辅助润滑油泵联停。启动初期，给水泵通过给水泵的再循环运行，锅炉进水后，电动闸阀打开。当锅炉所需的给水流量大于给水泵的最小给水流量时，将给水泵再循环阀逐渐关小直至关闭。

（2）汽动给水泵启动。当负荷增加至一定值，一般为 30%MCR 左右时，可启动一台汽动给水泵运行。具体操作是首先启动该汽动给水泵的前置泵，给水通过给水泵再循环管回到除氧器水箱；待前置泵运行正常后，开启小汽轮机高压主汽阀，小汽轮机开始冲转。开启给水泵的出口电动阀，汽动给水泵开始供水，并根据给水流量适当关小给水泵的再循环管调节阀指令。随着小汽轮机转速的增加，汽动给水泵出力不断增大，电动给水泵的转速随汽包水位升高而降低，直到最低转速时电动给水泵出口调节阀开始关闭，当出口调节阀关闭到 70% 时，将小汽轮机转速切换为自动控制。当负荷继续增加到一定值时，汽动给水泵转速随三冲量调节而自动升速。当机组负荷增加至抽汽压力和流量足以驱动小汽轮机时，小汽轮机的低压调节汽阀自动开启，汽源逐步切换至抽汽汽源，高压调节汽阀自动关小，当全部使用抽汽汽源时，高压调节阀关闭，高压汽源处于热备用状态。当机组负荷大于 50%MCR 时，第二台汽动给水泵应投入运行，电动给水泵停运。第二台给水泵的冲转蒸汽可以直接用抽汽汽源。当第二台汽动给水泵启动运行后，应尽量保持将两台给水泵的出力相等。

（3）高压加热器启动。高压加热器可以随机启动，也可根据机组运行情况，确定投运时间。当加热器在机组运行过程中启动时，由于抽汽及水侧压力和温度较高，需要对高压加热器进行预热，以减小管壁的热应力。

具体操作步骤：①预热。微开抽汽管道上的隔离阀、止回阀前后的疏水阀，打开汽侧放水阀，对加热器进行预热。同时，开启高加汽侧启动排气阀，加热器对空排气。②注水查漏。预热后开启高压加热器的注水阀，向加热器注水，同时开启高压加热器水室放气阀，当有连续水流流出时，将放气阀关闭。当注水到工作压力时关闭注水阀。此时，检查加热器水侧压力是否下降，并检查汽侧水位变化情况，以判断管子是否泄漏，若有泄漏则停止投入。③通水。开启高压加热器进口联成阀和出口止回阀，通水正常后，将旁路阀关闭。关闭汽侧放水阀。④向高压加热器送汽。缓慢开启加热器抽汽管道上的电动隔离阀，并控制升压、升温速率。⑤疏水。在高压加热器投运过程中，注意根据疏水水质和疏水水位的变化及时进行疏水方式的切换。⑥关闭高压加热器各抽汽管道上止回阀前、后的疏水阀，并检查加热器出口水温上升情况。⑦加热器的启动排气切换为连续排气。

当高压加热器随机启动时，应将加热器的进出口水阀、进汽阀、疏水阀及放气阀全部打开，并投入保护装置，关闭高压加热器汽侧放水阀。

（二）正常运行

在机组正常运行中，要求两台汽动给水泵和三台高压加热器全部投运，给水流量自动调节。运行中需要监视给水泵组的各运行参数，如给水泵振动、转速、轴向位移、轴承温度、轴承润滑油压、油温以及密封水温度、给水泵进出口压力流量等；同时需要保证除氧器水位正常，给水泵无汽化、冲击等现象。

由于小汽轮机启停过程中操作较多，不便于机组快速增加负荷，所以即使机组负荷降到低于 50%MCR 时，两台汽动给水泵均应投入运行。

（三）故障及处理

1. 给水泵汽化

由于除氧器水位或压力突然降低，给水泵进水管道内有空气或蒸汽、前置泵故障或给水流量过低而再循环门没有开启等因素，均会导致给水泵汽蚀。给水泵转速、出口压力、流量开始下降或发生大的波动，给水泵泵体及管道声音异常，振动增大。此时应开足给水泵再循环调整门，并尽力提高除氧器水位及压力。若经过以上处理给水泵仍不能恢复正常运行，则需要立即停泵运行，并开启给水泵出水门前所有空气门，查找汽化原因。

2. 给水泵跳闸

若机组负荷大于 60%MCR 时，一台汽动给水泵跳闸时应立即检查电动给水泵是否联启，否则应手动启动，快速增加电动泵出力。由于电动泵转速短时升速较快，应加强电动泵电流及转速监视，防止电动泵过负荷跳闸。因为一台汽动给水泵只能供60%的额定给水流量，若电动给水泵启动不成功，应快速降负荷至60%MCR以下运行。若机组负荷小于60%MCR时，一台汽动给水泵跳闸，可不必启动电动给水泵。

当一台汽动给水泵的前置泵跳闸时，对应的汽动给水泵将连锁跳闸。

3. 机组甩负荷

当机组发生甩负荷时，主汽轮机主汽阀、抽汽电动阀将连锁关闭，汽动给水泵低压抽汽汽源中断，主蒸汽高压备用汽源自动投入，维持给水泵运行，此时电动给水泵也连锁启动，以满足锅炉对给水的需求。当给水流量下降时，给水泵将通过给水泵再循环运行，直到手动停止，同时自动关闭给水泵出口隔离阀。当两台汽动给水泵解列后，电动给水泵应继续运行直至锅炉停止给水。

4. 高压加热器故障

由于高压加热器管子泄漏或疏水不畅，造成高压加热器汽侧水位超过最高水位时，高压加热器水位保护动作，给水走旁路，三台高压加热器解列，此时给水温度将大幅度下降，应按规程规定机组降负荷运行。在机组满负荷运行时，高压加热器解列，由于抽汽量减少，高压缸排汽压力迅速上升，机组很可能因高压缸排汽压力超限而跳闸；同时高压加热器解列还可能引起锅炉出口主蒸汽、再热蒸汽压力上升，达到电磁释放阀（又称PCV阀）动作整定值，电磁释放阀自动开启，否则应手动开启。若超压严重，锅炉安全门也需要开启进行放汽，防止过热器、再热器系统超压。

由于高压加热器管子泄漏或疏水不畅，造成高压加热器汽侧水位超过最高水位时，高压加热器水位保护动作，给水走旁路，三台高压加热器解列，此时给水温度将大幅度下降，应按规程规定机组降负荷运行。

（四）停机

运行中由于负荷降低需要停运一台汽动给水泵时，将准备停用的汽动给水泵出力缓慢降低，注意给水压力、流量变化，并逐步将给水流量转移到其他运行给水泵上。当待停的汽动泵流量低至最小流量时，给水泵再循环自动打开，否则应手动开启。当汽动泵再循环调整门全开，给水泵没有出力时，关闭汽动泵出水门，注意保持锅炉给水流量稳定。汽动给水泵退出运行后，汽轮机四抽进汽和辅汽进汽电动门均关闭，转速下降，给水泵小汽轮机的所有蒸汽疏水门自动开启。

若机组按额定参数方式停运，随着机组负荷的降低，两台汽动给水泵逐渐降转速降负荷，当负荷降至（50%～40%）MCR时，可先停止一台汽动给水泵，然后再逐渐停另一台汽动给水泵。当负荷降到规定负荷以下时，可停止高压加热器。高压加热器水侧进、出口阀关闭，给水走旁路。停运过程中应控制给水温降率，使之不大于规定值。

若机组按滑参数方式停运，随着负荷降到（50%～40%）MCR时，停止一台汽动给水泵。当负荷降到（35%～30%）MCR时，汽动给水泵切换到电动给水泵运行，同时切换三冲量调节信号至电动给水泵。切换后，手动停运汽动给水泵及其前置泵运行。随着负荷的进一步下降，电动给水泵的三冲量调节改为单冲量调节，逐步降低电动给水泵指令，直至停泵。在机组停运后，高压加热器可停止水侧运行，此时，需要开启加热器抽汽管道上的疏水阀和汽侧放水阀。

# 第五节　疏 放 水 系 统

## 一、疏放水系统的特点及类型

### 1. 疏放水的重要性

发电厂的疏水系统是疏泄和收集全厂各类汽水管道疏水的管路系统及设备；放水系统是指为回收各种设备溢水或回收设备检修时排放的合格的放水而设置的管路及设备。实际上这两种系统是统一考虑的，总称为发电厂的疏放水系统。

发电厂疏水来源主要有：①机组启动时，冷态蒸汽管路的暖管疏水；②蒸汽经过较冷的管段、部件或在备用管段、阀门涡流区长期停留形成的凝结水；③蒸汽带水；④减温减压器喷水过量等。

发电厂溢放水来源主要有：锅炉汽包的溢放水、除氧器给水箱的溢放水、冷却器的凝结水、设备检修时排出的合格凝结水等。

收集疏水、溢放水可以减少发电厂工质损失和热量损失，同时保证机组的安全运行。若疏水不畅，积聚的凝结水将随蒸汽一起流动，这样会对管道和热力设备造成热冲击和机械冲击，引起管道和设备振动，甚至造成管道破裂及设备损坏。一旦积水进入汽轮机，将会损坏叶片和围带，引起机组振动，使转子和隔板产生裂纹，造成静体变形及汽封损坏乃至主轴弯曲等严重事故。另外，停机后的积水还会引起管道和设备的腐蚀。

### 2. 疏水类型

（1）自由疏水。自由疏水又称放水，指排出长时间停用时管道内积存的凝结水，这时管内没有蒸汽，在大气压力下经漏斗排出疏水。

（2）启动疏水。启动疏水指启动过程中排出暖管、暖机时的凝结水，这时管内有一定的蒸汽压力，疏水量大。

（3）经常疏水。经常疏水是在蒸汽管道正常工作压力下进行的，为防止蒸汽外漏，疏水经疏水器排出。为保证疏水器故障时疏水能正常进行，通常会设旁路。

### 3. 疏水系统设置

中小容量的机组由于采用母管制蒸汽管道系统，长期热备用管道和设备较多，经常疏水量大，因此一般设置全厂性的疏放水管系统，如图 8-22 所示。

现代大容量机组普遍采用单元制蒸汽管道系统，长期热备用管道和设备较少，管道的保温性能又好，同时机组采用滑参数运行方式，经常疏水量少，只是因管径大、管壁厚，启动疏水量大，所以单元机组一般只设置汽轮机本体疏水系统。本节重点介绍大容量机组所配置的汽轮机本体疏水系统。

## 二、汽轮机本体疏水系统

汽轮机本体疏水包括主蒸汽管道疏水，再热蒸汽冷、热段管道的疏水，高、低压旁路管道疏水，抽汽管道疏水，高、中压缸主汽门和调节汽阀的疏水，高、中压缸缸体疏水，汽轮机轴封疏水等。

### 1. 疏水装置及控制

疏水的控制是通过疏水装置实现的。常用的疏水装置包括手动截止阀、电动调节阀、气动调节阀以及节流孔板、节流栓和疏水罐等。

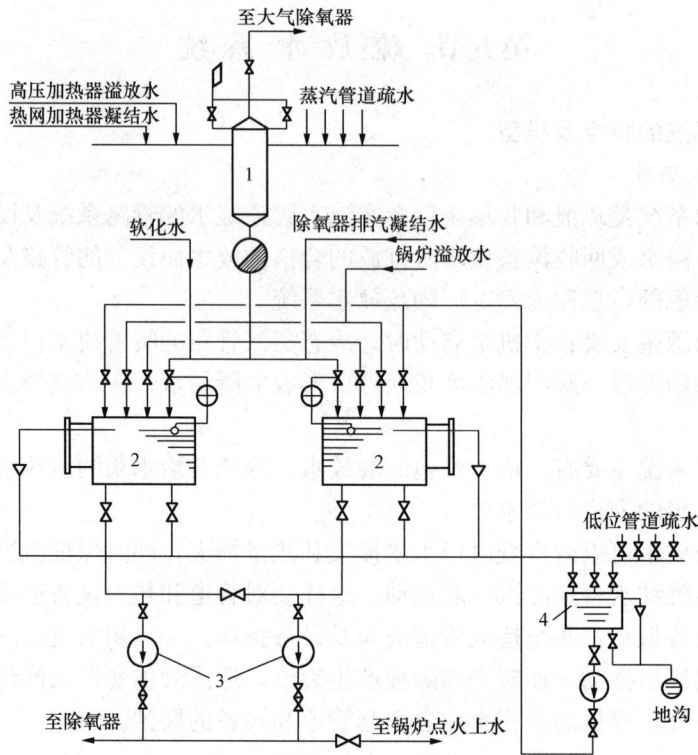

图 8-22　全厂疏放水系统
1—疏水扩容器；2—疏水箱；3—疏水泵；4—低位水箱

机组根据各处对疏水要求的不同选择一种或几种疏水装置构成不同的疏水控制方式。在疏水压力很低的管道上，为确保疏水畅通，一般只安装一只手动截止阀；在疏水压力稍高的管道上安装一只截止阀，串联一只电动调节门，进行疏水控制。压力较高的疏水如引进型300、600MW 机组的高压调节汽阀导汽管的疏水，通常采用几根疏水管先汇集到节流孔板组件进行减压，之后再通过一只气动调节阀进行疏水控制，如图 8-23（a）所示。在最容易引起汽轮机进水或疏水量大的疏水点，采用如图 8-23（b）所示的疏水罐疏水方式。大型机组高压旁路阀进口蒸汽管道上的疏水管道或小汽轮机高压备用汽源管道上的疏水管道经常处于热备用状态，这类管道需要有少量的疏水流动进行暖管，以确保备用管道随时可以启动，此时可以选择带有旁路的疏水节流栓的疏水方式，如图 8-23（c）所示。

疏水罐的疏水控制方式疏水量大且自动化水平较高，疏水罐接有外视水位计，其上设有高水位开关和高—高水位开关。运行中，当疏水水位达高水位时，高水位开关通过电磁阀全开气动调节阀，并向集控室发出疏水阀开启和高水位报警信号。当疏水水位达高—高水位时，向集控室发出高—高水位报警信号。当机组负荷较小或汽轮机跳闸时，疏水阀自动打开进行疏水。疏水罐的疏水方式一般用于大型机组的高压缸排汽止回阀前和后、再热热段蒸汽管道中压联合汽阀前、减温器后、高压旁路阀后、低压旁路阀前和后以及小汽轮机高压汽源管道等处。

2. 疏水管道的布置
疏水管道的布置应保证机组在各种不同的运行方式下都能排出最大疏水量，其布置原则

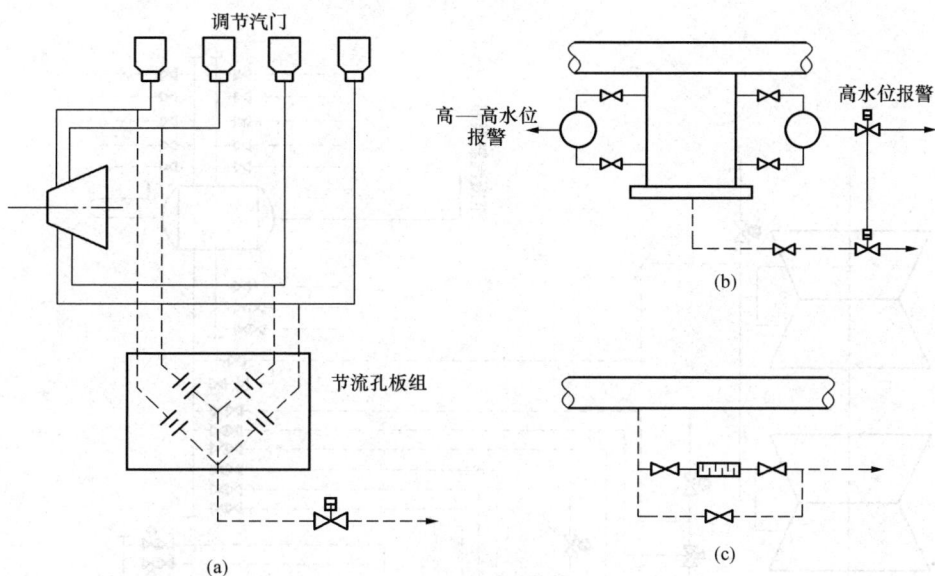

图 8 - 23　不同的疏水控制方式

(a) 节流孔板组件；(b) 疏水罐；(c) 节流栓

如下：

(1) 疏水管道都应有顺气流、方向向终端的坡度；疏水管道上不应有积水段或疏水死点，防止抽真空时积水进入汽轮机。

(2) 疏水一般按压力的高低排入与之压力相对应的汽轮机本体疏水扩容器。

(3) 为减少本体疏水扩容器的开孔，扩容器上装有进水联箱。进水联箱的标高必须高于凝汽器热井的最高水位和扩容器的运行水位，防止凝汽器或扩容器中的水通过进水联箱、疏水管倒流入汽轮机。

(4) 只有工作压力相近的疏水管才能接到同一进水联箱，并按压力从高到低的顺序排列（沿联箱的水流方向）。

### 三、汽轮机本体疏水系统举例

图 8 - 24 所示为某 300MW 机组的汽轮机本体疏水系统。该系统设置高、中、低三台汽轮机本体疏水扩容器，其中高压疏水扩容器两侧装设 2 个进水联箱，中压、低压疏水扩容器两侧各装设 4 个进水联箱。

该汽轮机本体疏水包括汽轮机高压汽缸缸体、中压汽缸进汽室及外缸下部、低压汽缸缸体及各汽缸夹层疏水，低压汽缸法兰螺栓加热集汽联箱疏水，各级抽汽管道疏水（包括抽汽至辅助蒸汽联箱管道的疏水、小汽轮机低压汽源蒸汽管道的疏水等），高压缸排汽止回阀前再热冷段管道的疏水，中压联合汽阀前再热热段蒸汽管道疏水，主汽门后主蒸汽联络管及调节汽阀后导汽管疏水，中压联合汽阀后导汽管疏水，主汽阀、调节汽阀等阀杆高压腔室漏汽至除氧器的蒸汽母管疏水；主汽阀、调节汽阀、抽汽止回阀等阀杆漏汽至轴封加热器的蒸汽管道疏水；高、低压轴封均压箱疏水，汽轮机高、中、低压缸轴封漏汽及供汽管道疏水等。由于各疏水点的压力不同，疏水分别经进水联箱引至压力不同的高、中、低三台汽轮机本体疏水扩容器。疏水扩容后，蒸汽进入凝汽器喉部，水进入凝汽器热井。

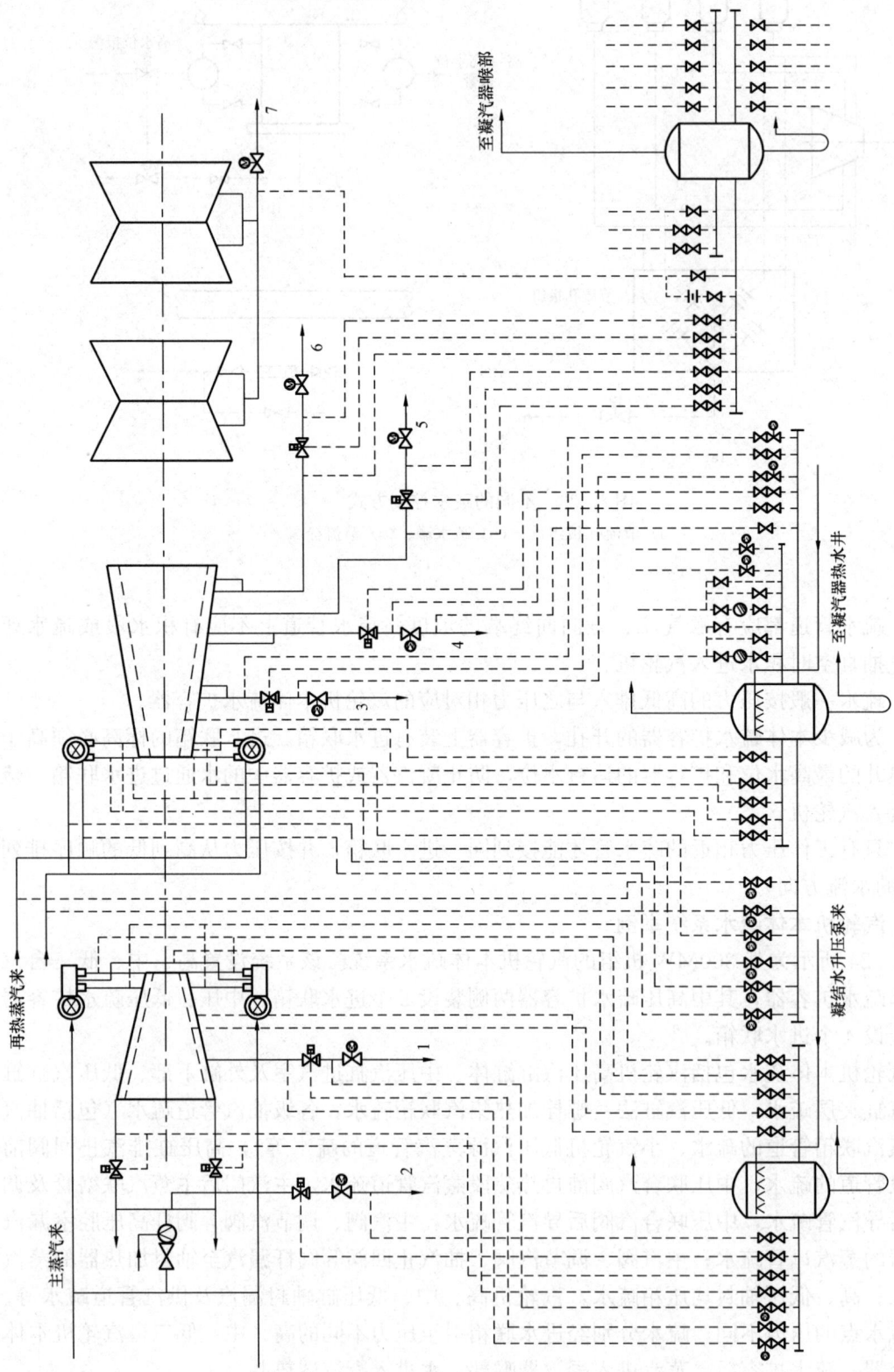

图 8-24 300MW 机组汽轮机本体疏水系统

1～7—各级抽汽管道

在一些引进型机组上汽轮机本体疏水系统不设本体疏水扩容器，而设疏水集管，疏水集管直接与凝汽器壳体上的疏水扩容装置相连。疏水经疏水管、疏水集管、凝汽器的疏水扩容装置降压后进入凝汽器，系统比较简单。

**四、小汽轮机的疏水系统**

与主汽轮机一样，小汽轮机在启停和正常运行过程中，由于疏水不畅，也会引起设备和管道变形，严重的产生水击现象，导致机组剧烈振动，设备和管道损坏。在停运期间如果不及时疏水，会引起汽缸和管道的腐蚀。因此，小汽轮机的汽缸和连接管道必须设置疏水点，并在整个运行过程中适时进行疏水。

小汽轮机的疏水系统共设置九个疏水口，如图 8-25 所示。

高压主汽阀的阀座前引出高压主汽阀及调节汽阀的疏水，疏水管道上安装一只气动疏水阀，接至主汽轮机的疏水扩容器。

低压主汽阀的阀座前和阀座后均设置一路疏水，阀座前的疏水经过一只气动疏水阀引至主汽轮机的疏水扩容器，阀座后的疏水直接引至小汽轮机排汽口。

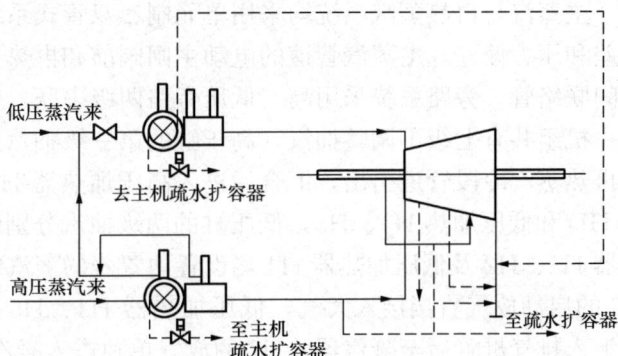

图 8-25　小汽轮机疏水系统

高压调节汽阀与高压蒸汽室间的主汽管的低位点设置一个疏水口，疏水引至主汽轮机的疏水扩容器。

前汽封第一段漏汽至汽轮机第五级前连接管的低位点处设置两个疏水口，其中一路疏水引至汽轮机排汽口，另一路疏水引至主汽轮机的疏水扩容器。

高压蒸汽室的进汽中心线上即小汽轮机中心线的两侧各设置一个疏水口，疏水引至主汽轮机疏水扩容器。

小汽轮机第四级隔板后的下半底部引出汽缸中部的疏水，引至小汽轮机的排汽口。

**五、汽轮机本体疏水系统的运行**

汽轮机本体疏水系统必须保证机组在各种运行工况下，热力设备及管道、阀门等附件均不会产生积水。在汽轮机启动和向轴封供汽之前，各疏水阀必须开启进行疏水，直至汽轮机金属温度或锅炉运行条件表明不可能再形成积水时，疏水阀才能关闭。在机组正常运行中，疏水阀关闭；而需要经常疏水处，疏水阀要保持一直开启，如处于热备用状态的旁路管道或喷水减温器后蒸汽管道的疏水点等。

在机组降负荷过程中，当负荷降到某一低值，一般为 20％MCR 时，疏水阀开启。若遇机组甩负荷或紧急停机事故，所有疏水阀都应自动开启。汽轮机打闸停机后，其疏水阀及其他疏水阀也需要保持开启，释放汽轮机内部压力、余汽和凝结水，以防止汽轮机超速，减轻停机后的金属腐蚀，同时可防止机组再次启动时的水击事故。

小汽轮机的所有疏水口，在机组启动前必须全部开启，并维持开启状态到主汽轮机负荷达到 40％MCR 以上为止。在停机过程中，待主汽轮机负荷下降到某一低值，一般为 25％MCR 时，应全部开启。

## 第六节　发电厂全面性热力系统举例

### 一、国产 N125-13.2/535/535 引进型机组的全面性热力系统

图 8-26（见文末插页）所示为国产 N125-13.2/535/535 引进型机组的全面性热力系统。该机组汽轮机为单轴、双缸、双排汽，高、中压缸对称分流布置，低压缸对称分流布置，配置 SG-420/13.7-M418 型自然循环汽包炉。锅炉为一次中间再热，在低温过热器、高温再热器进口分别设有一、二级喷水减温，高温再热器进口设有再热蒸汽喷水减温。

主蒸汽与再热蒸汽系统均采用单元制、双管式系统。为消除进入汽轮机两侧蒸汽的温度偏差和压力偏差，主蒸汽管道的电动主闸阀前和再热热段蒸汽管道的中压联合汽阀前均设置中间联络管。旁路系统采用高、低压旁路两级串联，分别由两根中间联络管上接出。

机组共有七级不调整抽汽，高压缸的第一级抽汽进入高压加热器 H1，第二级抽汽由两根再热蒸汽冷段管道引出，汇合后进入高压加热器 H2。中压缸有三级抽汽，分别供给除氧器 HD 和低压加热 H4、H5，低压缸的两级抽汽分别供给低压加热器 H6、H7。两台高压加热器 H1、H2 及低压加热器 H4 均设置内置式的蒸汽冷却器和疏水冷却器。高压加热器 H1、H2 的启动放气直接接入大气，低压加热器 H4、H5、H6 的连续放气和启动放气经节流孔板汇入排气母管后至凝汽器，H7 的放气单独进入凝汽器。

主凝结水系统由两台凝结水泵、轴封加热器和四台低压加热器 H4、H5、H6、H7 组成。其中 H5、H6 共用一大旁路，其余各低压加热器均设置小旁路。为防止低负荷时凝结水泵汽蚀并保证轴封加热器的运行安全，在轴封加热器出口的凝结水管道上引出凝结水最小流量再循环管道。低压加热器 H4、H5 的正常疏水经疏水调节阀逐级自流入低压加热器 H6 后，再由疏水泵送入 H6 出口的主凝结水管道。轴封加热器及低压加热器 H7 的疏水经 U 形水封流入凝汽器。各低压加热器启动和事故疏水进入凝汽器。

除氧器为立式结构，滑压运行。除氧器正常汽源为汽轮机第三级抽汽。启动初期，利用辅助蒸汽通过除氧器水箱中的再沸腾管对给水进行加热除氧。

机组设置两台电动给水泵，一台正常运行，一台备用。两台给水泵均设有前置泵，电动泵及其前置泵采用液力耦合器连接。为防止给水泵汽蚀，其出口设置给水流量再循环管。两台高压加热器采用大旁路。在省煤器之前的给水管道上并联的三只调节阀构成锅炉给水流量操作台，作为给水流量的辅助调节装置。高压加热器的正常疏水经疏水调节阀逐级自流入除氧器；当启动初期自流压差不够时，高压加热器的疏水疏至低压加热器 H4；事故疏水进入危急疏水膨胀箱。

锅炉汽包的连续排污采用一级扩容利用系统，扩容蒸汽进入除氧器，排污水至废水处理系统。水冷壁下联箱设置定期排污利用系统，扩容蒸汽直接排至大气，排污水至废水处理系统。

机组的抽真空系统由射水抽气器、射水泵、射水箱及连接管道组成。各台低压加热器、凝结水泵及疏水泵等真空设备的排气汇入凝汽器。轴封加热器的气侧空间与射水抽气器扩压管相连，利用扩压管上的射水抽气喷嘴以维持轴封加热器的微负压状态。

机组设有疏水、放水及溢水的回收系统。各路疏水、放水及溢水汇入疏水扩容器后，排入疏水箱，通过两台疏水泵送入除氧器。

需要说明的是，目前有些电厂对国产 N125-13.2/535/535 型机组进行了增容改造，汽轮机容量增加至 135MW，取得了良好的效益。

**二、国产改进 N300-16.7/538/538 型机组的全面性热力系统**

图 8-27（见文末插页）所示为国产改进 N300-16.7/538/538 型机组的全面性热力系统。该机组汽轮机为单轴、双缸、双排汽，其中高、中压缸对称分流布置，低压缸对称分流布置，配置 DG-1025/18.3-M5 型一次中间再热自然循环汽包锅炉。在低温过热器、大屏过热器及高温过热器的进口分别设置过热蒸汽的一、二、三级喷水减温，减温水来自给水泵出口，低温再热器进口设置事故喷水减温，高温再热器进口设置微量喷水减温，减温水来自给水泵中间抽头。

机组主蒸汽管道和再热蒸汽冷段管道采用"单管—双管"式系统，再热蒸汽热段管道采用"双管—单管—双管"式系统。主蒸汽管道和再热蒸汽管道系统中有足够长的单管，能有效地消除进入汽轮机两侧主蒸汽及再热蒸汽的压力偏差和温度偏差。机组采用两级串联旁路系统，高压旁路和低压旁路分别从主蒸汽管道和再热热段管道的单管部分引出，低压旁路在进入凝汽器前设置二级喷水减温。高压旁路减温水来自给水，低压旁路减温水来自凝结水。

机组共有八级不调整抽汽，高压缸的第一级抽汽进入高压加热器 H1，第二级抽汽由高压缸排汽管道引出进入高压加热器 H2，中压缸两级抽汽分别供高压加热器 H3 和除氧器 HD，低压缸的四级抽汽分别供低压加热器 H5、H6、H7、H8。除第七、八级抽汽管外，其他各抽汽管道上均设有防止汽轮机进汽、进水的气动止回阀、电动隔离阀。三台高压加热器均设置内置式蒸汽冷却器和疏水冷却器。低压加热器 H7、H8 分别为并列两台，且由于抽汽压力很低，蒸汽容积流量大，因而布置于凝汽器喉部。各高压加热器的启动放气直接接入大气，连续放气汇集后排至除氧器。低压加热器 H5、H6 的连续放气和启动放气汇入排气母管后至凝汽器。低压加热器 H7、H8 的连续放气和启动放气直接引至凝汽器。

主凝结水系统由两台凝结水泵、两台凝结水升压泵、化学除盐装置、轴封加热器、四台低压加热器构成。两台凝结水泵一台正常运行，一台备用，凝结水泵出口设置凝结水泵再循环管。为保证低负荷时凝结水泵和轴封加热器的安全运行，在轴封加热器出口的凝结水管道上引出凝结水最小流量再循环管。化学补充水经水位调节装置进入凝汽器补水箱。机组启动时，通过补充水泵向凝汽器热井补水，正常运行时依靠补充水箱和凝汽器之间的压力差进行补水。轴封加热器之后的主凝结水管上，设有除氧器水位调节装置，另接出凝汽器高水位放水管至凝结水补水箱。分别在除盐装置之后及凝结水升压泵后，接出各项减温水及杂项用水。低压加热器 H5、H6 设置小旁路，H7、H8 共用一个大旁路系统。各低压加热器的正常疏水经疏水调节阀逐级自流入凝汽器，启动和事故疏水进入凝汽器。

除氧器采用滑压运行。正常汽源为汽轮机的第四级抽汽，启停或低负荷时由高压缸排汽供汽。启动初期利用除氧循环泵加速除氧过程。

给水系统为单元制，设两台汽动给水泵和一台电动给水泵，每台给水泵都配置相应的前置泵。电动给水泵及其前置泵采用液力耦合器连接。正常工况下，两台汽动给水泵运行，电动给水泵备用。三台给水泵出口均设置给水流量再循环管，以防汽蚀。汽动给水泵小汽轮机的低压汽源为主汽轮机第四级抽汽，高压汽源引自新蒸汽。小汽轮机的排汽进入主凝汽器。三台高压加热器均采用小旁路。高压加热器的正常疏水经疏水调节阀逐级自流入除氧器，启动和事故疏水进入高压加热器疏水扩容器。

汽轮机采用自密封式轴封蒸汽系统，启停汽源有主蒸汽、冷再热蒸汽和辅助蒸汽。各汽封外漏汽腔室的汽—气混合物进入轴封加热器后，经抽气风机排入大气。

三台水环式真空泵形成该机组的抽真空系统。各低压加热器、凝结水泵等真空设备的各路空气汇集到凝汽器，由水环式真空泵抽出并排入大气。

锅炉连续排污采用一级扩容利用系统，扩容蒸汽进入除氧器，排污水至定期排污扩容器，最后排至废水处理系统。定期排污扩容器同时接收从锅炉水冷壁下联箱来的排污水，经扩容后蒸汽排至大气，未被扩容的排污水至废水处理系统。

汽轮机本体疏水，各备用蒸汽管道和设备的疏水、放水及溢水，分别进入压力相应的疏水集管，再排入疏水扩容器，经扩容降压后蒸汽进入凝汽器的蒸汽空间，水进入凝汽器热井。

发电机定子冷却水系统由定子水箱、冷却水泵、定子水冷却器、过滤器等组成。定子冷却水由定子水箱，经冷却水泵、定子水冷却器、过滤器后进入定子线圈，回水进入定子水箱内。两台冷却水泵和两台冷却器，一台正常运行，一台备用。在冷却水系统中装设专供反冲洗用的切换阀和相应管道，以保证冷却水的畅通。为保证水的电导率在允许的范围内，系统中设置离子交换器，凝结水先进入树脂离子交换器，经处理净化后进入定子水箱。

### 三、引进国产 N600-16.7/537/537 型机组的全面性热力系统

图 8-28（见文末插页）所示为引进国产 N600-16.7/537/537 型机组的全面性热力系统。该机组汽轮机为单轴、四缸、四排汽，中压缸为对称分流布置，低压缸为双缸对称分流布置，低压缸排汽分别进入双压凝汽器，配置 HG-2008/18.6-M 型强制循环汽包锅炉。锅炉设有三台炉水循环泵，在低温过热器、高温再热器进口分别设有一、二级喷水减温器，高温再热器进口设有再热蒸汽事故喷水减温器。

主蒸汽和再热蒸汽系统均采用单元制，并为双管—单管—双管式。主蒸汽管道和再热蒸汽管道系统中由于设有足够长的单管，有效地消除了进入汽轮机两侧蒸汽的温度偏差和压力偏差。旁路系统为高、低压两级旁路串联，分别自主蒸汽管道、再热热段管道系统中单管部分引出。

另外，在凝汽器处还设置了低压旁路的二级减温减压设备。

主凝结水系统由两台 110％容量的凝结水泵、化学除盐装置、轴封加热器、四台低压加热器构成。两台凝结水泵一台正常运行，一台备用。

除氧器为卧式，采用滑压运行方式，正常汽源为第四级抽汽。启动初期，利用辅助蒸汽通过除氧器水箱中启动加热装置对给水定压除氧。

机组给水系统设置两台汽动给水泵和一台电动给水泵，均为 55％容量。汽动泵作正常运行，电动泵作为启停和备用泵。三台给水泵均设前置泵，电动给水泵及其前置泵采用液力耦合器的连接方式。为防止低负荷时给水泵以其前置泵发生汽蚀，所有给水泵以及前置泵都设有给水流量再循环管。给水泵出口及中间抽头分别引出至过热蒸汽和再热蒸汽的减温水。汽动给水泵的小汽轮机低压汽源为主汽轮机第四级抽汽，高压汽源引自新蒸汽。小汽轮机的排汽直接进入主凝汽器。三台高压加热器均采用小旁路。高压加热器的正常疏水经疏水调节阀逐级自流入除氧器；启动疏水水质合格后及事故疏水排至疏水扩容器。

汽轮机本体疏水、各备用蒸汽管道和设备的疏水、放水及溢水，分别进入压力相应的疏水集管，再排入两台疏水扩容器，经扩容降压后蒸汽进入凝汽器的蒸汽空间，水进入凝汽器

热井。

其余系统与 N300-16.7/538/538 型机组相同。

**四、背压、凝汽式热电厂的全面性热力系统**

图 8-29（见文末插页）所示为背压、凝汽式热电厂的全面性热力系统。该电厂有三台单汽包循环流化床锅炉和三台汽轮发电机组，其中两台为凝汽式供热机组，另一台为背压式供热机组。三台循环流化床锅炉的型号为 SG-130/3.82-M247，两台凝汽式供热机组的型号为 C-12/3.43/0.981，背压式供热机组的型号为 B-12/3.43/0.981。凝汽式机组的第一级抽汽和背压式机组的排汽向热网供汽，事故情况下，由主蒸汽经减压减温后向热网供汽。

主蒸汽系统采用切换母管制，三台锅炉过热器出口联箱蒸汽汇集到主蒸汽母管。机组正常运行时，采用一机配一炉的单元制系统，在事故情况下，机组切换由主蒸汽母管供汽，运行灵活。

每台凝汽式供热机组共有三级抽汽，第一级抽汽供给高压加热器，第二级抽汽汇入加热蒸汽母管，作为除氧器的正常汽源，第三级抽汽供给低压加热器。高压加热器的正常疏水经疏水调节阀汇入疏水母管进入除氧器，事故疏水进入危急疏水扩容器。低压加热器的疏水经疏水调节阀进入凝汽器。高压加热器的排气经节流孔板进入低压加热器，低压加热器及凝结水泵的排气进入凝汽器，再由射水抽气器抽出并排入大气。

背压式机组设置一台高压加热器，其用汽来自凝汽式机组的第一级抽汽母管。背压式机组高压加热器的正常疏水和事故疏水连接至凝汽式供热机组。高压加热器的排气汇同汽封漏气一起进入轴封加热器。

凝汽式供热机组凝结水由凝结水泵经射汽抽气器、轴封加热器、低压加热器汇入凝结水母管进入除氧器。为保证低负荷时凝结水泵及汽轮机汽封系统的正常运行，轴封加热器与低压加热器之间设置凝结水最小流量再循环。给水系统采用切换母管制，在给水泵前、后及高压加热器之后分别设有低压给水母管、高压给水冷母管和高压给水热母管，四台锅炉给水泵，三台正常运行，一台备用。正常工作时，一台机组配一台给水泵，事故情况下，启动备用给水泵通过母管向锅炉供水。

除氧器定压运行，在其加热蒸汽管道上设置调压阀，备用汽源为第一级抽汽。

化学除盐水经背压机组的轴封加热器和射汽冷却器后，通过疏水母管进入除氧器，作为全厂汽水损失的补充。

该机组设有单级连续排污利用系统，锅炉的连续排污水进入连续排污扩容器，扩容蒸汽通过汽平衡母管进入除氧器，未被扩容的的污水汇同水冷壁集箱的定期排污水，以及锅炉的紧急放水进入定期排污扩容器，之后排入地沟。

凝汽式汽轮机的第一级抽汽经均压箱调整参数后作为其汽封供汽，而背压式汽轮机的汽封用汽来自该机的排汽。各台机组汽封的外挡漏汽、自动主汽阀和调节汽阀的阀杆漏汽均进入各自的轴封加热器。轴封加热器的疏水经 U 形管进入凝汽器，空气则由射汽抽气器抽出。凝汽式机组射汽抽气器的正常汽源为第一级抽汽，背压式机组射汽抽气器的正常汽源为为汽轮机排汽，备用汽源为主蒸汽。射汽冷却器的疏水经 U 形管进入凝汽器，空气排入大气。

各级抽汽止回阀前、后，主汽阀前的疏水进入疏水膨胀箱，蒸汽进入凝汽器喉部，水进入凝汽器热井。锅炉房和除氧间的疏水经扩容器后，连同除氧器的溢放水排入疏水箱，再由两台疏水泵送入疏水母管。

凝汽式供热机组在凝汽器的循环水进口管道上接出去空气冷却器、冷油器等设备的冷却水管，各冷却器的回水排入凝汽器的循环水出口管道。为保证铜管的畅通，凝汽器的循环水进、出口管道上设有胶球清洗装置。

# 思 考 题

8-1　发电厂全面性热力系统与原则性热力系统有何区别？

8-2　主蒸汽系统有哪几种形式？单元制主蒸汽系统有何特点？

8-3　根据图 8-2 识读 300MW 机组上采用的双管式主蒸汽系统，并说明该系统在消除蒸汽温度偏差和压力偏差方面采取了什么措施？

8-4　根据图 8-7 识读 600MW 机组上采用的双管—单管—双管式再热蒸汽系统。

8-5　旁路系统的作用是什么？旁路系统有哪几种？

8-6　绘制两级串联旁路系统，并说明其特点。

8-7　简述三用阀旁路系统的功能。

8-8　根据图 8-18 识读国产 300MW 机组的单元制给水管道系统图，并说明给水泵的正、反暖过程。

8-9　给水泵的驱动方式有哪几种？为什么大容量机组要采用汽动给水泵？

8-10　根据图 8-21 识读小汽轮机的主蒸汽系统，并简述小汽轮机新蒸汽内切换过程。

8-11　汽轮机本体疏水系统的作用是什么？汽轮机本体疏水都包括哪些管道？

8-12　试述国产 300MW 机组上汽轮机本体疏水系统的布置情况，并简述其运行原则。

# 第九章 发电厂的汽水管道

## 第一节 概 述

发电厂的汽水管道是指发电厂全面性热力系统范围内的各种不同压力、不同温度的汽水输送连接管线,它包括管子、管子连接件、附件、阀门和阀门传动装置、介质流量和参数测量装置、管道的支吊架、热补偿装置和保温防腐结构。

现代大型火力发电厂汽水管道种类很多,总长度可达到几十公里,以质量计算,可达到几百吨,甚至一千多吨,其中主蒸汽管道和再热蒸汽管道采用的 P91、T/P911、P122 和 TP304H 等高温合金钢价格非常昂贵,且均为进口,所以汽水管道在电厂的投资中占有很大的比重。发电厂汽水管道处在一定的压力、温度下工作,承受着静荷载和动荷载,不仅汽水管道本身处于较高的应力状态,还影响到与其相连设备运行的安全性和可靠性。

因此,对发电厂汽水管道设计提出的要求是:管道设计应符合国家和行业颁布的有关标准和规定;应根据热力系统和主厂房布置进行管道设计,做到选材正确、布置合理、补偿良好、疏水通畅、造价低廉、支吊合理、安装维护方便、扩建灵活、整齐美观、避免水冲击和共振,降低噪声和阻力损失。

## 第二节 汽水管道的技术规范和材料

### 一、管道的设计参数选择

管道的设计参数必须遵守 DL/T 5366—2006《火力发电厂汽水管道设计技术规定》,以下简称《管道设规》。

（一）设计压力

管道设计压力是指管道运行中介质的最大工作压力。对水管道,应考虑水柱静压头的影响,但当其低于额定压力的 3% 时,可不考虑。

《管道设规》对设计压力分为 11 种情况,如主蒸汽管道,取用锅炉额定蒸发量时过热器出口的额定工作压力;高温和低温再热蒸汽管道,都取用汽轮机额定功率时高压缸排汽压力的 1.15 倍等。

（二）设计温度

设计温度是管道运行中介质的最高工作温度,《管道设规》对设计温度分为 8 种情况,如主蒸汽、高温再热蒸汽管道,分别取用锅炉额定蒸发量时过热器、再热器出口蒸汽的额定工作温度;低温再热蒸汽管道,取用汽轮机最大功率时高压缸的排汽温度等。

室内设计安装温度一般取 20℃。

（三）技术规范

为使管道制造和使用上标准化,管道的技术规范在工程上用公称压力和公称通径两个技术术语表示,用于确定管子、阀门以及管子的连接件等。

1. 公称压力 PN

为确保安全运行,规定了各类管子及其附件的允许承压等级,但管道能承受的最大工作压力既和管道的材料有关，也和管内流过介质的温度有关。对于同一种材料的管道，流过介质温度高，其基本许用应力小，允许的承压能力就低。管道的这种特性，对规定工作在不同温度下，汽水管道的承压等级很不方便，因此，对同一材料、不同温度下管道的允许工作压力都折算成固定温度下，用来表示管道的承压等级，称为公称压力。对于不同的管材折算的特定温度不一样，如碳素钢为200℃、耐热合金钢为350℃。

表9-1所示为20钢的公称压力表，分为7个温度等级，低于200℃以下的允许工作压力值，即公称压力。从表9-1可以看出，随着设计温度的提高，其允许工作压力相应降低，如 PN=10MPa，工作在350℃时，其允许工作压力就降为7.8 MPa。

**表 9-1**                    **20 钢 的 公 称 压 力**

| 公称压力 PN（MPa） | 强度试验压力 PT（MPa） | 设计工作温度（℃） | | | | | | |
|---|---|---|---|---|---|---|---|---|
| | | ≤200 | 250 | 300 | 350 | 400 | 425 | 450 |
| | | 允许工作压力（MPa） | | | | | | |
| | | $p_{20}$ | $p_{25}$ | $p_{30}$ | $p_{35}$ | $p_{40}$ | $p_{42.5}$ | $p_{45}$ |
| 0.1 | 0.2 | 0.1 | 0.09 | 0.08 | 0.07 | 0.06 | 0.05 | 0.04 |
| 0.25 | 0.31 | 0.25 | 0.24 | 0.21 | 0.19 | 0.17 | 0.14 | 0.1 |
| 0.4 | 0.5 | 0.4 | 0.39 | 0.35 | 0.31 | 0.27 | 0.22 | 0.16 |
| 0.6 | 0.75 | 0.6 | 0.58 | 0.52 | 0.46 | 0.40 | 0.34 | 0.24 |
| 1.0 | 1.25 | 1.0 | 0.97 | 0.87 | 0.78 | 0.68 | 0.57 | 0.41 |
| 1.6 | 2.0 | 1.6 | 1.56 | 1.4 | 1.25 | 1.08 | 0.91 | 0.66 |
| 2.5 | 3.1 | 2.5 | 2.4 | 2.2 | 1.9 | 1.7 | 1.42 | 1.03 |
| 4.0 | 5.0 | 4.0 | 3.9 | 3.5 | 3.1 | 2.7 | 2.2 | 1.65 |
| 6.4 | 8.0 | 6.4 | 6.2 | 5.6 | 5.0 | 4.3 | 3.6 | 2.6 |
| 10.0 | 12.5 | 10.0 | 9.7 | 8.7 | 7.8 | 6.8 | 5.7 | 4.1 |
| 16.0 | 20.0 | 16.0 | 15.6 | 14.0 | 12.5 | 10.8 | 9.1 | 6.6 |
| 20.0 | 25.0 | 20.0 | 19.5 | 17.5 | 15.6 | 13.6 | 11.4 | 8.2 |
| 25.0 | 82.0 | 25.0 | 24.3 | 21.9 | 19.5 | 17.0 | 14.2 | 10.3 |
| 32.0 | 40.0 | 32.0 | 31.2 | 28.0 | 25.0 | 21.7 | 18.2 | 13.2 |
| 40.0 | 50.0 | 40.0 | 39.0 | 35.0 | 31.2 | 27.2 | 22.8 | 16.5 |
| 50.0 | 60.0 | 50.0 | 48.7 | 43.8 | 39.0 | 34.0 | 28.5 | 20.7 |

温度 $t$ 下的允许工作压力与公称压力的换算式为

$$[p] = PN \frac{[\sigma]^t}{[\sigma]^{200}} \tag{9-1}$$

式中　$[\sigma]^{200}$——钢材在200℃下的基本许用应力，MPa；

　　　$[\sigma]^t$——钢材在 $t$℃下的许用应力，MPa。

综上所述，在温度 $t$ 下管道的最大允许工作压力要根据公称压力和介质温度在相应钢材公称压力表中查出。无论是公称压力还是允许的工作压力，实际上都是对应管道介质压力和温度的一个组合参数，不是单纯考虑压力。管道的参数可用标有压力和温度的符号来表示，例如：$p_{54}^{17.0}$ 表示管道的设计温度为540℃，设计压力为17.0MPa。

管道的强度和管系的严密性通过水压试验来检验，水压试验的压力一般为设计压力的

1.25 或 1.5 倍，水压试验的水温在 5～70℃ 之间。

2. 公称通径 DN

在允许的介质流速或压损条件下，管道的通流能力由管子的内径来确定。管道的公称通径只是名义上的计算内径，一般不等于实际内径。同一材料、外径相同的管道，因为公称压力不同，管子的壁厚也就不同，公称压力增大，管子壁厚应增加。因为在管材目录中标注的是管道外径，所以为标准化划分管道通流能力，就确定了公称通径这个技术术语。

公称通径用来划分管道元件内径的等级，用 DN 表示，单位为 mm。我国管道公称通径的范围为 1～4000mm，分为 54 个等级，见表 9-2。

**表 9-2　　　　　　　　我国管道的公称通径　　　　　　　　mm**

| | | | | | | |
|---|---|---|---|---|---|---|
| 1 | 7 | 50 | 225 | 700 | 1500 | 3000 |
| 1.5 | 8 | 65 | 250 | 800 | 1600 | 3200 |
| 2 | 10 | 80 | 300 | 900 | 1800 | 3400 |
| 2.5 | 15 | 100 | 350 | 1000 | 2000 | 3600 |
| 3 | 20 | 125 | 400 | 1100 | 2200 | 3800 |
| 4 | 25 | 150 | 450 | 1200 | 2400 | 4000 |
| 5 | 32 | 175 | 500 | 1300 | 2600 | |
| 6 | 40 | 200 | 600 | 1400 | 2800 | |

## 二、管道材料的选择

管子所用钢材应符合国家或者行业的有关现行标准，常用管材钢号应根据介质的工作参数来选择。表 9-3 为 20 钢钢管规范。

**表 9-3　　　　　　　　20 钢 钢 管 规 范**

| 品种 DN | PN2.5、PN4.0 | | PN6.4 | | PN≤10.0 | |
|---|---|---|---|---|---|---|
| | $D_0 \times \delta$ (mm) | 每米管重 (kg/m) | $D_0 \times \delta$ (mm) | 每米管重 (kg/m) | $D_0 \times \delta$ (mm) | 每米管重 (kg/m) |
| 10 | — | — | — | — | 14×2.0 | 0.592 |
| 15 | 18×2.0 | 0.789 | 18×2.0 | 0.789 | 18×2.0 | 0.789 |
| 20 | 25×2.0 | 1.13 | 25×2.0 | 1.13 | 25×2.0 | 1.13 |
| 25 | 38×2.5 | 1.82 | 38×2.5 | 1.82 | 32×2.5 | 1.82 |
| 32 | 45×2.5 | 2.19 | 45×2.5 | 2.19 | 38×2.5 | 2.19 |
| (40) | 57×3.0 | 2.62 | 57×3.0 | 2.62 | 45×3.0 | 3.11 |
| 50 | 73×3.0 | 4.00 | 73×3.0 | 4.00 | 57×3.0 | 4.00 |
| (65) | 73×3.0 | 5.18 | 73×3.0 | 5.08 | 73×3.5 | 6.00 |
| 80 | 88×3.5 | 7.38 | 88×3.5 | 7.38 | 89×4.5 | 9.38 |
| 100 | 108×4.0 | 10.26 | 108×4.0 | 10.26 | 108×4.5 | 11.49 |
| 125 | 133×4.0 | 12.73 | 133×4.0 | 12.73 | 133×6 | 18.79 |
| 150 | 159×4.5 | 17.15 | 159×4.5 | 17.15 | 159×7 | 26.24 |
| (175) | 194×5.0 | 23.31 | 194×5.0 | 23.31 | 194×8 | 36.70 |
| 200 | 219×6.0 | 31.52 | 219×6.0 | 31.52 | 219×9 | 46.61 |

金属管材的种类很多，电厂行业也有按金属的金相组织和化学成分分类的。

第一类是珠光体钢，常用的有 13CrMo44、12CrMoV、10CrMo910 等。这类钢的使用范围一般为 350～600℃。

第二类是铁素体钢，常用的有 T23/P23、T91/P91、E911、NF616 等。使用范围在 620℃以下。

第三类是奥氏体钢，常用的有 TP304、TP347H、Super 304H、NF709、SAVE25 等。这类钢的使用范围一般为 600～700℃。

第四类是高温镍铬合金钢，主要用于更高参数的超超临界压力机组，如 35MPa/700℃/720℃等级以上的机组。

常用国产钢材的钢号和推荐使用的温度见表 9-4。

表 9-4　　　　　常用国产管材的钢号和推荐使用温度

| 钢种 | 钢号 | 推荐使用温度（℃） | 允许上限温度（℃） |
|---|---|---|---|
| 普通碳素钢 | A₃F | 0～200 | 250 |
| | A₃、A₃g | −20～300 | 350 |
| 优质碳素钢 | 10 | −20～440 | 450 |
| | 20 | −20～450 | 450 |
| 普通低合金钢 | 16Mn | −40～450 | 475 |
| | 15MnV | −20～450 | 500 |
| 耐热合金钢 | 15CrMo | 510 | 540 |
| | 12Cr1MoV | 540～555 | 570 |
| | 12MoVWBSiRe（无铬 8 号） | 540～555 | 580 |
| | 12Cr2MoWVB（钢 102） | 540～555 | 600 |
| | 12Cr3MoVSiTiB（ΠΙ11） | 540～555 | 600 |

## 第三节　汽水管道的选择和计算

汽水管道的选择主要是进行管子的内径、壁厚和管道的压降计算。

**一、管径选择**

单相流体的管道，根据推荐的介质流速，按下列公式计算：

$$D_i = 594.7\sqrt{\frac{Gv}{w}} \tag{9-2}$$

或

$$D_i = 18.81\sqrt{\frac{Q_V}{w}} \tag{9-3}$$

式中　$D_i$——管子内径，mm；

　$G$——介质质量流量，t/h；

　$v$——介质比体积，m³/kg；

　$w$——介质流速，m/s；

$Q_V$——介质容积流量，$m^3/h$。

对于汽水两相流体（如锅炉排污）的管道，应按《管道设规》中两相流体管道的计算方法核算管道的通流能力。

汽水管道中允许的介质流速由经济和运行安全可靠因素而定。流动速度增大，管道的直径和质量减小，节省钢材和投资，但压损增大，使输送介质的能量消耗增加，增加运行费用；水阀门密封面磨损加剧，管道振动，泵易汽蚀。若允许流速减小，管道直径加大，结果正好相反。因此，必须通过技术经济比较来确定。表9-5所示为推荐的管道介质流速。

表9-5　　　　　　　　　　　　推荐的管道介质流速　　　　　　　　　　（m/s）

| 介质类型 | 管道名称 | | 推荐流速 |
|---|---|---|---|
| 主蒸汽 | 主蒸汽管道 | | 40~60 |
| 再热蒸汽 | 高温再热蒸汽管道 | | 50~65 |
| | 低温再热蒸汽管道 | | 30~45 |
| 其他蒸汽 | 抽汽或辅助蒸汽管道 | 过热汽 | 35~60 |
| | | 饱和汽 | 30~50 |
| | | 湿蒸汽 | 20~35 |
| | 去减压减温器蒸汽管道 | | 60~90 |
| 给水 | 高压给水管道 | | 2~6 |
| | 低压给水管道 | | 0.5~2.0 |
| 凝结水 | 凝结水泵出口侧管道 | | 2.0~3.5 |
| | 凝结水泵入口侧管道 | | 0.5~1.0 |
| 加热器疏水 | 加热器疏水管道 | 疏水泵出口侧 | 1.5~3.0 |
| | | 疏水泵入口侧 | 0.5~1.0 |
| | | 调节阀出口侧 | 20~100 |
| | | 调节阀入口侧 | 1~2 |
| 其他水 | 生水、化学水、工业水及其他水管道 | 离心泵出口管道及其他压力管道 | 2~3 |
| | | 离心泵入口管道 | 0.5~1.5 |
| | | 自流、溢流等无压排水管道 | <1 |

在推荐的介质流速范围内选择具体流速时，应注意管径大小、参数高低的影响，对于直径小、介质参数低的管道，宜采用较低值。

**二、壁厚计算**

根据《管道设规》，承受内压力的管子壁厚计算，分为直管和弯管的壁厚计算。

1. 直管最小壁厚 $s_m$ 的确定

按直管外径确定计算时，有

$$s_m = \frac{pD_o}{2[\sigma]^2\eta + 2yp} + a \tag{9-4}$$

按直管内径计算时，有

$$s_m = \frac{pD_i}{2[\sigma]^2\eta - 2p(1-y)} + a \tag{9-5}$$

式中  $p$——设计压力，MPa；

  $D_o$——管子外径，取用公称外径，mm；

  $D_i$——管子内径，取用最大内径，mm；

  $y$——温度对计算管子壁厚公式的修正系数，对于碳钢、低合金钢和高铬钢，温度在482℃以下时，$y=0.4$，510℃时，$y=0.5$，538℃及以上时，$y=0.7$，中间温度的 $y$ 值，可按内插法计算；

  $a$——考虑腐蚀、磨损和机械强度要求的附加厚度，mm，对于高压加热器疏水管道、给水再循环管道、排污管道和工业水管道，$a=2$ mm；

  $\eta$——许用应力修正系数，无缝钢管取 $\eta=1.0$。

直管道计算壁厚时，有

$$s_c = s_m + c$$

式中  $c$——直管壁厚负偏差的附加值（参照《管道设规》），mm。

2. 弯管壁厚确定

弯管的最小壁厚根据弯曲半径按表9-6来确定，弯管任何一点的实测最小壁厚应小于直管最小壁厚 $s_m$。

表9-6                                    弯管弯制前直管的最小壁厚

| 弯曲半径 | 弯管弯制前直管的最小壁厚 | 弯曲半径 | 弯管弯制前直管的最小壁厚 |
|---|---|---|---|
| ≥6倍管子外径 | $1.06s_m$ | 4倍管子外径 | $1.14s_m$ |
| 5倍管子外径 | $1.08s_m$ | 3倍管子外径 | $1.25s_m$ |

### 三、水力计算

管道水力计算的任务是在已知管道直径和布置的情况下，根据给定的介质参数和流量计算管道中介质的压降，或根据给定的介质压降验算管道的通流能力。

计算压降时，考虑到管径和壁厚的允许偏差及管子和附件阻力系数的影响，对理论计算出来的压力总损失应加10%的富裕量。

发电厂主厂房内需要进行水力计算的汽水管道有：主蒸汽管道、回热抽汽管道、主给水管道、主凝结水管道和循环水管道等。

汽水管道压降计算分五个步骤进行：第一步，计算管道的摩擦阻力系数 $\lambda$ 和局部阻力系数 $\xi$，获得管道的总阻力系数；第二步，计算介质的质量流量 $G$；第三步，计算管道的始端动压力 $p_1$；第四步，计算管道的终端压力 $p_2$；第五步，计算管道的压力降 $\Delta p$（$\Delta p = p_2 - p_1$），并与允许的压力降比较。如超过允许的压力降，则需要重新布置管道和选择管径。

## 第四节  管 道 附 件 选 择

管道附件应根据热力系统和布置的要求，按公称通径、设计参数和介质种类进行选择。管道附件及连接件包括法兰组件、弯头和弯管、大小头、三通、封头和堵头、堵板和孔板、波形补偿器、阀门和阀门传动装置。

为了简化系统，使运行和维护方便，降低造价，提高安全可靠性，各种参数管道附件的连接应尽量采用焊接方式，附件的规格和品种要尽量少。

　　管道阀门是用来满足汽水系统关断、调节、切换和保证安全运行需要设置的。一台300MW 的机组，大约装有近 300 种不同规格的阀门 1370 多个，阀门对电厂的安全和经济性影响很大。选择阀门时，应根据其用途、使用介质种类、工作参数、阀门结构、制造特点、安装和运行及检修的要求来进行，同时考虑到布置设计的需要，使选出阀门的适用介质种类和技术参数均与其在热力系统中的要求相一致。对于有特殊要求的阀门，可采用公称压力级别较高的阀门。阀门材料根据介质的工作参数来选择。低压管道阀门的阀体用铸铁制造，中压管道的阀体用碳素钢铸成，高温高压管道阀门的阀体一般用合金钢锻造而成。

　　按阀门用途的不同，可分为三大类。

**一、关断阀**

　　闸阀和截止阀都是关断用阀，一般不用于流量和压力调节，在运行中这两种阀均是全开或全关，以防磨损而失去关断严密性。

　　闸阀（见图 9-1）和截止阀（见图 9-2）相比较，闸阀阀体长度较小，开启关闭省力，流体阻力较小，介质可以两个方向流动，对温度和压力以及直径的使用范围较宽，其缺点是结构复杂，高度尺寸较大，密封面易磨损和检修工作量大。截止阀严密性较好，适用公称通径范围小，一般 DN 小于等于 200mm（高压 100mm）。对于蒸汽管道和大直径的给水管道，要求阻力小，选用闸阀；对要求流动阻力小或介质能双向流动的其他管道，也选用闸阀。若管径较小，又要求较高的关断严密性时，选用截止阀（疏水阀、排水阀）。介质在管道中有两个方向流动，串联装两个闸阀。

　　球阀也作关断阀用，要求开启和关断迅速时选用球阀。

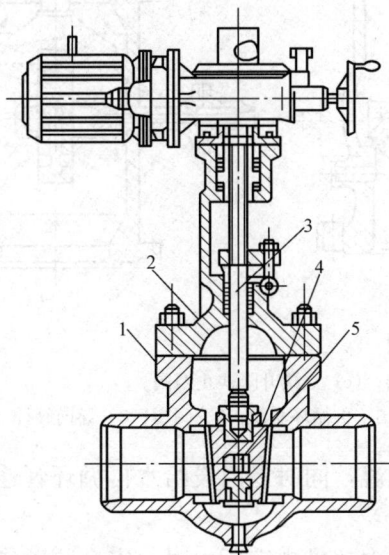

图 9-1　闸阀
1—阀体；2—阀盖；3—阀杆；
4—闸板；5—万向顶

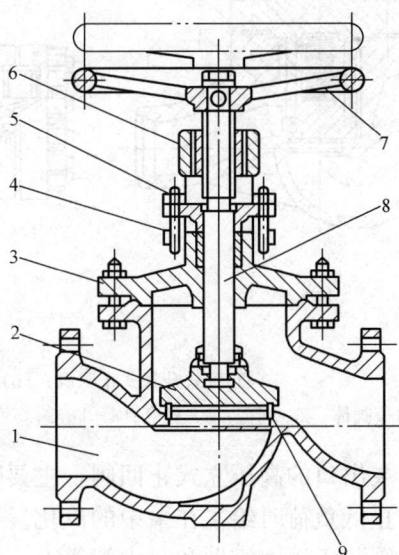

图 9-2　截止阀
1—阀体；2—启闭件；3—阀盖；4—填料；
5—压盖；6—阀杆螺母；7—驱动装置；
8—阀杆；9—阀座

## 二、调节用阀门

调节阀是用来调节介质的流量和压力的,不作关断用。节流阀、减压阀、疏水器和疏水阀都是调节用阀。节流阀主要用来调节压力,减压阀使介质的压力减到需要值,疏水器和疏水阀用于阻汽疏水,以保证面式加热器和蒸汽管道能正常运行。一般低压加热器用浮子式疏水器,高压加热器用疏水调节阀。蒸汽管道上宜用热动力式和脉冲式疏水阀,并装在水平管道上。图9-3所示为调节阀。

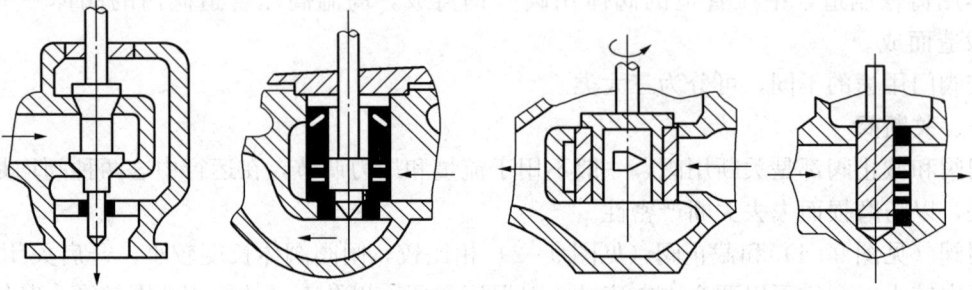

图9-3　调节阀

## 三、保护用阀门

止回阀是作为阻止介质倒流的安全装置。主要用在锅炉给水管道、汽轮机抽汽管道和给水泵出口等,如图9-4所示。

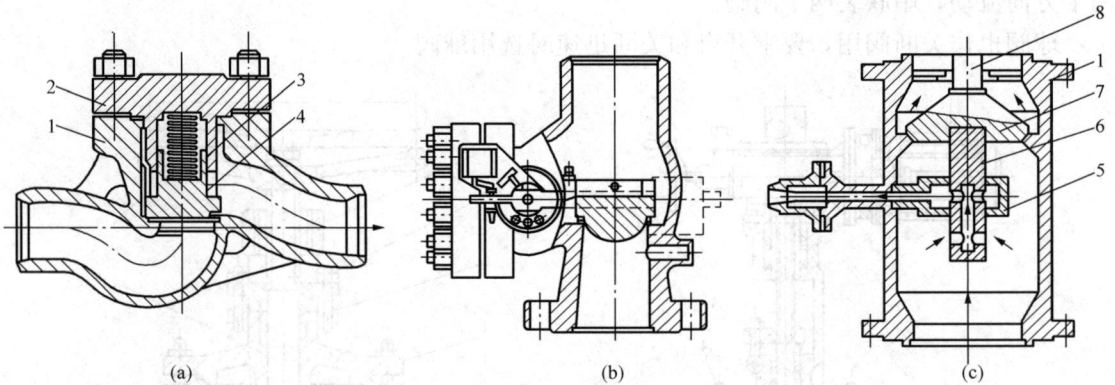

图9-4　止回阀

(a)卧式升降式止回阀;(b)旋启式止回阀;(c)立式升降式止回阀

1—阀体;2—阀盖;3—衬套;4—阀瓣;5—再循环水室;6—再循环套筒;7—阀瓣;8—导向阀杆

给水泵出口的高压立式止回阀,主要阻止给水倒流,同时专门设给水再循环管连于阀体上,以防止低负荷时给水在泵中的汽化。

安全阀装于压力容器和压力管道上,当介质的压力超过规定压力时,安全阀动作,通过释放介质,使容器和管道的压力达到规定。装在管道上的安全阀,其规格和数量应根据所需排放介质的流量和参数,按照相关管道设计规程进行计算后选择,在水管道上应选用微启式安全阀。在蒸汽管道上,根据需要的排放量选用全启式或微启式安全阀,并要对阀门的后座力进行计算和效验,以确保安全阀的安全使用。图9-5所示为常见的安全阀。

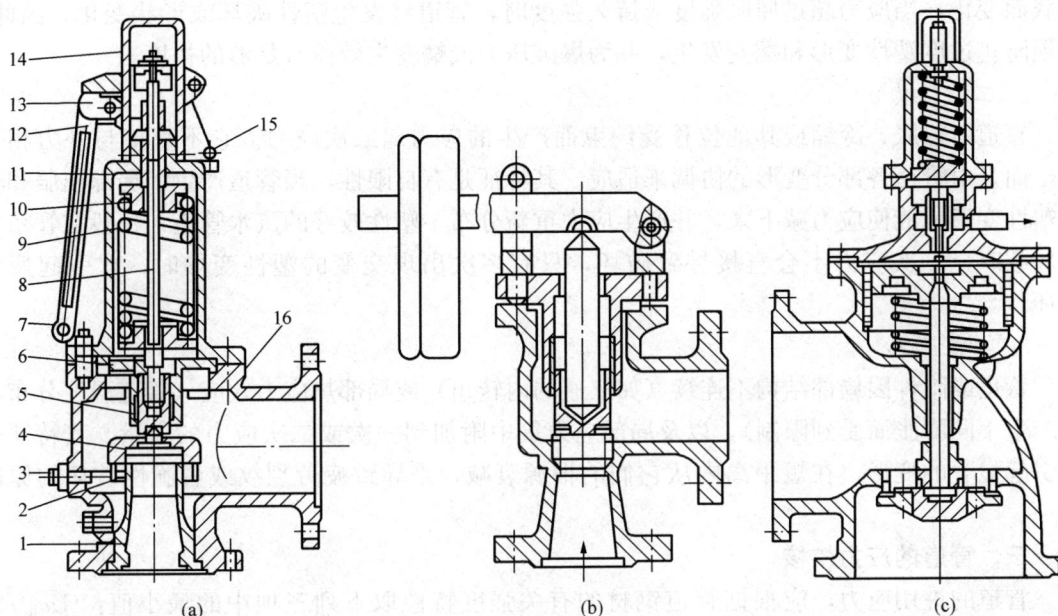

图 9-5　安全阀

(a) 弹簧式安全阀；(b) 重锤杠杆式安全阀；(c) 脉冲式安全阀

1—阀座；2—调节阀；3—定位螺栓；4—阀瓣；5—反冲盘；6—导向座；7—下弹簧座；8—阀杆；9—弹簧；
10—上弹簧座；11—阀盖；12—调节螺栓；13—扳手；14—保护罩；15—密封；16—阀体

# 第五节　管道热应力和补偿

## 一、管道热应力和补偿

发电厂中汽水管道处在一定的压力和温度条件下工作，主蒸汽温度高达 $500 \sim 630℃$，而停止运行时却处在室温（$20 \sim 30℃$），因此管道的温度变化很大，即使给水管道的温度在运行时也达到了 $160 \sim 320℃$。汽水管道在这样大的温差作用下，若膨胀受阻，将产生热应力和对设备及支吊系统的推力。当该热应力大于管材的屈服极限时，管道将会产生局部的塑性变形，如果塑性变形多次反复发生，导致管道产生疲劳破坏，危及设备和管道的安全运行，要控制和减小推力和应力。

影响管道热应力的主要因素是管道的温度变化量、约束力和弹性。管道运行或者停止运行时，温度发生变化，其变化大小视工作条件而定，不能改变。为了减少管道的热应力和管道对设备的推力及其力矩，除合理布置管道、用冷紧方法减少运行初期管道对设备的推力和力矩外，还必须合理选择支吊架的形式。例如：在管道的适当位置加装刚性吊架或限位支吊架，以限制管系在某些方向的线位移和角位移，改变整个管系的推力和力矩分布，使管道对设备的推力和力矩降低，同时，热应力还要在管道材料的允许范围内。

## 二、应力的分类

对于管道上产生的应力，一般分为一次应力、二次应力和峰值应力三类。

1. 一次应力 $\sigma^{\mathrm{I}}$

一次应力是管道承受内压力和持续外载产生的应力。其基本特征是没有自限性，随所加荷载而变化，当应力超过屈服强度或持久强度时，管道将发生塑性破坏或形状变化。因此，必须防止过度塑性变形和蠕变发生，并为爆破压力或蠕变失效留有足够的裕度。

2. 二次应力 $\sigma^{II}$

管道由热胀、冷缩或其他位移受约束而产生的应力属二次应力。它不直接与外力相平衡，而是由管道各部分变形的协调来适应。其特征是有自限性，当管道产生了局部屈服和少量塑性变形就能使应力减下来，并产生应力重新分布。塑性较好的汽水管道，一般在管系初次加载时，二次应力不会直接导致破坏，只有多次出现交变的塑性变形时，才引起疲劳破坏。

3. 峰值应力

管道或附件因局部结构不连续（如三通的内转角）或局部热应力效应（管道温度分布不均产生不同膨胀而受到限制），以及局部应力集中附加到一次或二次应力的增量。其特征是不引起显著的变形，在短距离内从它们的根源衰减，是导致疲劳裂纹或者脆性破坏的原因之一。

**三、管道的应力校核**

管道的许用应力，应根据管道钢材的有关强度特性取下列三项中的最小值：① $\sigma_b^{20}/3$；② $\sigma'_{s(0.2\%)}/1.5$；③ $\sigma_D/1.5$。

其中，$\sigma_b^{20}$——钢材在 20℃时的抗拉强度最小值，MPa；

$\sigma'_s$——钢材在设计温度下的屈服强度最小值，MPa；

$\sigma'_{s(0.2\%)}$——钢材在设计温度下残余变形为 0.2％时的屈服强度最小值，MPa；

$\sigma_D$——钢材在设计温度下 $10^5$h 的持久强度平均值，MPa。

**四、管道的补偿**

管道常用的补偿方法有热补偿和冷补偿两种。

1. 热补偿

利用管道本身柔性的自补偿来吸收管道的热膨胀，工程上称为热补偿。

对工作在 30℃以下的水管道（如循环水、工业水和生水等），启停温度变化小，热变形小，可利用管道自身的弹性压缩解决。

管道的热补偿包括自然补偿和人工补偿两种。

（1）自然补偿。利用管道布置的自然走向，形成适当的平面和空间的弯曲管道柔性，补偿管道的热膨胀称自然补偿，如图 9-6 所示。

（2）人工补偿。人工补偿是指在管道某一段加装热补偿器，以增加管道的热补偿能力。常用的补偿器有 Ⅱ 形、波纹管和填料套筒三种，如图 9-7～图 9-9 所示。

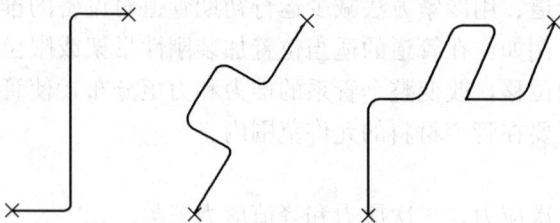

图 9-6  管道的自然补偿

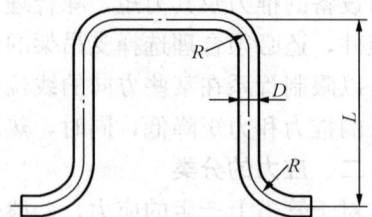

图 9-7  Ⅱ形补偿

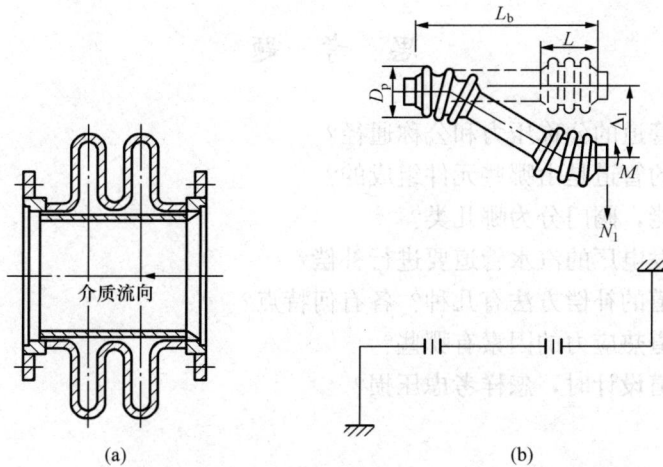

图 9-8 波纹管补偿
(a) 单铰链式；(b) 双铰链式

Ⅱ形补偿器结构简单、运行可靠，适合于任何压力和温度，补偿能力大。补偿量取决于弯头弯曲半径 $R$ 和Ⅱ形臂的长 $L$。对一定的管道，$L$ 越长，补偿能力就越大，但管道尺寸大，所占空间大，耗钢材多，介质流动阻力大。当布置上有困难，工质压力偏低时才不考虑Ⅱ形补偿器。Ⅱ形补偿器的弯头弯曲半径 $R=4D$。

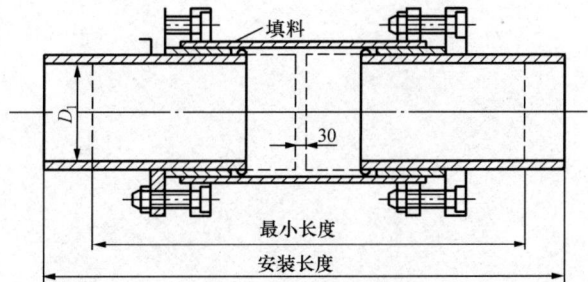

图 9-9 填料套筒

波纹管补偿器有金属和非金属两种。对于有一定压力和温度的管道一般是金属波纹管，而对于烟道、污水和雨水管道可以使用非金属波纹管做膨胀补偿。当采用波纹管补偿器时，可利用补偿器的轴向变形来吸收直管段的热膨胀，也可利用补偿器的弯曲变形组成单元或复式补偿器来吸收管道横向的热膨胀。在使用波纹管时，必须在支吊系统中保证不使其失稳，还要考虑其推力和力矩对设备接口或管道固定点的影响。

套筒补偿器尺寸小，能接受很大的热伸长，但轴向推力大，运行维护工作量大。只用于工作压力小于 0.588MPa 和 $\phi80\sim200$mm 的管道上，如锅炉安全阀排汽管。

2. 冷补偿

冷补偿又称冷拉或冷紧，是为了减少管道运行初期在工作状态下的热胀压力和管道对设备的推力和力矩所采取的措施。对设计温度在 430℃ 及以上的管道宜进行冷紧，冷紧比（即冷紧值与全补偿值之比）不宜小于 0.7；对于其他管道，也可进行冷紧，冷紧有效系数，对工作状态取 2/3，对冷态取 1。

对于多分支管道，各分支的冷紧值应根据节点位移情况和各分支的柔度决定。当管道上有限位支吊架时，冷紧量和冷紧口应以限位支吊点为分隔点进行分段计算和设置。实际施工时，可通过放拉杆、松限位的方式集中进行冷紧。

## 思 考 题

9-1　什么是管道的公称压力和公称通径?

9-2　发电厂的管道是由哪些元件组成的?

9-3　根据功能,阀门分为哪几类?

9-4　为什么发电厂的汽水管道要进行补偿?

9-5　汽水管道的补偿方法有几种? 各有何特点?

9-6　影响管道热应力的因素有哪些?

9-7　进行管道设计时,怎样考虑压损?

# 第十章　发电厂热力设备的经济运行

## 第一节　安 全 可 靠 性 管 理

### 一、概述

随着国民经济的高速发展及人民生活水平的不断提高,电力工业发展迅猛,我国电力的发展已步入了大电网、大机组、高参数、超高压和自动化、信息化的新阶段,电力已成为社会经济发展和人民生活不可缺少的生产资料和生活资料,因此保证安全可靠的电力供应显得尤其重要。电网瓦解和大面积停电事故,不仅会造成巨大的经济损失,影响人民正常生活,而且还会危及社会公共安全,造成严重的社会损失。例如一台600MW机组故障停运24h,可以少发电144 000kW·h,使电厂损失百万元,同时还会造成6000万元左右的工业产值损失。由此可见,加强电力工业的安全管理工作,确保电力的可靠供应至关重要。

电力生产的突出特点是电力的产、供、销是连续、瞬时完成的,电能不能大量储存。电力工业的生产活动与全体用户之间有着相互依存的关系,用电量发生变化,电力生产量也随之变化,这是电力生产的基本规律,我们必须依据电力生产的规律,科学地组织电力企业的生产。

### 二、我国电力工业安全管理的情况

新中国成立以来,我国在电力建设和生产中一直贯彻"安全第一,预防为主"的方针,并颁布了一系列规章制度和安全工作规程等。如电建部门的安装质量标准和各项验收制度,确保了电力设备的安装质量;电力生产部门制定了各设备的安全操作规程和监护制度,实现了化学、金属等各项技术监督,推行了岗位责任制,并对各级人员进行技术培训和开展安全竞赛活动等。这些都是生产管理中很重要的经验,为确保电力工业安全生产发挥了巨大的作用。

相对于现代高参数大容量机组和大电网,电力企业原有的管理水平已不能适应安全可靠性的要求,需要先进的现代化管理手段。目前我国电力管理水平还较落后,在安全工作中还存在诸如设备可用率低、主要辅助设备投运率不高、调节性能差等问题,从而不可避免的造成了一些电厂安全事故,这些问题不仅反映出电力设备的设计质量和制造质量方面存在着问题,同时也反映出了电厂的安全管理不适应形势的发展。因此,必须采取先进的管理方法,吸取国外的成功经验,做好电力工业的安全管理工作。

1. 全面的安全管理

电力生产与国计民生和社会稳定密切相关,因此电力生产必须安全。安全管理为电力企业的正常生产和运行提供组织、制度和方法手段上的保证,没有安全管理就不可能实现电网的安全稳定运行和电力企业的正常生产,也就无法为用户提供合格、充足的电能,更谈不上电力企业的生产效果和经济效益。因此,可以说安全管理是保证电力企业正常生产秩序的基础,同时也是电力企业创造经济效益的基本条件。

电力企业安全生产管理的目标如下:

(1)重点杜绝六种重大事故,即人身死亡事故、重要一次变电所全所停电及发电厂全厂停电事故、大面积停电和重要用户停电事故、主要设备损坏事故、重大火灾事故（损失一万元以上）、严重误操作事故。

（2）消灭三大恶性事故，即触电事故、倒杆断杆事故、高空摔跌事故。

（3）减少频发性的电气人员直接过失事故，特别是严重误操作和继电保护事故：误调度、误操作（带地线合闸、带负荷拉闸、带电挂接地线及非同期并列等）、误校验、误整定、误接线、误碰等事故。

（4）降低设备事故率。

（5）降低人身事故率。

安全工作通常把主要精力都用在发电厂的安全运行和检修上，这当然是必要的，但目前机组运行反映出不仅设备制造质量对安全影响很大，而且发电厂的设计质量和系统配套也影响着机组的安全性，所以搞好电力安全工作是个系统工程，应从电厂的规划设计、设备制造、施工安装、运行检修乃至人员培训等各方面着手，实行全面安全管理。

发电厂运行工作应认真贯彻执行上述方针和原则，这是运行安全管理工作的出发点和落脚点。为切实做到安全运行，电厂所有参加运行及管理的工作人员应认真学习、领会和熟练掌握并严格执行各种安全规程、运行规程和运行管理等制度的有关规定；防止在异常工况和非正常运行方式下的设备损坏；重视生产外部条件如气候变化、煤质变化对机组安全运行的影响；重视事故的调查分析，加强和改善安全运行管理工作，坚持开展安全活动的反事故演习，增强人员的安全意识和判断处理事故的能力。

2. 先进的安全保障手段

现代大容量高参数机组，对自动化要求越来越高。过去常规的靠眼看耳听手摸的监视方式已经很难适应大型机组监控的需要。随着计算机技术、控制技术、通信技术、CRT 技术的发展，特别是微处理机的问世，为以微机为基础的分散控制系统的研制和开发提供了基础。采用微机分散控制系统对发电机组进行数据采集、协调控制、监视报警和连锁保护，使我国火电机组的自动控制和技术经济管理水平发展到了一个新的阶段。

一般火电厂的计算机监控功能为：①运行状况的巡回检测、数据处理和运行日报的打印制表；②运行异常情况的报警，发生故障时自动记录有关参数；③运行主要技术经济性指标的计算及打印制表；④发电设备的启动操作顺序监控；⑤发供电生产过程的控制；⑥发电设备的自动启停；⑦电厂故障自动监测与处理；⑧电厂安全经济运行的控制。

3. 可靠性管理

随着机组参数的不断提高，容量的不断扩大，自动化水平的不断提高，组成系统的设备越来越复杂，因而提高电力系统运行可靠性成为电力企业管理的一项重要内容。火电厂可靠性是指电厂在预定的时间内和规定的技术条件下，保持系统、设备、部件、元件发出额定电力的能力，并用一系列量化的可靠性指标来体现。

电力工业可靠性管理理论，是用现代数学方法对电力系统出现的随机事件进行系统、科学的定量评价。电力可靠性管理是对电力系统的全面质量管理和全过程管理，是促进企业生产技术管理的重要手段，是企业现代化管理的重要组成部分。发电设备可靠性管理能够准确地反映出设备制造、安装及维护等质量情况，是发电厂加强设备管理，提供设备健康水平的重要依据。

火电厂主要设备的可靠性是火电厂可靠性指标的基础，设备的可靠性是以统计时间为基准，用机组所处状态的各种性能指标来表征的。标准指标评价所要求的各种基础数据报告，必须准确、及时、完整地反映设备的真实情况。为反映火电厂主要设备的可靠性指标，通常将机组的状态划分为可用状态与不可用状态两种。

（1）可用状态。可用状态即设备处于能够执行预定功能的状态，而不论其是否在运行，也不论其能够提供多少出力。可用状态又分为运行状态和备用状态。

运行状态是指机组处于连接到电力系统工作（包括试运行）的状态，可以是全出力运行，也可以是计划或非计划降低出力运行。辅助设备的运行状态是指磨煤机、给水泵、送风机、引风机和高压加热器等正在（全出力或降低出力）为机组工作。备用状态是指设备是可用的，但不在运行状态。对于机组又有全出力备用、计划及各类非计划降低出力备用的区别。

（2）不可用状态。不可用状态指设备不论由于什么原因处于不能运行或备用的状态。不可用状态分为计划停运和非计划停运两种。计划停运是指机组或辅助设备处于计划检修期内的状态（包括进行检查、试验、技术改革或进行检修等而处于不可用状态）。计划停运应是事先安排好进度，并且有既定期限的。非计划停运状态是指设备处于不可用状态而又不是计划停运的状态。

电力部门把设备可用率作为发电厂考核指标之一，并制订了可靠性准则或导则，全面建立了可靠性信息反馈系统，在全国逐步推行电力工业可靠性管理，其目的是发挥发供电设备潜力，向全部用户不间断地供应高质量的电能和热能，充分发挥电力系统的经济效益。目前已针对可靠性管理制订了一些性能指标，其中最主要的是设备可用率和故障停运率。

$$设备可用率 = \frac{可带负荷运行小时数}{统计期间小时数} \times 100\% = \frac{实际运行小时数 + 备用小时数}{统计期间小时数} \times 100\%$$

$$故障停运率 = \frac{强迫停运小时数}{统计期间小时数} \times 100\% = \frac{计划停运小时数 + 非计划停运小时数}{统计期间小时数} \times 100\%$$

设备可用率和故障停运率是对设备在一年时间内的可运行情况的反映。在生产中不能盲目追求高的设备可用率，而降低设备用于大、中、小修的计划停运时间。因为虽然提高设备的可带负荷运行小时数，可以挖掘设备潜力，增加发供电量，但有可能造成设备检修、维护不足，带缺陷工作，以致影响机组的寿命甚至危及人身安全。

4. 寿命管理

设备寿命管理是以设备运行状态和金属材料的长期连续监督为基础，计算其寿命损耗，并适时进行各种探伤检查，全面掌握设备技术状况，及时维修和更换，使设备在使用年限内发挥最佳效益或延长其寿命。

寿命管理是电厂的一种长期设备管理策略，它将长期的发电计划与严格的设备状态评定计划、在线监测、维修计划优化和方式改进、必要的设备改造等技术手段结合起来。实施寿命管理的目的是提高设备的可靠性，减少非计划停机率，增加机组设备的可用率；缩短机组检修周期，延长大修间隔，减少检修费用；延长关键设备的寿命，继而延长机组的寿命。

火力发电厂的设计寿命和经济寿命一般为 30 年。随着设备状态评估和寿命预测技术的进步，现在运行的电厂，其潜在的实际可使用寿命可能远远超过了设计寿命。国内外许多电力公司已经开始把注意力转向各种寿命管理和延寿方法的开发，目标是机组能运行 50～60 年或更长时间。

实际运行中，机组的寿命取决于关键设备的寿命，而关键设备的寿命又取决于关键部件的寿命。机组运行过程中实施寿命管理的关键部位包括锅炉受热面、锅炉管道和部件、汽轮机部件。

（1）锅炉受热面：高温过热器、再热器。

（2）锅炉管道、部件：高温联箱、主蒸汽管道、再热蒸汽管道、导汽管。

（3）汽轮机部件：汽轮机转子、汽缸、高温螺栓等。

火力发电厂的设备及管道，尤其是在高温高压下工作的设备和蒸汽管道，在运行中承受冷热交变应力，容易产生疲劳破坏。运行人员必须依据寿命管理与预测的结果，严格监视和控制其金属温度变化幅度及温度变化率，以减少寿命损耗，进而延长设备的使用寿命。

## 第二节　电力负荷特性及工况系数

### 一、电力负荷特性

电能具有不能储存的特点，这就要求发电负荷必须与用电负荷保持一致，否则将会导致供电电压和频率不稳定，影响电能的质量。由于用电负荷随时间不断发生变化，而发电负荷也随之相应改变，因此掌握电力负荷与时间的关系——电力负荷曲线就显得尤为重要，这也是发电厂经济运行的基础。

电力系统负荷一般可分为工业负荷、农业负荷、民用负荷、商业负荷以及其他负荷等，不同类型的负荷具有不同的特点和规律。

工业负荷是指用于工业生产的用电负荷，其比重在用电构成中居首位，一般负荷是比较恒定的。工业负荷不仅取决于工业用户的工作方式（包括设备利用情况、企业的工作班制等），还与各行业的行业特点、季节因素等有紧密的联系。

农业负荷主要指农业生产用电负荷。此类负荷受气候、季节等自然条件的影响很大，同时也受农作物种类、耕作习惯的影响。由于农业用电负荷集中的时间与工业负荷高峰时间有差别，所以对提高电网负荷率有好处。

民用负荷主要是指城市和农村居民的生活用电，它具有年年增长的趋势，以及明显的季节性波动特点，并且还与居民的日常生活和工作的规律密切相关。

商业负荷主要是指商业部门的照明、空调、动力等用电负荷，此类负荷覆盖面大，且用电增长平稳，并且具有季节性波动的特点。商业负荷中的照明类负荷占用电力系统高峰时段。此外，商业部门由于其商业行为在节假日可能会增加日常营业时间，从而成为节假日中影响电力负荷的重要因素之一。

由以上分析可知，电力负荷的大小是经常周期性变化的，不但按小时变、按日变、而且按周变，按年变。就一天而言，负荷变化又是不断起伏的。负荷变化是连续的过程，同时季节、温度、天气等因素的变化都会对负荷造成明显的影响。

### 二、电力负荷曲线

电力负荷曲线是根据所在地区电力负荷的特点与需求量之间的关系预测出来的，有全系统的，也有各局部地区系统和某一电厂的。通常可绘制日负荷曲线和年负荷曲线两种。

1. 日负荷曲线

日负荷曲线表示一天内电力负荷随时间的变化关系。图 10-1 所示为某地区电力系统的日负荷曲线。它由工业、农业、公共事业、交通运输和生活等用电负荷构成。由于夏季农业用电负荷比重较大，所以夏季日负荷比冬季日负荷大，图中用实线表示，虚线则表示冬季负荷。曲线最高点称为最大负荷，又称高峰负荷。曲线的最低部分称为最小负荷，又称低谷负荷。最大负荷与最小负荷之差称为峰谷差。夏季最大负荷出现在一天中的19：00～22：00，因为此段时间内生活负荷显著增加，并且与工业负荷相叠加。冬季照明负荷出现的较早，最大负荷在18：00～22：00。一天中的低谷负荷一般都是在00：00～05：00，此时仅有连续生产企业及路灯用电。

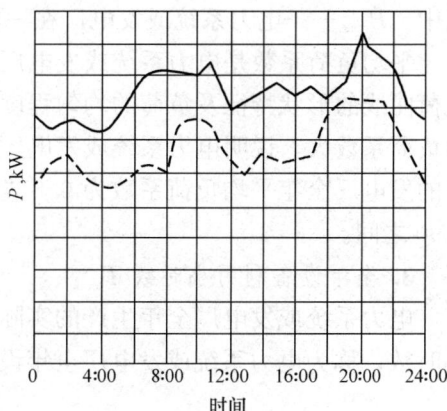

图 10-1　日负荷曲线

2. 年负荷曲线

年负荷曲线表示一年内电力负荷随时间的变化关系。图 10-2 曲线表示电力系统全年的最大、平均和最小负荷随时间的变化关系。年平均负荷曲线下的面积大小反映了电力系统的全年发电量。最大电力负荷曲线既可以用来确定电力用户在一年中不同季节需要的最大功率，又可以用作拟定全年设备检修计划的参考。电力系统一年中最高负荷出现在 5～6 月份的农忙季节，最低负荷出现在年初的 1～2 月份。

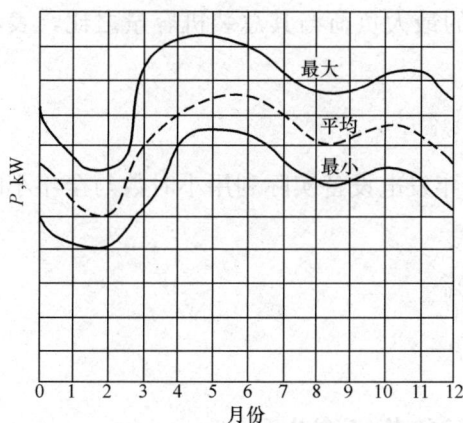

图 10-2　年负荷曲线

### 三、电力工况系数

为了确保安全、优质地向用户供给所需的电能，同时也为自身设备检修提供备用，电力系统或发电厂的装机容量总是要比实际运行的工作容量大。电力工况系数则用来评价对装机容量的有效利用程度，同时反映电力系统或发电厂的管理质量和运行的经济性。一般采用的电力工况系数有平均负荷、平均负荷系数、全年设备利用小时数和设备利用系数等。

1. 平均负荷 $P_{av}$

平均负荷是指电力系统或发电厂在一段时间内的总发电量与这段时间的比值称为平均负荷，即

$$P_{av} = \frac{W_t}{T}$$

式中　$W_t$——电力系统或发电厂在一段时间内的总发电量，kW·h；

　　　$T$——电力系统或发电厂在一段时间内的总运行小时数，h。

2. 平均负荷系数 $\mu_{av}$

平均负荷系数是指电力系统或发电厂在一段时间内平均负荷与其最大负荷之比称为平均负荷系数，即

$$\mu_{av} = \frac{P_{av}}{P_{max}}$$

式中 $P_{max}$——电力系统或发电厂在一段时间内的最大负荷，kW。

平均负荷系数是电力系统或发电厂重要的经济指标之一，它表示电力系统或发电厂电力负荷曲线的形状特征及负荷的均匀程度，反映了负荷的变化程度及投资和运行的经济性。平均负荷系数大，说明电力系统或发电厂经济性好；反之，经济性就差。一般来说，经济性较好的发电厂全年平均负荷系数为 0.8 左右，经济性较好的电力系统平均负荷系数在 0.85~0.90 之间。

3. 全年设备利用小时数 $T_s$

电力系统或发电厂全年生产的实际总电量按其总装机容量的全部机组投运所持续工作的小时数，称为电力系统或发电厂全年设备利用小时数，即

$$T_s = \frac{W_a}{P_{t0}}$$

式中 $W_a$——电力系统或发电厂全年的总发电量，kW·h；

　　 $P_{t0}$——电力系统或发电厂的总装机容量，kW。

全年设备利用小时数反映了设备的有效利用程度，是电力系统或发电厂运行的重要经济指标。由于电力系统或发电厂设备都有备用容量，发电厂的实际运行容量小于其装机总容量，所以设备的全年设备利用小时数总是要小于全年实际运行小时数。随着单机容量及总装机容量的不断增加，我国电力系统或发电厂设备全年设备利用小时数一般为 5500~6000h。

4. 设备利用系数

（1）设备利用率 $\mu_s$。设备利用率是指发电设备的最大负荷与其总装机容量之比，表示发电设备容量的利用程度，即

$$\mu_s = \frac{P_{max}}{P_{t0}} \times 100\%$$

（2）设备平均利用率 $\mu$。设备平均利用率是指全年发电设备实际利用小时数与全年小时数之比，它反映发电设备的利用程度，即

$$\mu = \frac{T_s}{T'} \times 100\%$$

式中 $T'$——全年日历小时数，一般按 8760h 计。

## 第三节　热力设备并列运行负荷经济分配

由于电力生产应随时适应负荷变化的要求，因而发电厂的动力设备就不可能一直保持在经济工况或额定工况下运行，实际上电厂设备经常是在偏离额定工况运行的。在这种情况下，分析如何使并列运行机组有最大的经济性，即在一定负荷下使整个系统的能耗最小，就显得十分必要。要解决这一问题，必须确知发电厂各个设备的动力特性，它是运行经济调度和科学分配负荷的依据。

### 一、热力设备的动力特性

火电厂热力设备的输入能量与输出能量之间的关系式称为热力设备的动力特性，它包括汽轮发电机组的汽耗特性和热耗特性、锅炉设备的煤耗特性、单元机组的燃料微增率特性等。

（一）汽轮发电机组的动力特性

凝汽式汽轮发电机组的动力特性可以通过汽轮机的变工况计算或机组热力试验求得，并且根据汽轮机的调节方式不同而有所不同。图 10 - 3（a）所示为由试验得出的具有喷管调节的凝汽式汽轮机的动力特性曲线，图 10 - 3（b）为线性化后的汽耗特性曲线。由图可知，特性线折点处的负荷称为机组的经济功率 $P_{ec}$，汽轮机可长期运行的最大功率为额定功率 $P_{max}$。

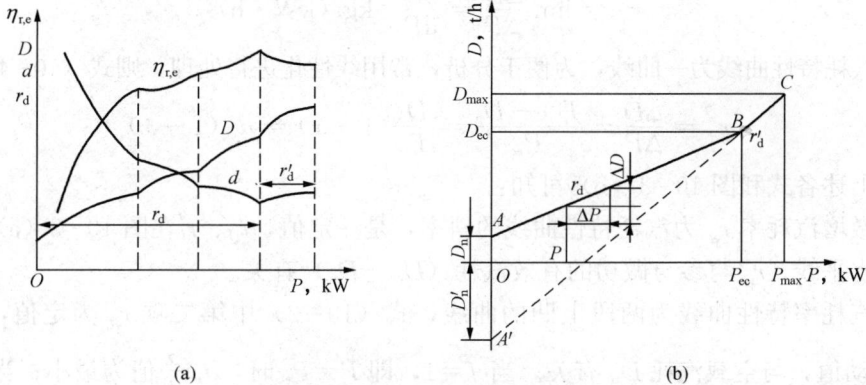

（a）                          （b）

图 10 - 3 具有喷管调节凝汽式汽轮机的动力特性曲线

（a）汽轮机的动力特性曲线；（b）线性化后的汽耗特性曲线

1. 机组的汽耗特性

汽轮发电机组的汽耗特性是指汽轮发电机组的汽耗与电功率之间的关系，即

$$D = f(P)$$

汽轮发电机组的汽耗率指单位功率的平均汽耗量。

当汽轮机的功率小于或等于经济功率 $P_{ec}$，即 $P \leqslant P_{ec}$ 时，汽耗特性可表示为

$$D = D_n + r_d P \quad \text{kg/h}$$

汽耗率特性

$$d = \frac{D}{P} = \frac{D_n + r_d P}{P} = \frac{D_n}{P} + r_d \quad \text{kg/(kW · h)} \tag{10 - 1}$$

汽轮机的空载系数，即汽轮机的空载汽耗量与经济功率的汽耗量之比，表示为

$$x = \frac{D_n}{D_{ec}}$$

汽轮机的负荷系数，即机组负荷 $P$ 与经济负荷 $P_{ec}$ 之比，表示为

$$f = \frac{P}{P_{ec}}$$

则式（10 - 1）可表示为

$$d = d_{ec} \frac{x}{f} + r_d \tag{10 - 2}$$

当功率大于经济功率 $P_{ec}$，即 $P > P_{ec}$ 时

汽耗特性

$$D = D_n + r_d P_{ec} + r'_d (P - P_{ec}) = -D'_n + r'_d P \quad \text{kg/h}$$

汽耗率特性

$$d = \frac{D}{P} = -\frac{D'_n}{P_{ec}f} + r'_d \qquad (10-3)$$

上几式中　　$D_n$、$D'_n$——空载汽耗量，kg/h；

　　　　　　$r_d$、$r'_d$——微增汽耗率，为每增加单位功率时汽耗量的变化率。

微增汽耗率是指汽耗特性曲线的斜率，即

$$r_d = \lim_{\Delta p \to 0} \frac{\Delta D}{\Delta P} = \frac{dD}{dP} \quad \text{kg/(kW·h)} \qquad (10-4)$$

实际汽耗特性曲线为一曲线，为便于分析，常用线性化进行处理，则式（10-4）可写为

$$r_d = \frac{\Delta D}{\Delta P} = \frac{D_{ec} - D_n}{P_{ec}} = \frac{D_{ec}}{P_{ec}}(1-x) = d_{ec}(1-x)$$

综合上述各式和图 10-3 (b) 可知：

(1) 微增汽耗率 $r_d$ 为汽耗特性曲线的斜率，是一定值，$r_d$、$r'_d$ 在图 10-3 (a) 中为两条不连续的水平线。$r_d$ 与参与做功的有效汽耗（$D_{ec} - D_n$）有关。

(2) 汽耗率特性曲线为两段上凹的曲线，式（10-2）中第二项 $r_d$ 为定值，而第一项 $d_{ec}\frac{x}{f}$ 为变动值，与空载汽耗 $D_n$ 有关。当 $f=1$，即 $P=P_{ec}$ 时，$d_{ec}\frac{x}{f}$ 值为最小；当 $f<1$，即 $P<P_{ec}$ 时，该值逐渐加大；空载负荷即 $P$ 趋于 0 时，$d$ 趋于无穷。由此可见，汽轮机在很小负荷下工作是非常不经济的。由式（10-3）可知，当 $P>P_{ec}$ 且增加到 $P=P_{max}$ 时，汽耗率略微增大，$d \to r'_d$，经济性开始降低。

(3) 在图 10-3 (b) 上过负荷区的特性线 $BC$ 的延长线与图的纵坐标轴交于 $A'$ 点，$OA'$ 线段表示微微增汽耗率 $r'_d$ 时的空载汽耗量的大小对汽轮发电机组运行的经济性有着重要意义，它决定着并列机组投入的顺序，停炉、停机与否，即反应机组带部分负荷运行时的经济性。

现代汽轮机都具有给水回热加热系统，因此其汽耗量需反映回热系统投入时的汽耗特性。

无回热机组的汽耗量特性为

$$D_c = D_n + r_d P \quad \text{kg/h}$$

回热投入时的汽耗量特性可写为

$$D = \frac{D_c}{1 - \sum \alpha_j Y_j} = \frac{D_n}{1 - \sum \alpha_j Y_j} + \frac{r_d}{1 - \sum \alpha_j Y_j} P \quad \text{kg/h}$$

无回热汽轮机和有回热汽轮机汽耗量相比较，其相差系数 $\beta = \frac{1}{1 - \sum \alpha_j Y_j}$，因此，回热投入时的汽轮机的汽耗量要增加。负荷从 100% 降至 40% 额定负荷时一般 $\beta$ 变化不大；进一步减少负荷时 $\beta$ 逐渐减小，渐近于 1；在 20% 及以下负荷时，一般回热加热系统完全停止。因此在主要负荷范围内，有回热和无回热汽耗特性相似，在低负荷时，两种特性曲线应逐渐接近以至重合。

2. 机组的热耗特性

利用汽耗特性只能初步估算汽轮机在不同负荷下的经济性，为准确估算热经济性，还应分析汽轮机的热耗特性。汽轮发电机组的热耗特性，表示汽轮发电机组的热耗与电功率之间的关系，即为 $Q = f(P)$。

当已知给水焓和负荷的变化关系 $h'_{fw} = f(P)$ 时，汽轮机的热耗特性可由汽耗特性求得，即

$$Q = D(h_0 - h'_{fw}) \quad \text{kJ/h}$$

当负荷 $0 \leqslant P \leqslant P_{ec}$ 时

$$Q = Q_n + r_q P$$

当负荷 $P_{ec} \leqslant P \leqslant P_{max}$ 时

$$Q = -Q'_n + r_q P$$

式中 $Q_n$、$Q'_n$——空载热耗量，kJ/h；

$r_d$、$r'_d$——低于和大于经济负荷区域内的微增热耗率（即热耗特性线的斜率），kJ/(kW·h)。

空载热耗量 $\quad Q_n = D_n(h_0 - h'_{fw})$

微增热耗率 $\quad r_q = r_d(h_0 - h'_{fw})$

$$r'_q = r'_d(h_0 - h'_{fw})$$

$$Q'_n = D'_n(h_0 - h'_{fw})$$

汽轮机的热耗特性曲线与其汽耗特性曲线相似，为有折点或无折点的直线化线段。

**（二）锅炉设备的动力特性**

锅炉设备的动力特性是指锅炉消耗的标准煤耗量与锅炉的蒸发量之间的关系，即 $B = f(D_b)$。影响锅炉动力特性的因素很多，如锅炉运行工况、过量空气系数、给水温度、燃料性质、锅炉效率及各项热损失等。

图 10-4 所示为锅炉设备的动力特性曲线，此特性曲线通过热力试验获得。曲线中的 $r_b$ 为锅炉微增煤耗率，表示锅炉每增加单位蒸发量所需增加的标准煤耗量，即

$$r_b = \lim_{\Delta D_b \to 0} \frac{\Delta B}{\Delta D_b} = \frac{dB}{dD_b}$$

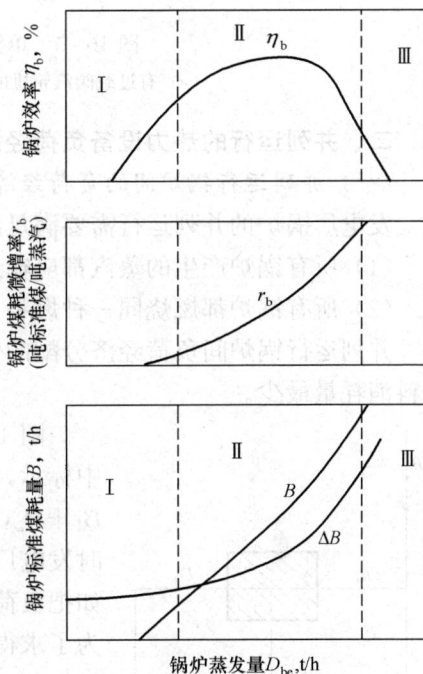

图 10-4 锅炉设备的动力特性曲线

锅炉设备的热力特性曲线是一条连续上凹的曲线，因此其微增煤耗率也是连续上凹的曲线，这说明锅炉设备的微增煤耗率是随锅炉负荷增大而增大的，并且其影响着并列运行锅炉之间负荷的经济分配。

**（三）单元机组的燃料微增率特性**

单元机组的燃料微增率特性应考虑单元机组自身的厂用汽和厂用电消耗，即为单元机组的燃料消耗净微增率，其数学表达式为

$$r = \frac{dB}{dP} = \frac{dB}{d(P_e - P_{ap})}$$

式中 $P_e$——单元机组的对外供电负荷，kW；

$P_{ap}$——单元机组厂用汽和厂用电消耗，kW。

单元机组的净微增率由构成单元的锅炉、汽轮发电机组、所有用汽用电辅助设备，以及

变压器的能耗微增率组成，主要受锅炉和汽轮发电机组能耗微增率的影响。其燃料消耗微增率特性曲线是一条连续向上凹的曲线，如图 10 - 5 所示。

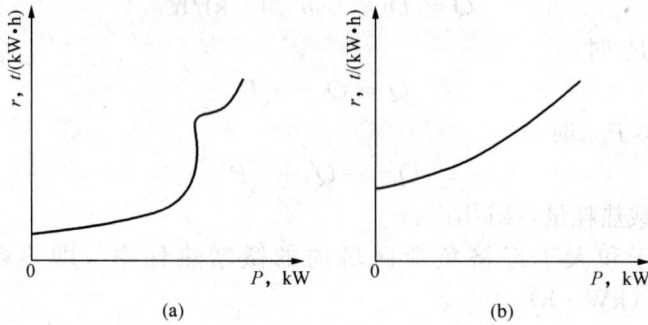

图 10 - 5　单元机组的燃料消耗微增率特性曲线
（a）有过载阀汽轮机的单元机组；（b）无过载阀汽轮机的单元机组

### 二、并列运行的热力设备负荷经济分配

（一）并列运行锅炉间的负荷经济分配

发电厂锅炉的并列运行需要满足两个条件。

（1）所有锅炉产生的蒸汽都应输送到发电厂主蒸汽母管中。

（2）所有锅炉都燃烧同一种燃料。

并列运行锅炉间负荷经济分配的任务是使发电厂满足电负荷所需的总蒸汽量时，锅炉总燃料消耗量最少。

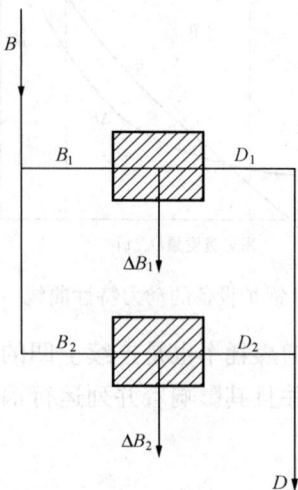

图 10 - 6　两台并列运行
锅炉能量平衡图

图 10 - 6 所示为两台并列运行锅炉的能量平衡图。根据图中标示，设总蒸汽量为 $D = D_1 + D_2$，总的燃料消耗量为 $B = B_1 + B_2$，$\Delta B_1$ 和 $\Delta B_2$ 分别为能量转换过程中锅炉的热损失。此时发电厂总蒸汽消耗量 $D$ 已经是给定值，且总负荷是不变的，如把负荷 $D_1$ 视为变值，得到 $D_2 = D - D_1$，则有 $dD_2 = -dD_1$。为了求得燃料消耗量 $B$ 的最小值，取 $B$ 对 $D_1$ 的一阶导数等于零，即

$$\frac{dB}{dD_1} = \frac{dB_1}{dD_1} + \frac{dB_2}{dD_1} = 0$$

又因为 $dD_2 = -dD_1$

则有

$$\frac{dB_1}{dD_1} - \frac{dB_2}{dD_2} = 0$$

即

$$\frac{dB_1}{dD_1} = \frac{dB_2}{dD_2} \qquad (10 - 5)$$

式（10 - 5）说明，并列运行锅炉间的负荷经济分配原则是：两台锅炉的微增煤耗率 $r_b$ 相等。同理，对于并列运行的多台锅炉亦按微增煤耗率相等的原则分配负荷，即

$$\frac{dB_1}{dD_1} = \frac{dB_2}{dD_2} = \cdots = \frac{dB_n}{dD_n} = r_b$$

需要指出的是，锅炉之间负荷分配除考虑经济性原则外，还必须注意锅炉稳定燃烧的最

低负荷要求。

（二）并列运行的凝汽式汽轮机组间负荷的经济分配

发电厂凝汽式汽轮机组并列运行也需要满足两个条件。

（1）发电厂发出的电能都应输入到电力系统。

（2）所有汽轮机的蒸汽都取自主蒸汽母管。

由此可见，汽轮机组间进行负荷经济分配存在于具有蒸汽母管制的发电厂中。

并列运行的凝汽式汽轮机组间负荷经济分配的任务是在电力系统电网调度中心给定的发电厂负荷条件下，使得发电厂总的蒸汽消耗量为最小。

由于汽轮机组的微增汽耗率和微增热耗率曲线是不连续的，或线性化后为两根水平直线，即为一常数。因此具体的负荷经济分配原则是：依据微增汽耗率的大小，从微增汽耗率由小到大的顺序依次分配。

图 10 - 7 和图 10 - 8 所示为三台并列运行的凝汽式汽轮发电机组的汽耗特性曲线和微增汽耗率曲线，且其微增汽耗率特性具有如下关系：当 $P<P_{ec}$ 时，$r_{d(3)}<r_{d(1)}<r_{d(2)}$；当 $P>P_{ec}$ 时，$r'_{d(2)}<r'_{d(1)}<r'_{d(3)}$。

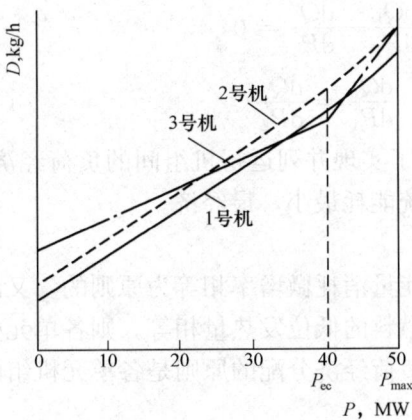

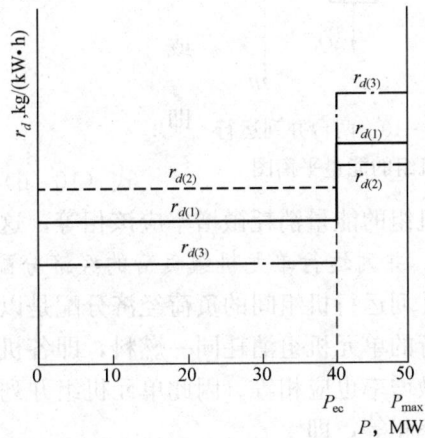

图 10 - 7　三台汽轮机汽耗特性曲线　　　　　图 10 - 8　三台汽轮机微增汽耗率曲线

总负荷分配如图 10 - 9 所示。按微增汽耗率由小到大的顺序，先由 3 号机组从最小允许负荷 $P_{min}$ 加载至经济负荷 $P_{ec(3)}$，然后由 1 号机组从最小允许负荷 $P_{min}$ 加载至经济负荷 $P_{ec(1)}$，再由 2 号机组从最小负荷 $P_{min}$ 加载至最大负荷 $P_{max(2)}$，之后负荷再增加时，依次由 1 号机和

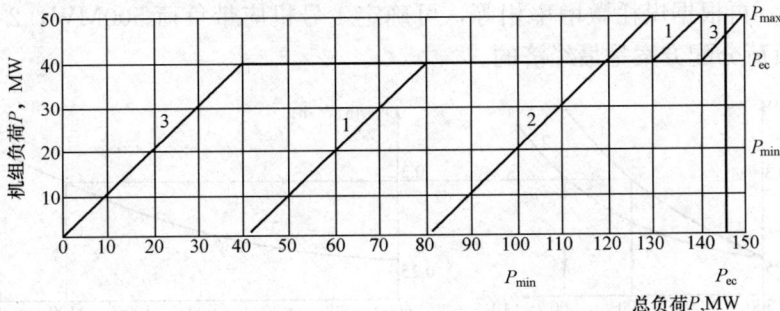

图 10 - 9　三台汽轮机最经济承载特性

3 号机分别从经济负荷增加到它们的最大负荷,使发电厂达到最大负荷运行。如发电厂要减负荷时,就依照上述增加负荷的反方向减少负荷。

（三）并列运行单元机组负荷的经济分配

1. 并列运行单元机组负荷经济分配的基本原理

单元机组并列运行是指所有单元机组发出的电能都输入电网,所有单元机组都消耗同一燃料。

由于系统负荷的变化,并列运行的单元机组不可能一直保持在最经济的负荷下运行。这时应将总负荷经济地分配到各单元机组中,使整个发电厂和电网达到最高的经济效益。

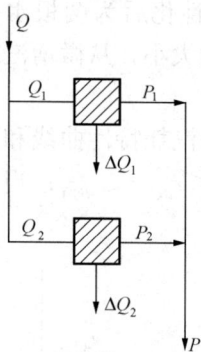

图 10-10 所示为两台并列运行机组的能量平衡图。

设总负荷为 $P=P_1+P_2$ 时,总的能量消耗为 $Q=Q_1+Q_2$。若把负荷 $P_1$ 视为变值,则有 $P_2=P-P_1$。此时,电力系统的总负荷 $P$ 为给定值,所以 $dP_2=-dP_1$。为了求得能量消耗为最小值,取 $Q$ 对 $P_1$ 的一阶导数等于零,即

$$\frac{dQ}{dP_1}=\frac{dQ_1}{dP_1}+\frac{dQ_2}{dP_1}=0$$

或

$$\frac{dQ_1}{dP_1}-\frac{dQ_2}{dP_2}=0$$

即

$$\frac{dQ_1}{dP_1}=\frac{dQ_2}{dP_2} \qquad (10-6)$$

图 10-10 两台并列运行机组的能量平衡图

式（10-6）说明,为了实现并列运行机组间的负荷经济分配,两台机组的能量消耗微增率应该相等,这时整个系统能耗最小,最经济。

2. 并列运行单元机组负荷的经济分配

并列运行机组间的负荷经济分配是以各机组的能量消耗微增率相等为原则的。又因为并列运行的单元机组消耗同一燃料,即各机组所消耗燃料的低位发热量相等,则各单元机组的煤耗微增率也应相等。因此单元机组并列运行时的负荷经济分配的原则是各单元机组的煤耗微增率相等,即

$$\frac{dB_1}{dP_1}=\frac{dB_2}{dP_2}=\cdots=\frac{dB_n}{dP_n}=r$$

图 10-11 所示为两台并列运行的 600MW 机组的负荷经济分配。曲线 1 和曲线 2 为煤耗微增率特性曲线。按照煤耗微增率相等、负荷相加的原则,绘制出总煤耗微增率特性曲线 3。当电网要求的总负荷为 1100MW 时,在总负荷横坐标上确定出 $P=1100\text{MW}$,与总特性曲线垂直上交,再根据煤耗微增率相等,可确定 1 号机应带负荷 500MW,2 号机应带负荷 600MW,该负荷分配方案是最经济的。

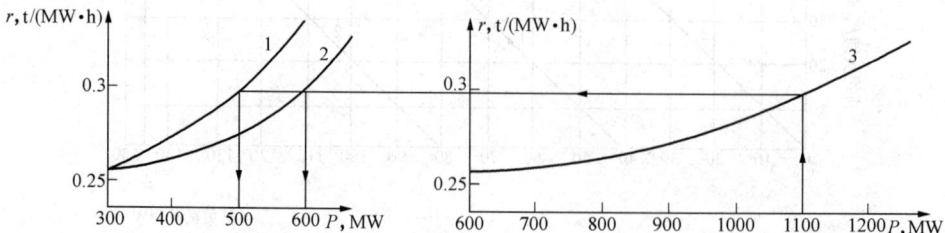

图 10-11 两台并列运行的 600MW 机组的负荷经济分配

# 思 考 题

10-1　电力生产始终贯彻的方针是什么？为什么要贯彻此方针？

10-2　什么是发电厂可靠性管理？可靠性管理的主要指标有哪些？

10-3　什么是发电厂寿命管理？电厂需要进行寿命管理的关键部位有哪些？

10-4　电力负荷的种类有哪些？各有什么特点？

10-5　电力负荷曲线有哪几类？各有什么特点？

10-6　什么是平均负荷系数？有何意义？

10-7　什么是全年设备利用小时数？有何意义？

10-8　并列运行的锅炉负荷经济分配原则是什么？

10-9　并列运行的汽轮发电机组负荷经济分配原则是什么？

10-10　什么是单元机组的燃料消耗微增率？并列运行的单元机组间负荷经济分配原则是什么？

# 参 考 文 献

[1] 郑体宽. 热力发电厂. 2 版. 北京：中国电力出版社，2008.

[2] 杨义波. 热力发电厂. 2 版. 北京：中国电力出版社，2010.

[3] 刘志真. 热力发电厂. 北京：中国电力出版社，2009.

[4] 焦树建. 燃气—蒸汽联合循环. 北京：机械工业出版社，2004.

[5] 王亦昭. 供热工程. 北京：机械工业出版社，2008.

[6] 谢万钧. 管道安装. 北京：中国电力出版社，1999.

[7] 刘志真. 热电联产. 北京：中国电力出版社，2006.

[8] 徐中堂. 六十年发展中的城市集中供热. 区域供热，2010（2）：1-10.

[9] 王汝武. 热电联产在低碳经济背景下的发展趋势. 广西节能，2010（3）：25-26.

[10] 孙玉民. 电厂热力系统与辅助设备. 北京：中国电力出版社，2000.

[11] 张灿勇. 火电厂热力系统. 北京：中国电力出版社，2007.

[12] 蔡锡琮. 火电厂除氧器. 北京：中国电力出版社，2007.

[13] 严俊杰. 火电厂热力系统经济性诊断理论及应用. 西安：西安交通大学出版社，2000.

[14] 张燕侠. 热力发电厂. 2 版. 北京：中国电力出版社，2008.